教育部高等学校航空航天类专业教学指导委员会推荐教材

飞行器信息系统及网络技术

宋 东 和 麟 陈 杰 编著

U0382248

西北工业大学出版社

西 安

【内容简介】 本书系统介绍了飞行器信息系统和网络方面的知识。首先介绍了飞行器信息系统的基本概念、机载计算机技术、机载数据总线和实时网络技术等通用的飞行器信息技术,在此基础上,详细介绍了各种类型的飞机信息系统,包括综合模块化航空电子系统、飞行管理系统、综合显控信息系统、机载信息系统、飞机监视信息系统等,最后介绍了飞行器信息系统设计方法、新技术和发展趋势。

本书可作为高等学校航空航天类专业的核心课程或选修课程的教材,也可作为从事飞行器信息技术方面的各类技术人员的参考书。

图书在版编目(CIP)数据

飞行器信息系统及网络技术 / 宋东,和麟,陈杰编著. — 西安 : 西北工业大学出版社,2021.11
ISBN 978 - 7 - 5612 - 7649 - 5

Ⅰ. ①飞… Ⅱ. ①宋… ②和… ③陈… Ⅲ. ①飞行器-信息系统 ②飞行器-计算机网络-安全技术 Ⅳ. ①V249.122

中国版本图书馆 CIP 数据核字(2021)第 220371 号

FEIXINGQI XINXI XITONG JI WANGLUO JISHU
飞 行 器 信 息 系 统 及 网 络 技 术

责任编辑:胡莉巾	策划编辑:杨　军	
责任校对:王梦妮	装帧设计:李　飞	

出版发行:西北工业大学出版社
通信地址:西安市友谊西路 127 号　　邮编:710072
电　　话:(029)88491757,88493844
网　　址:www.nwpup.com
印　刷　者:西安浩轩印务有限公司
开　　本:787 mm×1 092 mm　　1/16
印　　张:13.75
字　　数:361 千字
版　　次:2021 年 11 月第 1 版　　2021 年 11 月第 1 次印刷
定　　价:49.00 元

如有印装问题请与出版社联系调换

前　言

自 20 世纪 80 年代以来,随着信息技术的迅速发展,现代飞行器采用了大量新型的先进电子设备,使其电子、电气系统发生了重大的变革,也使飞行器系统的研究、设计、实现和应用都发生了重大的变化。这场变化的原因就是信息技术在飞行器中的广泛应用。本书主要介绍对这场变革起关键作用的飞行器信息系统和网络技术。

本书是由多年在飞行器信息技术方面开展研究、应用和教学的人员编写的。在编写过程中,结合了笔者的研究工作并参考了大量国内外相关资料,力求全面介绍信息技术在航空领域中的研究与应用。本书力求做到体系结构完整,内容丰富精练,深入浅出,突出先进性和启发性,以便能更好地适应"新工科"的教育教学方式。全书分为 11 章。首先通过概论、机载计算机系统、机载数据总线、机载实时网络与数据链系统等方面介绍飞行器通用的信息技术,然后通过综合模块化航空电子系统、飞行管理系统、综合显控信息系统、机载信息系统、飞机监视信息系统等方面介绍在飞机上应用的各类信息系统,最后简要介绍飞行器信息系统的设计方法和新技术与发展趋势。

全书由宋东、和麟、陈杰编著,由宋东统稿。第 1 章~第 3 章、第 4 章部分内容和第 9 章部分内容由宋东编写,第 5 章~第 8 章、第 9 章其余部分内容由和麟编写,第 4 章其余部分内容、第 10 章和第 11 章由陈杰编写。

本书的编写得到了很多人的帮助,在此表示衷心的感谢。

由于水平有限,书中难免存在疏漏之处,恳请读者批评指正。

编著者
2020 年 11 月

目　　录

第1章 概　　论

1.1　信　　息

如今我们正处于高速发展的信息社会,信息社会也称信息化社会,是继工业化社会以后,信息起重要作用的社会。那么信息的具体含义是什么呢? 这是需要首先弄明白的问题。

1.1.1　什么是信息

信息科学奠基人香农认为"信息是用来消除随机、不确定性的东西",这一定义被人们看作是经典性定义并加以引用。

根据对信息的研究成果,可以将科学的信息概念概括如下:信息是对客观世界中各种事物的运动状态和变化的反映,是客观事物之间相互联系和相互作用的表征,表现的是客观事物运动状态和变化的实质内容。

从物理学上来讲,信息与物质是两个不同的概念,信息不是物质,虽然信息的传递需要能量,但是信息本身并不具有能量。信息最显著的特点是不能独立存在,即信息的存在必须依托载体。

信息与数据也具有内在的联系。数据是无意义的符号,信息则是蕴涵意义的符号。例如,86 是一个符号,是一个数据。若某同学的数学成绩是 86,86 就有确定的含义,对要了解成绩的人而言,86 就是信息。但它对于与这个同学没有任何关系的陌生人而言没有任何意义,因此 86 又是一个数据。数据与信息的关系也可以被看成为原料和成品的关系,数据是信息加工的原材料,信息是数据加工的结果。

1.1.2　信息的主要特征

信息特征即信息的属性和功能,其主要有承载性、可传递性、可共享性、可处理性、时效性以及可贮存性等特征。

(1)承载性。首先信息承载着意义,信息是要表达意思的。信息是对客观的真实反映,这也体现了信息的价值。信息需要被载体所承载。信息载体是用来表述、传播或者承载、储存信息的物质,例如,文字、存储器等都是信息载体,人的大脑是最复杂的信息载体。

(2)可传递性。信息的传递性其含义是信息源可以通过载体把信息传递给接收者。信息传递的方式很多,如口头语言、体语、手抄文字、印刷文字、电信号等。信息的传递需要时间,因此接收者获取的信息总是滞后于信息源。信息传输的载体和传输手段决定了信息传输的速度和效率。

(3)可共享性。信息可以由一个信息源到达信息的接收者,接收者可以是多个,即信息可以由多个接收者共享,共享是信息的独特性。通常,一个物体只能被一个享用者所占有,但信息可以被多个接收者所享用,而对信息不会有影响。这个共享性可以使信息通过多种渠道和传输手段扩展,获得广泛利用。现代通信和计算机技术是实现信息共享的核心技术。

(4)可处理性。可处理性能可对信息进行整理、变换、压缩、分解、综合、排序等处理。信息如果经过分析和处理,往往会产生新的信息,即信息得到增值。信息的处理手段决定着人们对信息再利用的水平。信息的处理与加工手段由一个阶段信息技术的总体水平所决定。古代信息技术水平很低,再用信息十分有限。现代信息技术把信息处理能力提高到一个很高的水平。

(5)时效性。时效性是指信息的作用和价值与信息产生、传输和提供的时间有关。信息的利用肯定要滞后于信息的产生,但必须有一定的时限,超过了这个限度就失去或消减了被利用的价值。信息只有及时传递和有效利用,才能实现其价值。

(6)可贮存性。信息可以贮存,以备它时或他人使用。信息需要借助文字、图像、声波、电波、光波等物质载体而存在。贮存信息的手段多种多样,如人脑、电脑、书写、印刷、缩微、录像、拍照、录音等。

1.2　系　　统

1.2.1　什么是系统

系统是一个由相互联系、相互影响的若干组成部分结合而成的、具有特定功能的有机整体(集合)。可以从以下三方面理解系统的概念:

(1)系统是由若干要素(部分)组成的。这些要素可能是一些个体、元件、零件,也可能其本身就是一个系统(或称之为子系统)。如运算器、控制器、存储器、输入/输出设备组成了计算机的硬件系统,而硬件系统又是计算机系统的一个子系统。

(2)系统有一定的结构。一个系统是其构成要素的集合,这些要素相互联系、相互制约。系统内部各要素之间相对稳定的联系方式、组织秩序及失控关系的内在表现形式,就是系统的结构。例如钟表是由齿轮、发条、指针等零部件按一定的方式装配而成的,但一堆齿轮、发条、指针随意放在一起不能构成钟表。

(3)系统有一定的功能,或者说系统要有一定的目的性。系统的功能是指系统与外部环境相互联系和相互作用中表现出来的性质、能力和功能。例如企业管理信息系统的功能是进行信息的收集、传递、贮存、加工、维护和使用,辅助决策者进行决策,帮助企业实现目标。

1.2.2　系统的主要特性

系统特性是一般系统所共有的性质,主要包含集合性、目的性、相关性、层次性、环境适应性和动态性等。

(1)集合性。系统至少是由两个或两个以上可以相互区别的要素(或子系统)组成的,单个要素不能构成系统,完全相同的要素,数量虽多亦不能构成系统。

(2)目的性。通常系统都具有某种目的,系统的目的可以划分为一组目标。系统的目的决定着系统的功能和系统的构成与结构。系统的功能和结构是为了实现系统目标而设计的,系统的目标发生改变,系统的功能和结构将随之改变。

(3)相关性。系统的相关性是指构成系统的各个部分之间互相联系、互相依存的关系。相关性是系统整体性的前提。正是系统中各构成要素之间存在着密切的关联关系,才形成了整体系统。如果系统中的各个构成要素之间不存在任何关系,也就不能构成整体系统,系统的整体性也就无从体现。

(4)层次性。一个复杂的系统由许多子系统组成,子系统可能又分成许多子系统,而这个系统本身又是一个更大系统的组成部分,即系统是有层次的。如生命体有细胞、组织、器官、系统和生物体几个层次,企业有个人、班组、车间、厂部等几个层次。系统的结构、功能都是指相应层次上的结构与功能。一般来说,层次越多,其系统越复杂。

(5)环境适应性。任何一个系统都处在一定的环境之中,系统与环境之间存在着物质、能量和信息的交换,环境的变化也必然会引起系统内部的变化。随着环境的变化,系统必须跟着变化,以适应环境的改变,这就是系统的环境适应性。没有环境适应性的系统,是没有生命力的。

(6)动态性。首先,系统的活动是动态的,系统的一定功能和目的,是通过与环境进行物质、能量、信息的交流实现的。因此,物质、能量、信息的有组织运动,构成了系统活动动态循环。其次,系统过程也是动态的,系统的生命周期所体现出的系统本身也处在孕育、产生、发展、衰退、消灭的变化过程中。

1.2.3 系统的类型

系统的类型是多种多样的,可以从不同的角度对系统进行分类。

在现实世界中,有简单的、稍复杂的、复杂的和超复杂的系统。

按照自然特性可以把系统分为自然系统和构造性系统两类。自然系统是自然自有的系统,像银河系、太阳系、地球和生物等。而构造性系统则是由人所创造或制造的系统。像飞机、汽车、房屋和电话等都可以被看为构造性系统,国家、学校、公司和超级市场等也都是构造性系统。

按照人们认识系统的抽象程度,可以把系统划分成为概念系统、逻辑系统和物理系统。概念系统是人们认识和描述系统的一种观念模型,而不是实际系统。概念系统是人们根据系统的目标和以往的知识,初步构造出来的一种观念型系统。概念系统能够表述系统主要特征和轮廓,但对系统反映比较粗糙,不完善,通常缺乏必要的细节。逻辑系统是对概念系统逻辑深化后描述的系统,是通过论证并从原理上证明是合理可行的系统。逻辑系统是考虑了系统的目标合理性、结构合理性、功能合理性和实现的合理性,且在现有的技术、设备、资金和人力的条件下,能够实现的系统。如在软件设计中,对系统进行分析和设计之后得出的软件系统的分析和设计模型是逻辑系统,设计出来的铁路工程图纸和工程的有关说明也是逻辑系统。物理系统就是现实存在的系统。

1.3 信息系统与模型

信息体现了物质的运动状态和变化,是物质的属性和表现形式。因此,信息与物质的关系是不可分割的,客观系统中既包含着物质又包含着信息。当关注系统的物质构成和特性时,可将其看作一个物质系统。若要强调系统的信息特性,也可以将其看作是一个信息系统。可以说,信息系统是人们以系统的观点、从信息的角度所观测的客观系统。

简单地说,信息系统就是输入数据\信息,通过加工处理产生信息的系统。

1.3.1 信息系统的概念

随着现代信息技术的产生和发展,信息处理能力得到了空前的提高,人们实现了许多以信息的收集、转换、存储、处理、传输为主要特征的客观系统。在这些系统中,物质活动总是处在从属和条件地位,信息活动是系统的主要特征。像人、手机、电视机、电脑、网络系统等都属于这类客观系统。这些以信息活动为其主要特征的系统,可以区别于以物质特性及其运动为其主要特征的系统,如凳子、房屋、汽车、机床、火车等物质系统。因此,可以将以信息的收集、转换、存储、处理、传输为主要特征的客观系统称为信息系统,也可以称之为广义信息系统,以区别于企业管理信息系统(后者通常或传统上也简称为"信息系统")。

1.3.2 信息系统的结构与分类

信息系统的主体性要素是信息。物质虽然不可或缺,但其仅是系统中的条件性要素。系统的基本构成包括输入、处理、输出、组织和控制五部分。这些部分组成了信息系统的基本结构,如图 1.1 所示。

信息输入是把外部信息输入到信息系统之中。信息处理是根据系统的要求对信息所实施的加工、变换、存储等处理。信息系统组织和控制是保证信息系统有序活动的过程。信息系统输出已经处理的信息,提供信息服务。整个信息系统需要在有效的控制下方能正常运作。

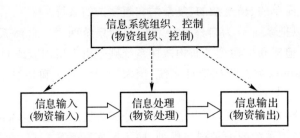

图 1.1　信息系统的基本结构图

首先,可以把信息系统分为自然型信息系统和构造型信息系统。自然型信息系统是自然形成的一类信息系统,像动物和人就是自然型信息系统;构造型信息系统是人类所制造的信息系统,计算机、电视机、手机、网络系统等都是构造型信息系统。

其次,信息系统也可分为简单信息系统和综合信息系统。一般来说,简单信息系统的功能和结构都比较简单,服务单一,技术含量较少,像电话座机、电视机等都属于简单信息系统;综合信息系统的功能、结构和所采用的技术较复杂,一般能够提供综合信息服务,像计算机、企业信息系统、学校信息系统等都属于综合信息系统。

此外,也可以把信息系统分为管理型信息系统和非管理型信息系统。管理型信息系统面向组织的信息处理、业务处理以及管理和决策;非管理型信息系统则主要面向科学计算、过程控制、自动检测等应用。像卫星导航系统、飞机控制系统、设备检测系统等都属于非管理型信息系统。

1.3.3 模型与信息系统模型

1.什么是模型

模型是指对现实系统或客观事物、规律进行抽象后的一种形式化表达方式。由于系统或客观事物的复杂性和内隐性,当人们需要直观和明确地认识和把握现实系统时,就需要借助于模型。例如,地图是主要表示地球上的若干现象的模型,人们通过地图这种模型可以直观地了解一个地区的地貌、城市、乡村和道路。再如,在飞机生产过程中,需要预先设计出反映飞机构造的设计图纸,然后生产车间根据设计图纸组织生产,此处设计图纸就是所要生产飞机的模型。

模型不包括现实系统的全部特征,其能在本质上反映原型,但又不完全等于原型,或者说它是原型的一种近似。模型一定比现实系统简单,同时有直观的表现形式,如数学模型、逻辑模型都是以抽象的形式来描述现实系统的。

2.模型的类型

从抽象的角度,模型可以分为下列 3 种类型:

(1)概念模型是人们根据所要表达的目的和人们已有的知识经验构造出来的一种系统雏形。它是对所描述的现实系统的主要特征进行的一种概括性描述。概念模型是最抽象的模型,一般只能表述现实系统的主要特征,是对现实系统的一种概要式的反映。

(2)逻辑模型是在概念模型的基础上,从原理上证明是合理可行的系统。它考虑了系统的目标合理性、结构合理性、功能合理性和实现合理性。

(3)物理模型是在逻辑模型的基础上充分考虑环境,并对细节都做了精心设计后所实现的实在模型。

从模型形式的角度,模型可以分为下列 4 种类型:

(1)数学模型是用数字和符号来描述现实系统的各种要素及其数量关系的一种模型,它通常表现为定理、公式等。

(2)结构模型是用来反映系统要素之间的空间或逻辑关系的一种模型,软件结构图、城市规划结构图等都属于结构模型。

(3)仿真模型是利用计算机程序的图形图像显示或虚拟现实技术在计算机上模仿现实系统的外形结构和内在特征的一种模型。

(4)实体模型是现实系统的实物再现,其抽象程度最低。例如作战沙盘,各种雕塑都属于实体模型。

3.信息系统模型

信息系统具有很强的内隐性,即在信息系统之中蕴藏着大量的信息、知识、技术和方法,这些都不具备形态外显性,这种内隐性使得在信息系统开发过程中,难以把握和描述。为了工程化、有效地开发信息系统,需要在开发的各个阶段,以某种有效的形式(即模型的方式),把信息系统描述和表现出来,才有利于完成开发。因此,为信息系统建立模型对于开发和理解信息系统是非常必要的。

信息系统模型是反映信息系统要素和结构,信息系统的动态行为特性以及各部分之间连接方式的模型。

信息系统模型也是对信息系统各个开发阶段基本特性的描述,它应反映出信息系统的不同层面和形成过程,因此,信息系统模型应该具有多种形式。一套完整的信息系统模型应该能够反映信息系统的结构、功能、性能、对象、数据、过程、状态、交互和界面等方面的内容。

信息系统的开发过程包括领域分析、需求分析、系统设计、软件实现和测试等。信息系统开发的每一个阶段工作都需要建立对应的模型。因此,需要建立与这些开发过程对应的领域模型、需求模型、设计模型和测试模型等。

(1)领域模型。领域模型是对领域业务的抽象和简化描述,是一种描述信息系统所服务的业务领域的业务愿景、业务资源、业务过程和业务规则等的抽象模型。

(2)需求模型。需求模型描述了信息系统的需求。在需求模型中,需要对需求结构、信息系统的功能和性能等内容进行建模,可以通过建模语言来建立需求模型。

(3)设计模型。设计模型是在设计阶段建立的信息系统模型。设计模型包括架构模型、构件模型、数据库设计模型、界面设计模型和接口模型等。

(4)测试模型。测试模型是对所设计的信息系统进行有效测试的模型,主要体现测试规划和测试设计等方面。

信息系统模型的表现形式与普通系统模型是有区别的。描述信息系统模型最常见的方法是形式化描述和图示化描述。形式化描述方法精确、严谨,易于系统以后的实现,但难以掌握和理解,模型可读性差,往往只有专业人员才会使用,因而难于推广。图示化方法直观、自然,易于描述系统的层次结构、功能组成,且简单易学,通常还有工具软件支持,因而成为信息系统的主要描述工具,但这种方法的精确性和严谨性不高。

4. 信息系统建模方法

信息系统建模方法与信息系统开发方法是相对应的,信息系统建模方法是信息系统开发方法中的主要内容。信息系统建模方法主要有以下 3 种:

(1)面向功能的建模方法。该方法与面向功能的信息系统开发方法相对应。其把建模的侧重点放到信息系统的功能上面,通过对系统功能的分析和分解,分步、分层地建立信息系统模型。这种建模方法,所建立的需求模型用数据流图和数据字典来描述,设计模型用软件结构图和模块图等来描述。

(2)面向数据的建模方法。该方法与面向数据的信息系统开发方法相对应。其把建模的侧重点放在系统所处理的数据上面。首先定义的是数据结构,而过程模块是从数据结构中导出的,即功能跟随数据。最有影响的面向数据的设计方法是 Jackson 设计法。该建模方法在需求阶段通过对实体活动和实体结构的分析建立实体结构图,设计阶段确定出系统的功能和加工处理时序,建立系统的程序结构图。

(3)面向对象的建模方法。该方法与面向对象的信息系统开发方法相对应。它是利用面向对象的信息建模概念,如实体、关系和属性等,同时运用封装、继承、多态等机制来构造模拟现实系统的方法。信息系统开发过程中通过用例图、类图、活动图、顺序图、状态图、构件图和配置图等图形来建立信息系统的需求和设计模型。

5. 信息系统建模过程

按照确定的方法和规则建立模型的工作被称为建模。模型对现实系统的反映不是简单地复现和照搬,而是对现实系统的抽象、概括和提炼。要深入理解建模的需求,理解所要建立模型的现实系统,并清楚要建立一个什么样的模型。建模的过程是逐步深化求精的过程,应对建立的模型需要多次分析修改,最后建立出能够满足实际需要的模型。建模的过程如图 1.2

所示。

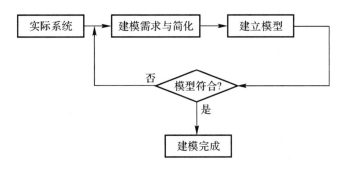

图 1.2　建模过程示意图

信息系统建模过程与信息系统的开发过程相伴随。需要在信息系统开发的不同阶段有针对性地建立适合各阶段特点的子模型。任何信息系统子模型的建立是一个迭代和重复的过程，所体现的是一个自顶向下、逐步深入、由粗到细的过程。

建模语言是描述信息系统模型的规则符号集合。不同的开发方法有不同的建模语言。如采用数据流图来描述系统的需求和功能，用结构图描述系统的结构设计，将其体现在面向功能的建模方法。当前，统一建模语言（Unified Modeling Language，UML）已经成为信息系统软件建模语言的标准。

1.4　飞行器信息与信息系统

1.4.1　飞行器信息

在前面已经说明，信息的本质是物质的属性和特征，是事物运行状态与规律的表征。而客观信息表现物质系统的特征，是事物运行的状态和方式。

那么，飞行器信息描述的就是飞行器这类物体的属性、特征和运行状态与规律。

可以把飞行器信息分为两类，即静态信息与动态信息。

静态信息：是描述飞行器特征的信息，如飞行器的尺寸、外形特征、发动机参数、设备参数等。当然，描述一个飞行器特征的信息量一定很大，通常是以数据和图纸的形式存在的，对于一个定型的飞行器而言，这些信息一般不会发生变化。

动态信息：是描述飞行器运动过程中产生的状态信息，如飞行速度、高度、位置等。这些信息随着飞行器的运动状态的不同而发生着变化。

1.4.2　飞行器信息系统

信息系统是由计算机硬件、网络和通信设备、计算机软件、信息资源、信息用户和规章制度组成的以处理信息流为目的的系统。它可以是一个由人、计算机及其他外围设备等组成的能进行信息的收集、传递、存贮、加工、维护和使用的系统。飞行器信息系统就是在飞行器中应用的各种信息系统。

实现信息系统的主要技术是信息工程技术。信息工程是建立在超大规模集成电路技术和现代计算机技术基础上,研究信息处理理论、技术和工程实现的专门学科。信息工程技术是将信息科学原理应用到工农业生产部门中去而形成的技术方法的总称。所以我们说,飞行器信息系统是信息工程技术与飞行器工程技术相结合的产物。

信息技术显著改变了飞机的设计、制造、试验、运营和维护的各个方面。由于大量采用先进的信息系统设备,如综合模块化的航电系统、全程自动驾驶仪等,利用先进的信息化技术设计、制造的波音 787 飞机也被称为 E 化飞机。

而电子技术可以认为是信息工程技术的一个主要方面。飞行器信息系统在飞行器上主要是以航空电子系统体现的。航空电子指电子和航空两个学科领域的结合。飞机出现后,首先出现了第一代航空电子设备,如无线电测向仪等。而飞机的发展也促使航空电子进入快速发展阶段,出现了超短波通信、无线电导航设备、机载雷达、数字任务计算机、惯性导航系统等,支持飞机完成运输、侦察、作战等诸多任务。在相当长的时间内,各类航空电子设备从功能设计、物理实现到使用的分界面都是独立的,飞机上所有航空电子设备的功能并列、安装并列。一架飞机上航空电子的总功能是各个设备功能的累加,其系统的特征并不明显。自从机载数据总线技术出现后,飞机的航空电子设备集合才实现了真正意义上的航空电子系统。通过总线交互信息,其设计的系统性、运用的系统性、所带来的效益显著提升,系统总功能明显大于各个航空电子设备功能的累加和。

航空电子系统是现代飞机的中枢神经,在飞机上承载着通信、导航、识别、目标探测、电子对抗等大部分任务功能。没有先进的航空电子系统,就没有先进的飞机,飞机和武器就无法发挥作战效能,也实现安全的运输任务。目前,航空电子系统占机载平台约 40%~60% 的出厂价格。

随着电子技术的发展以及在航空方面的应用,航空电子技术也取得了长足进步。航空电子系统是电子技术在航空领域应用的集中体现,其发展以电子技术为基础,同时随着信息理论、信息工程、系统工程、网络和软件等理论和技术在航空领域的不断深化应用,推动着航空电子系统不断向综合化方向发展,其系统性也发展到了相当的高度。

航空电子系统作为飞机信息系统的主要体现,其是综合信息系统有机整体,涵盖信息的获取、传输、处理和应用所组成的信息链。要取得信息优势,需要在信息链中的各个环节采用先进技术,挖掘潜力,使系统发挥最佳效能。

(1)信息获取。飞机平台信息的获取是通过各种探测手段和外部信息传入来实现的。探测系统利用目标反射、散射、辐射出的电磁、光、声等能量获取目标的相关信息。利用电磁波进行探测的雷达是目前应用最为广泛的机载探测手段,雷达波束在目标可能出现的区域来回扫描,通过接收目标的回波来检测目标的存在。光电探测与成像正是飞机平台无源探测的主要手段,它既能为武器系统提供威胁源信息,提高平台的探测、侦察和识别能力,还能避免在电子环境中暴露自己。

(2)信息传输。信息的传输包括飞机平台与外界的通信和平台内部的系统互连。与外界的通信一般通过短波、超短波、卫星和数据链来实现,内部的系统互连主要通过机载数据总线和实时网络实现。

(3)信息处理。在飞机系统中,信息的表现形式多样,数量庞大。因此必须对各类信息进行实时、优化和综合处理,从而获得对于作战任务和安全飞行的关键有用信息。信息的处理和综合为一种多层次、多方面的处理过程。

（4）信息应用。信息的应用是指利用综合系统提供的信息完成决策并实施行动,实现系统效能和安全飞行,进而实现传感探测信息、信息传输系统、信息处理系统和决策、控制的有效交联。

1.4.3 飞行器信息系统的功能需求与层次结构

在飞行器信息系统中,飞机的信息系统占了比较重要的位置,下面以飞机为主要对象来叙述飞行器信息系统。

1. 飞机综合任务系统的基本层次结构

此处主要从军用飞机的航空电子系统的角度来阐述。航空电子系统是飞机信息系统的重要组成部分,同时飞机信息系统又由若干子系统构成,依据系统论的观点构建航空电子系统的层次结构,自上至下依次为:

（1）飞机综合任务系统:是顶层大系统,由作战任务目标确定综合任务系统的功能。在各类信息系统的支持下,形成统一的指挥、控制、作战关系。

（2）飞机:是飞机综合任务系统中的组成要素。它可以独立执行侦察、打击、运输等作战任务。更重要的是,它是综合任务系统中指挥控制信息网络的重要节点。

（3）飞机系统:是构成飞机的组成要素。对于军用飞机,其飞机系统主要包括机体、动力系统、电气系统、燃油系统、液压系统、起飞着陆装置、飞行控制系统、生命保障系统、武器系统和航空电子系统等。这些系统都有自己特定的功能、组成和结构。航空电子系统是飞机信息系统的主要体现。

（4）子系统:是飞机信息系统的各个组成要素。对于航空电子系统这样的系统而言,子系统包括显示、惯性导航、通信、导航、雷达、武器管理等子系统或设备,一般情况下,这些子系统或设备自身也可以看作是一个系统。

（5）组件:是指构成子系统的各类部件等。对于雷达子系统而言,是指构筑雷达子系统的软件和硬件单元。

航空电子系统作为飞机信息系统的一个组成要素,是拓展飞机活动能力的重要支撑系统,是拓展飞机感知能力和打击能力的核心系统,也是飞机融入指挥控制信息网络的唯一支撑系统,在层次结构中起着承上启下的关键作用。

2. 飞机信息系统的系统特性与需求

航空电子系统由多个相互联系、相互作用的航空电子子系统组成。航空电子系统作为一个具体存在的实体系统,具有系统的功能、组成和结构等,主要表现在以下四个方面。

（1）飞机信息系统的功能是指飞机信息系统整体对外表现的能力和行为,主要是实现导航、通信、态势感知、显示控制、电子对抗、武器投放与制导、安全飞行等任务。

系统的功能:首先,是感受飞机的飞行状态和环境,包括飞机的位置、高度、速度和姿态等运动参数,飞机的大气环境参数,飞机周围一定范围的飞机、受到的电磁探测、来袭导弹等的战场态势信息。其次,要感受飞机自身的状态,发动机、电源、液压、燃油、操纵、航电系统、起落架和外挂物等飞机系统的工作状态,当然最重要的是支持人,包括飞机的驾驶员,以及无人驾驶飞机的操控人员。此外,还为飞机其他系统提供参数支持。对于军机来说,还有管理发射进攻性武器和防御性武器的功能。

飞机信息系统发展还面临以下几方面的能力需求:

1)精确、综合的导航能力：要求航空电子系统具备惯性导航、卫星导航、无线电导航、天文导航等多种导航手段，并且能对多种导航手段的定位信息进行综合处理，为驾驶员操纵飞机提供有效的飞行引导。

2)融入航空信息网络的能力：需要具备接入广域航空信息网络的能力，与其他飞机动态组成局域信息网的能力，通过信息网络获取有效的信息支援。同时能够将本机获得的信息，通过信息网络传输出去。

3)强目标探测能力：具备射频和光电、有源和无源多种目标探测手段；具有探测信息综合能力和电磁隐身能力；具备抗干扰能力，可以对敌方进行有效干扰。

4)精确、有效的武器控制与制导能力：具备对多种武器进行管理和控制的能力，能精确计算武器瞄准参数，为发射武器提供有效的引导信息；能够形成制导指令，完成对武器的制导。

5)高效的人-机界面能力：有良好的人-机工效设计（人-机界面能在最关键的时间为驾驶员提供最关键的信息），同时在信息处理和综合的更深层次，具备任务管理、辅助决策能力。

（2）飞机信息系统的主要组成。飞机信息系统按照粒度不同分为子系统（设备）、单元或模块、组件三个层次。子系统（设备）是指能够完成一种或多种功能的实体，是飞机信息系统的组成要素，一般系统由多个子系统组成。单元或模块是子系统（设备）的组成要素，主要包括外场可更换单元（Line Replaceable Unit，LRU）或外场可更换模块（Line Replaceable Module，LRM）。组件是指单元内部的电路模块、软件模块等。

上述三个组成层次存在包含关系，系统由多个子系统或多个功能区构成，每个子系统或功能区都由多个单元或模块构成。这些包含关系取决于系统的结构形式，在先进飞机的模块化航空电子系统结构中，较多以功能区来划分系统的组成。在联合式航电结构中，子系统包含的单元数量、功能以及信息传输关系是固定的，子系统的输入、输出数据也是固定的。例如，雷达子系统一般由天线及馈线、发射机、接收机、信号/数据处理机等单元（LRU）构成。信号/数据处理机由中央处理器、存储器、控制器、电源等组件构成。在模块化航空电子系统结构中，功能区与模块的隶属关系通常以综合安装机架和LRM形式存在，功能区的物理边界是依据运行蓝图动态形成的，根据任务和系统状态不同，一个功能区包含的LRM数量、功能通常也不同。

（3）系统的结构。飞机信息系统的子系统彼此不是离散的、无关的，而是存在着有序的相互作用和联系。系统通常由以下两种结构来构成：

系统静态结构：各子系统之间安装空间关系、用电分配关系、线缆连接关系或总线互连关系等是固定的，它们构成了系统的静态拓扑结构。系统的静态拓扑结构是直观、易于掌握的。

系统动态结构：各子系统之间安装空间关系、互连关系等是可以动态变化的。根据任务和系统状态不同，一个功能区包含的功能可以发生变化。这里主要体现的是系统在运行过程中，各个子系统之间信息的相互作用，以及发生这些相互作用的时序关系，这些关系使系统整体上体现出信息的综合处理能力。例如：当飞机执行空空作战任务时，各个子系统的功能及动态结构主要围绕目标探测、武器控制、飞机自保护进行构建；当飞机执行导航任务时，各个子系统的功能及动态结构主要围绕航路计划管理、飞行引导计算等进行构建。

（4）系统的环境。从飞机这个层次来看，飞机信息系统的环境包括机内环境和人-机环境，机内环境是指信息系统与飞机其他子系统构成的环境，如机舱、发动机、环控系统和液压系统等，信息系统与这些子系统间存在着信息输入、输出关系。人-机环境包括维护人员和空勤人员发出的操作指令，以及向他们显示的各类信息。

3.飞机信息系统的层次结构

如果把飞机信息系统看作一个整体,是一个纵向的层次关系,则低层的能力为上层能力实现提供支撑。若仅主要考虑航空电子系统,它的顶层能力就是显示控制层,最底层的能力是感知执行层、从底层到顶层构建飞机信息系统的层次结构(包括感知执行层、综合功能层、决策辅助层、任务管理层、显示控制层,如图1.3所示)。

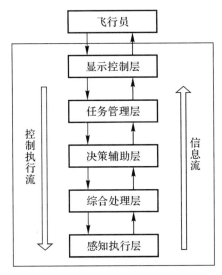

图 1.3　飞机信息系统的层次结构

(1)感知执行层:是系统层次结构的最底层,是系统各个传感器、执行机构的集合,包括大气传感器、惯性传感器等。感知执行层能够直接获取飞行环境和战场环境信息,也是系统能力实现的物理基础。

(2)综合处理层:感知执行层之上是综合处理层,主要是将各个传感器和执行机构的信息进行综合处理,并控制其协同工作,实现功能的综合。

(3)决策辅助层:综合功能层向上是决策辅助层。其功能是为驾驶员提供飞行和作战决策支持,让驾驶员根据系统信息提示就能完成相应的决策与操作。例如,决策辅助层要根据感知执行层、综合功能层上报的各类信息,进行目标融合、威胁等级确定等更高级别的综合处理,支持驾驶员决定哪个目标的威胁最大,攻击哪个目标最合适。

(4)任务管理层:现代飞机要面对各种不同的任多,包括巡航、空空攻击、空地轰炸等多种任务,任务管理层就是以当前任务为纲,控制、调动整个系统的各个层次功能,为当前任务提供最优服务。

(5)显示控制层:位于系统的顶层,是航空电子系统的人-机界面,其功能是将下面各层传递上来的信息有效显示。驾驶员通过操作,生成控制系统各层的指令。

系统在这个层次结构中形成了两方面的信息处理流:一方面低层向顶层传递,自下向上是信息感知、信息处理的过程,通过每一层的处理,信息越来越综合,越来越精炼。另一方面由顶层向底层传递,是驾驶员控制指令的执行过程,通过每一层的处理,指令越来越细化,指令的种类和规模也越来越多。这样的层级处理,航空电子系统所感知得到的复杂原始信息,显示给驾驶员时已经形成了简练的关键信息,而驾驶员只需进行便捷的操作,就能实现系统复杂的控制执行过程。

4.飞机信息系统的信息交互结构

可将飞机信息系统看作将输入变换为输出的处理过程。它也是一个典型的信息处理系统,如接收输入信息、信息处理、产生输出信息,并且各系统之间有大量的信息需要交互和共享。

(1)显示控制信息交互。显示控制作为最顶层的信息系统,负责汇集飞机各类信息,为驾驶员提供显示、声光电灯信息;能够判断和确认驾驶员的各类操作,生成输出指令,控制系统的其他部分执行和响应驾驶员的操作。其交互关系如图1.4所示。

这里有向驾驶员输出的显示信息,如飞机的飞行参数和飞机状态,飞行计划与导航信息,决策辅助信息,等等;向驾驶员输出的告警信息,如飞机各系统的故障告警、外部威胁告警信息等。这里还有来自驾驶员的操作信息,如显示画面的切换,任务和工作状态的切换,对传感器和执行机构的操作模式的切换,改变雷达搜索模式,等等。

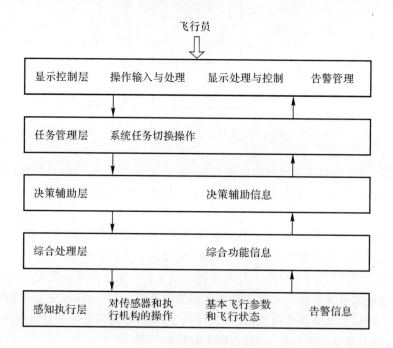

图1.4　显示控制信息的交互

(2)综合导航信息交互关系。综合导航通常由航路导航、进近导航功能模块实现,其信息交互关系如图1.5所示。首先与显示控制层交互,接收驾驶员修改飞行计划、切换导航计算模式等指令,输出当前的飞行任务计划,输出飞行引导指令;然后与感知执行层交互,获得飞机当前运动状态,根据飞行计划,计算飞行引导指令。

进近导航功能模块:依据塔康、信标台、微波着陆等导航系统得到进近导航需要的数据,由数据库取得着陆机场数据,从感知执行层取得飞机运动姿态数据,等等;向显示控制层输出飞行指引指令和水平偏差、垂直偏差等着陆引导信息。

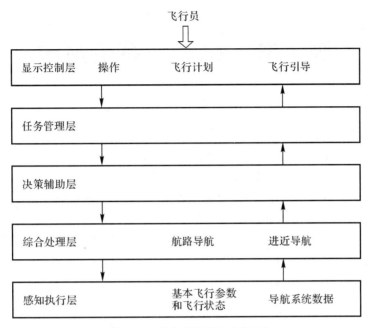

图 1.5 综合导航信息的交互

思 考 题

1. 信息有什么特征?
2. 什么是系统? 系统一般有什么特性?
3. 画出广义信息系统的基本结构。
4. 信息系统模型的作用是什么?
5. 结合本章内容,请谈一下你对身边信息系统的理解。
6. 结合本章内容,请给出你所熟悉的信息系统的特征。
7. 什么是飞行器信息系统? 它主要起什么作用?
8. 简述飞机信息系统的系统特性和功能层次结构。

第 2 章 机载计算机系统

计算机技术是信息技术的核心,信息系统中最重要的部分就是计算机。除常见的通用计算机外,各种形态、功能的嵌入式计算机也是现代电子设备、信息设备、智能化系统的核心部件。目前正在使用的嵌入式计算机的数量远大于通用计算机的数量。

飞行器信息系统的核心是计算机。在航空领域,一般把应用在航空器中的计算机产品统称为机载计算机,它是通用计算机技术和飞机技术需求紧密结合的产物。随着数字化技术的不断进步,机载设备也逐步演变为以机载计算机为核心的数字化设备,一台机载设备中通常会包含一台或多台机载计算机。机载计算机产品种类包括计算机整机和部件,如机载网络、嵌入式操作系统、软硬件开发工具、航空专用集成电路等。由于所处的机载物理环境、所承担的处理任务的特殊性,机载计算机既具备通用计算机的一般特征,又在设计理论、工程实现技术上具有显著的领域特征。机载计算机是从计算机的体系结构和满足各种抗恶劣环境要求出发,严格地按照一系列标准要求设计制造的,并且它还要得到指定机构的验证和认可,因此造价比一般商用计算机高很多。目前,飞机信息系统的主要体现——航空电子系统的价格已经占到飞机价格的 50% 左右,而航空电子系统中绝大部分的功能都和机载计算机相关。而且机载计算机和软件的功能还在不断增长。

机载计算机在 20 世纪 50 年代就被用于导航设备中完成导航计算功能。随着微处理器的飞速发展,机载计算机在飞机上得到了广泛而全面的应用,构成了多种类型的飞机信息系统。机载计算机已经深入飞机的各个部件,如飞机航电系统(导航、通信、武器投放、任务管理、人-机接口控制等),飞行控制系统,机电系统控制系统(液压系统、环控系统、燃油系统等),发动机控制系统(发动机推力控制、供油控制、健康监控等),乘客娱乐及信息服务系统,等等。

随着应用范围的扩大,机载计算机的处理能力也逐步提高,从早期飞机的 1 MB 发展到现代先进飞机的 10 GB 以上的信号处理能力,存储容量高达数百吉字节。未来飞机上机载计算机会是无处不在的,即使飞机蒙皮中也将会嵌入大量用于测量蒙皮承受应力的超微型计算机。

2.1 机载计算机的需求、分类与结构

2.1.1 机载计算机的关键需求

飞机具有飞行速度快,机动性高,飞行包线复杂,飞行环境变化剧烈、条件恶劣,可长期重复使用等特点,同时其又缺乏自救措施及手段,空中无法停车,事故将影响自身安全以及公共安全,因此其安全性需求高。由此,飞机对机载系统,包括机载计算机的设计制造提出不同于其他领域的特殊要求。对机载计算机的关键需求有以下 4 项:

(1)安全性和适航性需求。系统的安全性指系统不产生非预期事件的能力。适航性主要针对民用航空器。适航性是指该航空器各部件及子系统的整体性能和操纵特性在预期运行环

境和使用限制下安全性和物理完整性的品质。适航性是民用航空领域对飞机安全性评估,它是以法律的形式强制执行的,即所有航空产品必须经历适航性审查,目的是通过严格的审查使航空器的设计制造和修理达到一定的安全水平。适航性可以认为是航空器的最低安全标准。

机载计算机要采用故障安全的设计概念。安全性对机载计算机的设计需求是首先确保单台计算机或单系统的可靠工作,当出现故障时,不能影响系统的正常工作,更不能威胁飞机的正常工作。在适航法规中,把使用计算机和软件的系统称为复杂电子系统,并根据其具有不能通过传统试验手段充分验证的特点,制定了过程指南 DO-254 和 DO-178B、C,通过指南对软硬件的设计过程提出了强制性要求。

由于机载计算机是包含软件的复杂系统,部件之间的组合状态也呈非线性增长,理论上系统是不可能充分验证的。任何一个部件更改也必须经过全面的回归测试和完整系统验证,因此更改验证的成本非常高。任何机载计算机系统,在通常产品的功能性能设计外,增加了安全性设计、验证的工作,而在很多情况下安全性设计、验证的工程工作量远远大于功能性能设计的工作量,这是飞行器信息系统设计成本高的一个主要原因。

(2)实时性(确定性)需求。机载计算机系统的任务一般都具有时间约束条件。其任务如果超出时间范围要求(太快或太慢),会导致任务失效,甚至会导致安全问题。这种实时性实际上是确定性。确定性的指标包括必须在给定的时间内完成处理(处理时限)和每次处理花费的时间差(抖动)。只要有足够的计算资源,处理时限比较容易保证,但是当资源争用时,确保抖动时间内的稳定性是比较困难的。

(3)可靠性需求。飞机可以在很短的时间之内从地面升至数千米高空,可以在数小时内从严寒地区飞至热带地区,飞行环境条件变化剧烈、极端环境条件多,因此机载计算机必须能够具有在恶劣环境条件下长时间可靠工作的能力。

(4)物理特性的特殊需求。是指必须满足平台的特殊要求(对体积、重量、功耗等有严格的限制)。

2.1.2　机载计算机的类别

机载计算机的分类方法有以下两种。

(1)按作用分类。机载计算机按所起的作用和应用的系统来进行命名和分类,如分为大气数据计算机、飞行控制计算机、发动机控制计算机、飞行管理计算机、任务计算机、显示和控制计算机等。随着飞机信息系统综合化的趋势,机载计算机成了高度共享的资源,以上述方式分类机载计算机的情况趋于减少,而以体现共享特征的名字来分类,如公用综合处理机或综合核心处理机等。这是一个综合的超级计算机,可以为航空电子系统的很多子系统所共用。

(2)按独立性分类,分成非嵌入式和嵌入式两大类。

非嵌入式机载计算机系统具有主机、显示器、键盘等通用计算机的产品结构形态,主要用于机载环境下的通用信息处理任务。有些非嵌入式机载计算机不涉及飞机飞行安全,如民用客机的旅客信息和服务信息的管理,座舱娱乐系统等。

嵌入式系统是用于控制、监督或辅助设备、机构或装置的系统。嵌入式计算机指以嵌入方式纳入系统并作为该系统一个组成部分的计算机。嵌入式计算机嵌入在各种机载设备中,是设备的核心部件,但是并不独立成为功能系统,不具备通用计算机的产品形态,没有键盘、显示器等外设。嵌入式计算机主要用于飞机的飞行控制、系统控制等,通常涉及飞行安全和关键任务,所以其安全性要求高。同时,由于工作环境条件恶劣,对体积、重量、功耗等物理指标也有严格的要求。飞机上使用的嵌入式机载计算机数量多,一般采用专用的体系结构,选用特殊等级元器件和原材料、特殊的加工工艺设计和生产,这些是机载计算机研究和开发的重点。

2.1.3 机载计算机的基本结构

机载计算机通常不具备键盘、鼠标、显示器等通用计算机的外部设备,而采用机载计算机核心部件(处理资源、存储资源、软件)加外部接口(总线接口、网络接口、传感器/作动器接口)的结构形式。

机载计算机是专用计算机。在飞机上根据所完成任务的不同,其可以是独立的一个计算机系统,或者是嵌入式计算机。根据机载计算机的工作,其实现结构主要有单机结构、多机结构、模块化结构等几种方式。

1. 单机结构

1个CPU为主构成,包括存储器、输入输出接口等,如图2.1所示。

(1)离散量输入接口接收离散量信号,在飞机上离散量信号一般为0 V,+28 V的数字信号。

(2)模拟量输入接口接收各类传感器传来的模拟信号并将其转换成数字信号,送入计算机。根据需要,有的机载计算机可没有模拟量接口。

(3)传输总线接口接收或发送总线数据,实现与飞机上其他设备的通信。

(4)CPU完成计算和所有接口的管理工作。

(5)存储器主要由半导体存储器组成,可分为程序存储器、数据存储器和暂存器。数据量大时可在数据存储器中建立数据库。

(6)离散量输出接口发出0~+28 V离散量信号,给出计算机的当前状态。

(7)模拟量输出接口发出模拟信号,驱动其他设备工作。

(8)BITE实现机载计算机的自检。

(9)计算机系统内部总线,用于连接系统内部各部件。

这种机载计算机的组成结构也是较典型的计算机工业应用系统的组成结构,适应于系统运算量要求不是很高,输入输出信号不多的应用场合。

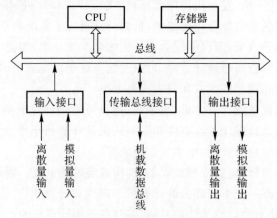

图2.1 单机结构示意图

2. 多机结构

由 2 个或多个 CPU 构成,包含多种存储器、输入输出接口等,如图 2.2 所示。

(1)2 个或多个 CPU 中的一个用于输入输出信号的处理,称为 I/O 处理器,其他处理器主要用于计算。

(2)具有与单机结构一样的离散量输入输出接口、模拟量输入输出接口和传输总线接口等。

(3)每个 CPU 均有自己的存储器。除此之外,还有多端口存储器,用于 CPU 之间的信息交换。通常采用的是紧耦合的通信方式,即通过共享存储器实现通信。

(4)每个 CPU 均有各自的系统总线。这种机载计算机系统适应于运算量要求较高,而输入输出信号很多的应用场合。若是双 CPU 系统,通常 1 个 CPU 用于主计算,1 个 CPU 用于接口管理,以减轻计算 CPU 的负担,是典型的分布式应用。

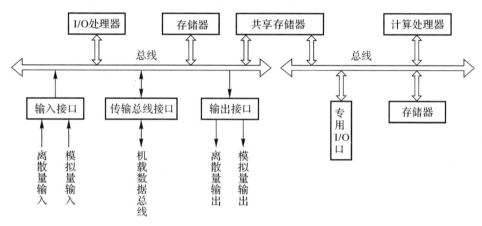

图 2.2　多机结构示意图

3. 多系统应用结构

在飞机上,都会安装不止一套机载计算机系统。在民用飞机上,相同的系统通常安装 2 套,有的是多套,如飞行控制计算机。其目的是通过系统冗余来提高机载计算机的可靠性。相同的机载计算机系统之间一般由通信总线连接,以保证每个机器的工作状态,实现同步工作。而且当 1 个计算机发生故障时,可以进行重组,以保证系统工作,如图 2.3 所示。

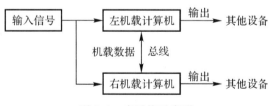

图 2.3　多系统示意图

4. 模块化结构

机载计算机的模块化结构是近年来发展的新技术。随着微电子技术、计算机技术、航空技术的迅猛发展,新一代航空电子系统正向开放式、综合化、模块化的方向发展,已迈入综合模块化航空电子系统阶段。

现代综合模块化航空电子系统是一组由标准格式处理模块、标准格式连接器构成的系统结构。它是一个由实时计算机网络组成的机载系统,该网络由许多支持各种不同用途和重要性的计算模块组成。

这种结构机载计算机主要以模块的方式构成,如图 2.4 所示。一个模块是一个计算机系统,有标准的计算模块和输入输出模块,多个模块集成在大机箱中,模块可共用输入输出接口,模块之间通过背板总线或网络实现通信。其特点是使用了许多现场可更换模块来完成各种信号处理和信息处理功能。这种模块化的设计便于系统容错和系统重构,并且由于同类模块的大量生产,成本降低。

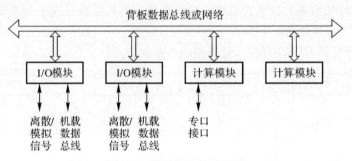

图 2.4　模块化结构示意图

这种结构首先应用于波音 777 飞机,目前在 A 380、波音 787 以及很多新型通用飞机上开始广泛应用。模块化结构是机载计算机的发展方向。

2.2　机载计算机硬件技术

机载计算机的硬件与通用计算机类似,主要由处理器、存储器、I/O 接口等构成,下面主要对其关键核心的处理器和内总线技术做一介绍。

2.2.1　机载计算机处理器

1. 处理器的应用过程

机载计算机处理器的选用经历了从通用、专用、通用再到可定制片上系统(System - On - a Chip,SOC)的发展过程。

早期的处理器性能低,价格贵,设计、制造的难度较大,产品少,没有专门为机载计算机设计的处理器。

微处理器在机载计算机中得到应用后,美国军方主持制定了专用指令系统 ML - STD - 1750A 16 位计算机指令系统结构,并设计制造了专用的处理器芯片(P1750A 套片等),以满足先进飞机对处理器的功能、性能的特殊要求,其性能远远高于当时的商用处理器。

20 世纪 90 年代以后,通用微处理器的性能得到极大的提升,同时成本也急剧下降;专用的处理器芯片由于升级换代缓慢、性能提升不快,开始逐步从机载计算机中退出。通用微处理器开始在机载计算机中大量使用,如 PowerPC 系列,X86 系列和诸多的 DSP 系列产品。但是由于微处理器在飞机上有大量嵌入式的应用,通用微处理器的一些不适用于嵌入式应用的缺点逐步暴露出来,如功耗高、封装形式不好、指令集受限制等。

随着集成电路技术的不断进步,现场可编程逻辑阵列(Field Programmable Gate Array, FPGA)、SOC 技术逐步成熟,成本降低,当样机阶段或批量较小时,可以直接使用内嵌处理器的 FPGA,批量较大时可以通过 SOC 实现,逐步实现机载计算机的定制化,从而提高性能,降低成本、功耗、体积、重量,提高可靠性。

2. X86 处理器

X86 处理器主要有 Intel 的 X86 系列产品和 AMD 的 X86 系列产品。X86 的产品已形成了系列化指令系统,都保持向下兼容,因此当处理器升级时,应用软件不需要太大的改变。

X86 处理器属于复杂指令集计算机(Complex Instruction Set Computer,CISC)体系。该体系结构认为指令系统愈丰富愈好,其主要特征是把存储效率作为衡量体系结构设计质量的手段,大量采用了可变字长的指令,即复杂指令用多个字节,简单指令用较少字节,这可以使程序在内存中更加紧凑。CISC 体系导致芯片结构的复杂度被极大地提升,功耗较高。如 80486 工作频率为 64 MHz 时,功耗在 4.5 W 左右,X86 系列中的 Pentium 当工作频率为 166 MHz 时,功耗在 10 W 左右,因此在嵌入式行业对功耗要求严格的情况下,Pentium 以后的处理器很少应用在嵌入式行业,主要在台式 PC 上占主导地位。

3. Power PC 处理器

Power PC 处理器在通信、工控以及国防等要求高性能、高可靠性的领域得到广泛应用。Power PC 处理器属于精简指令系统体系(Reduced Instruction Set Computer,RISC)。RISC 结构的设计思想是只用硬件实现那些最基本和最常用的指令,不常用的指令由常用指令通过函数实现,节省出大量的硅片面积用于实现对提高速度有很大帮助的功能,如增大容量、增设并行运算部件等。RISC 处理器的指令系统有利于流水线处理器的高效执行,并有利于优化编译器的代码生成。RISC 处理器所具备的显著优点是采用 CISC 体系结构无法得到的,它的主要优点是能缩短设计周期,有效地利用芯片面积,便于采用先进的半导体工艺等。

从产品在机载领域的应用来看,Power PC 系列产品可谓是独领风骚。在 F‑16、F‑35、B‑1 等许多战机以及航天飞机上都使用了 Power PC 产品。国内多种机载产品中也采用了 PowerPC 系列产品。

X86 系列在民机上的应用也较为广泛。如波音 777 飞控系统中采用 Intel 486 处理器作为其中一个余度的处理器,A340 飞控系统中采用 Intel 386 作为主控计算机的处理器,等等。

2.2.2　内总线技术

内总线是计算机处理器、系统内存及外围器件等设备内部的互联总线。

传统的内总线大都采用标准并行总线方式,数据总线部分从 16～64 位不等,如 VME、PCI 等。这种并行连接采用一组导线将多个功能模块挂接在一起的方式,实现一种宽管道的数据传输模式。

PCI 总线得到了广泛的应用。PCI 总线是一种兼容性强、功能全的计算机总线,具有明显的优点。最高达 528 MB/s 的传输速率,支持突发传输,确保高效使用总线,存取延迟小,总线控制权切换速度快,与体系结构无关,保留了发展空间。PCI 总线是一种并行同步总线,有三个独立的地址空间,即配置空间、IO 空间和存储空间。其中配置空间用来实现即插即用功能,是各设备必须支持的。PCI 总线以主从方式工作,设备分为主设备和从设备,从设备只能执行接收到的命令,而主设备既可以发出命令也能执行命令。其系统结构如图 2.5 所示。

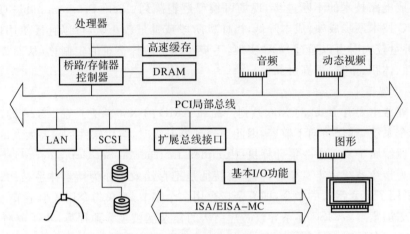

图 2.5　基于 PCI 总线的计算机系统结构

PCI－X 是 PCI 最直接的升级,PCI－X1.0 依然使用 64 位并行总线,只是工作频率提升至 133 MHz,这样 PCI－X 就拥有 1 066 MB/s 的总带宽。显然,PCI－X 的性能比 PCI 大有提升,在一定程度上缓解了总线瓶颈问题。

然而虽然并行总线技术飞速发展,从最初的 8b PC/XT 到现在流行的 PCI 总线,总线性能大致每 3 年提升 1 倍。然而面对摩尔定律,总线频率的发展仍落后于处理器频率的增长,并行总线暴露出越来越多的缺点和不足。解决方案就是采用高速串行总线技术通信。

高速串行总线技术是新一代内总线的发展方向。其采用的技术有:以串行 I/O 取代源同步并行 I/O,通过点对点的互联方式链接设备,由于对链路来说负载固定并且较小,所以时钟率可以进一步提高;以差分方式取代单端方式,差分信号传输方式比单端传输方式对共模输入噪声有更强的抵抗能力;以交叉开关结构替代共享总线,交叉开关结构使系统中多个点到点的通信链路被组织在一起,能够实现所有芯片或模块间的任意互联和并发传输,系统带宽可以显著地增加。

代表性的串行总线如下:

(1)RapidIO 总线。RapidIO 是一种分组交换结构。RapidIO 采用包交换技术,使网络处理器(NPU)、中央处理器(CPU)和数字信号处理器(DSP)之间的通信具有高速、低延迟、稳定可靠的互联性。目前,RapidIO 已成为开放的标准,世界各大半导体公司都陆续推出了基于 RapidIO 技术的相关产品。由于是点对点通信,它比多点总线能实现更多的同步传输,且传输能力还能继续提高。RapidIO 的主要特性是具有极低的延迟性(纳秒级)和高带宽,比 PCI、PCI－X、PCIe 和 Infiniband 延迟都低很多,并很容易实现与 PCI、PCI－X、PCIe、FPDP 和以太网等的桥接,适用于芯片与芯片、板与板、系统与系统之间的高速数据传输。

RapidIO 分为 3 层体系结构:逻辑层、传输层和物理层。逻辑层主要用于界定协议和包格式,为端点器件发起和完成事务提供必要的信息;传输层为中间层,用于定义 RapidIO 地址空间和在端点器件之间传输包所需要的路由信息;物理层在整个结构的底部,包括器件级接口的细节,如包传输机制、流量控制、电气特性和低级错误管理等。

(2)PCI Express 总线。PCI Express 总线是第三代 I/O 互联标准。PCI Express 总线采用串行的、点到点的互联方法实现两个设备间的通信。PCI Express 是非共享串行差分端口,不会出现多个设备共享带宽的情况。在 PCI Express 系统架构中,组件以点对点的方式连接在一起,保障了系统中各个组件都有独立的连接通道,极大地改善了系统并行操作的能力。也就是说,每一个 PCI Express 设备都拥有自己独立的数据连接,各个设备之间并发的数据传输互不影响。

PCI Express 采用分层体系结构,在结构上分为物理层、数据链路层、处理层和软件层 4 层。PCI Express 总线是一种全新的串行技术,在传输速率方面,PCI Express 总线利用串行的连接特点能将数据传输速度提到一个很高的频率,其工作频率可为 2.5GHz,远超出 PCI 总线,并克服了 PCI 总线在系统带宽、传输速率等方面的固有缺陷,同时还能兼容原有的 PCI 总线。目前 PCI Express 正在逐步取代原有的 PCI 总线,成为计算机系统中主流的系统互连总线。

2.3　机载计算机软件技术

2.3.1　机载软件概述

机载计算机作为飞机上应用的专用计算机,其软件与一般应用的软件有很大的不同,而且其实时性的要求也较高。本节将介绍机载软件的基本技术。

1.机载软件的发展

随着航空电子系统结构的发展和任务功能的增长,越来越多的功能将由软件来实现。机载软件在现代飞机中担负着探测、通信、导航、显示控制、飞行控制、发动机控制等多种任务。机载软件的比例和开发费用也在逐渐上升。飞机信息系统其实是软件密集型系统,其软件起着越来越重要的作用,航空电子系统已经开始并逐渐完成从联合式结构向综合化、模块化结构的转变,进一步向高度综合化的方向发展。这种趋势也促进了功能由硬件实现向软件实现的转变,即越来越多的功能由机载软件完成,机载软件的规模越来越大,机载软件的地位显著提升。如从美国的 F－111 飞机到 F－22 飞机,其中由软件实现的功能比例已经从开始的 20％提升到了 80％。机载软件的规模也呈现出超级的增长趋势。例如,F－111D 飞机的作战飞行程序约为 51 KB,F－16A 的作战飞行程序为 128 KB,F/A－18 的作战飞行程序则增加到约 700 KB,到 F－22 其软件规模达到了 180 万行 ADA 语句,F－35 飞机的软件规模更是达到 600 万行语句以上,其改进型更是达到了 1 500 万行语句的规模。

由此可以看到,机载软件作为飞机信息系统中至关重要的组成部分,其安全性、可靠性直接影响着飞机信息系统的可靠性与安全性。机载基础软件作为机载软件的核心运行平台,更是系统安全的重点。

机载软件的编程语言经历了从汇编语言、Jovial 语言、ADA 语言到 C(限用准则)的发展过程。最早使用汇编语言的原因是当时的高级语言的时空效率低,不能满足实时性和存储空间的限制。美军方定义的 Jovial 语言和 ADA 语言则是面向军用嵌入式系统的专用语言,其包含了大量实时、安全的特征,同时对语言的时空效率有严格的要求,20 世纪 70—80 年代在军机上得到了广泛的应用。随着机载计算机的性能急剧提高,时空限制不再成为重要的问题,而专用语言却给工具开发和维护、开发人员的成本等方面带来了较大的问题。因此,开始大量采用 C 系列语言作为机载软件的开发语言,但是由于 C 语言本身的缺陷,给系统安全性、确定性带来一定的威胁,需要对 C 语言的使用加以限制,因此又通过 C 语言及限用准则来开发机载软件。

操作系统也经历了从无操作系统、核心执行软件、专用操作系统和通用实时操作系统并存、专用规范操作系统到高安全操作系统的发展过程。作为机载基础软件,操作系统的正确性、实时性、安全性成为影响系统功能性能的关键因素,在机载环境下使用的操作系统必须经过适航认证。高安全操作系统希望通过新型的操作系统结构和形式化证明技术,提供确定、安全的机载操作系统产品。为了不断满足机载软件对确定性、安全性的需求,机载软件技术一直在不断发展。

2.机载计算机软件的特点

机载计算机的软件是在硬件的基础上实现机载计算机功能的程序。软件的任务可以分为周期性任务和非周期性任务。对于周期性任务,系统必须按照任务要求的时间有规律地执行;对于非周期性任务,其执行时间和出现的次数无任何规律可循,是随机事件。因此,必须采取有效的时间管理策略,以满足各种任务对时间的要求。对于周期性任务,系统采用大、小周期的方法安排任务的运行;而对于非周期性任务,系统采用与周期性任务混合的方法安排任务的运行。

机载计算机软件大致上分为:周期任务计算程序、非周期任务处理程序、I/O 接口处理程序、监控程序、自测试程序等。

对于机载计算机来说,飞机在地面和在空中时软件工作流程可以是不一样的。如自测试程序实现系统的自检,通常在空中时是不执行的,它是非周期的任务。飞机在空中执行的是较简单的监控程序,它也属于周期性任务。

而实时执行程序是飞机在飞行过程中的主要程序。它要能正确地处理各个任务间的通信和同步、完成任务模块的调度和管理、激活和挂起有关的任务、及时处理程序的中断等。其功能是:初始化后执行启动程序;以固定的执行速率调度有关的任务功能块并将其组织到总任务中;根据工作特征的变动情况激活或挂起相关的任务;处理实时时钟;对每一种中断源进行服务;监视正确的程序执行并记录可能出现的程序错误。

实时执行程序的主要特点是有严格的时间限制。对每个应用模块来讲,从信息的接收、分析处理到发送的全过程必须在规定的时间内完成,这就要求系统的一切活动都必须在一个严格的计时程序控制下运行。目前,机载计算机软件的开发主要是以实时操作系统为基本平台完成的。

2.3.2 机载计算机软件架构

飞机信息系统软件架构是软件研发的灵魂,其架构一般应满足开放性、标准化、易升级维护等要求。下面给出几种已经实现的架构。

1."宝石柱"计划的软件系统结构

该计划是美国空军提出的一项先进的航电系统计划,其所给出的软件系统结构如图 2.6 所示。其软件系统由系统执行软件、核心执行软件和分布执行软件 3 部分组成。

系统执行软件由主执行软件和备份执行软件构成,负责监控系统的软件和硬件的工作状态、记录系统所有部件的故障、控制系统硬件重构。备份执行软件处于热备份状态,当主执行软件发生故障时,备份执行软件都接管主执行软件,维持系统的正常运行。核心执行软件控制处理机中的应用软件的运行、控制应用任务之间的通信、控制外部设备、参与处理机级的故障容错操作、提供中间任务控制和通信服务。分布执行软件提供总线接口控制、处理机之间的数据转换和数据传输控制。

美军的 F-22 战斗机采用"宝石柱"计划的设计思想,飞机的核心处理软件包括航电操作系统、航电系统管理程序和信号处理操作系统。

机载软件始终是飞行中自动控制与管理的实现者,对于军机而言,其完成的任务可以分成四类:基本的飞行任务、系统与驾驶员接口的人-机工程任务、导航任务和作战任务。如果系统功能无法由单个主计算机完成,可以将上述任务的一部分分配到合适的子系统计算机中,用多层总线拓扑结构完成系统功能。所有飞行任务均反映在驾驶员的作战飞行程序(OFP)中。

2. ASAAC 软件系统架构

欧洲的联合标准航空电子系统结构委员会(Allied Standard Avponics Architecture Councie,ASAAC),实施 ASAAC 计划制定的机载软件架构标准。

ASAAC 将软件系统架构大致分为应用层、操作系统层和模块支持层三层。层间采用标准接口,以保证各层间的独立性。具体分层如图 2.7 所示。

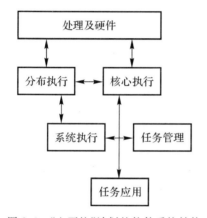

图 2.6 "宝石柱"计划的软件系统结构　　　　图 2.7 ASAAC 软件分层结构

应用层定义了功能应用和应用管理。功能应用就是通常所说的应用任务;应用管理就是执行那些与应用密切相关的系统管理。

操作系统层定义了操作系统、通用系统管理和运行时蓝图三部分。通用系统管理包括健康监视、故障管理、配置管理和安全管理;运行时蓝图包含配置与管理核心系统运行的全部信息。

模块支持层定义了低级硬件资源的基本驱动管理。

3. F-35 软件体系架构

美国 F-35 飞机先进的任务系统软件以一个核心处理软件的架构为整个任务系统核心软件提供了平台。核心处理域是所有任务系统软件的计算平台。其软件称为核心处理软件。核心处理软件的功能结构如图 2.8 所示。

F-35 软件体系架构分为四层。第一层为应用层,包括各类系统级应用;第二层为中间件,如核心处理软件;第三层为操作系统及板级支持包(BSP);第四层为硬件层。

这里操作系统的主要功能是基本的资源管理,如存储器和时间的分区管理。核心处理软件的主要功能有:隔离应用与硬件和操作系统;提供核心服务应用程序接口(API),包括文件系统、系统时钟、软/硬件故障报告、系统调度等。

第一层	系统级应用
第二层	中间件　核心处理软件
第三层	操作系统　板级支持包
第四层	硬件

图 2.8　F-35 软件系统体系架构

应用层的主要功能是在不同的分区完成不同的应用。应用是通过分区进行隔离的。而中间件(为了增加应用软件的通用性,使应用软件的研发与运行平台隔离,在应用软件与平台(如硬件、操作系统等)中间增加了一层软件中间件,将应用软件与硬件平台和操作系统隔离,使应用软件与平台无关。

2.3.3　机载计算机操作系统

1. 操作系统与实时操作系统

操作系统(Operating System,OS)是管理和控制计算机硬件与软件资源的计算机程序,是直接运行在"裸机"上的最基本的系统软件,任何其他软件都必须在操作系统的支持下才能运行。

操作系统是用户和计算机的接口,同时也是计算机硬件和其他软件的接口。操作系统的功能包括管理计算机系统的硬件、软件及数据资源,控制程序运行,改善人-机界面,为其他应用软件提供支持,让计算机系统所有资源最大限度地发挥作用,提供各种形式的用户界面,使用户有一个好的工作环境,为其他软件的开发提供必要的服务和相应的接口等。实际上,用户是不用接触操作系统的。操作系统管理着计算机硬件资源,同时按照应用程序的资源请求,分配资源,如划分 CPU 时间、开辟内存空间、调用打印机等。

实时操作系统(Real Time Operating System,RTOS)是指当外界事件或数据产生时,能够接收并以足够快的速度予以处理,其处理的结果又能在规定的时间之内来控制生产过程或对处理系统作出快速响应,并控制所有实时任务协调一致运行的操作系统。因而,提供及时响应和高可靠性是其主要特点。实时操作系统有硬实时和软实时之分,硬实时要求在规定的时间内必须完成操作,这是在设计操作系统时保证的;软实时则只要按照任务的优先级,尽可能快地完成操作即可。通常使用的操作系统在经过一定改变之后就可以变成实时操作系统。

实时操作系统也是保证在一定时间限制内完成特定功能的操作系统。例如,可以为确保生产线上的机器人获取某个物体而设计一个操作系统。在硬实时操作系统中,如果不能在允许时间内完成使物体可达的计算,操作系统将因错误结束。在软实时操作系统中,生产线仍然能继续工作,但产品的输出会因产品不能在允许时间内到达而减慢,这使机器人有短暂的不生产现象。一些实时操作系统是为特定的应用设计的,另一些是通用的。一些通用目的的操作系统被称为实时操作系统。但在某种程度上,大部分通用目的的操作系统,如微软的 Windows NT 或 IBM 的 OS/390 有实时系统的特征。这就是说,即使一个操作系统不是严格的实时系统,它们也能解决一部分实时应用问题。

机载计算机的操作系统通常是实时操作系统。

2.机载计算机操作系统的特点

机载计算机操作系统是典型的实时操作系统,其机载计算机操作系统应该具备实时操作系统的特点:

(1)确定性。不管当时系统内部状态如何,实时软件对外部事件的响应时间必须是实时的、确定的及可以重复实现的。测量操作系统确定性的一个指标是从一个高优先级设备中断到达开始,直到开始服务为止的最大延迟,在非实时操作系统中,这个延迟可能是几十毫秒到几百毫秒,而在 RTOS 中有一个明确的上界,即从几微秒到 1 ms。

(2)响应性。与确定性相关,但是二者具有不同的特征。确定性考虑的是在应答一个中断前,操作系统的延迟时间;而响应性则是在中断应答后,操作系统服务的时间,包括初始化中断处理和开始执行中断服务程序(Interrupt Service Routine,ISR)需要的时间和执行 ISR 需要的时间。如果允许中断嵌套,那么服务的时间将被延迟。

(3)用户控制。在一个典型的非实时操作系统中,用户或者不能控制操作系统的调度功能,或者只能提供粗略的指导。但在 RTOS 中,允许用户精细控制任务优先级,用户应该能够区分硬实时任务和软实时任务,并在每个类别中指定相对的优先级。一个 RTOS 也能够指定这类特征,例如分页或者进程切换,哪些进程必须总是驻留在主存中,使用哪个磁盘传输算法以及在各种优先级类别中的进程有哪些权利等。

(4)可靠性。在单处理机的非实时系统中,如果系统产生错误,可以通过重新引导系统来解决;在多处理机的非实时系统中,如果一个处理机出现错误,可以采取对该处理机进行修复或替代的方式来解决。也就是说,在非实时系统中,错误的产生对系统造成的影响只是服务级别或服务质量的降低。但是,实时系统需要实时响应和控制事件,性能的丧失或降低都可能造成灾难性的后果。

(5)软失败操作。软失败操作是指当系统失败时尽可能地保留数据。例如,一个典型的 Unix 系统,当它检测到内核数据的误用时,就向系统控制台发出失败消息,并将内存内容保存到磁盘用于以后的失败分析,同时终止系统的执行;与此相反,RTOS 将试图纠正问题或者将它的影响最小化,同时继续运行。

3.常用的机载操作系统

目前航空电子系统软件使用的主流操作系统是 Vxworks 系列实时操作系统。

Vxworks5.5 是面向单核处理器的操作系统,其定义了实时操作系统在单核计算机上的操作系统体系架构,提供了文件系统管理、任务管理、内存管理、设备管理等功能,并具有高性能、强实时和高可靠等特性和优秀的可裁减性等功能。其支持多任务调度机制,通过采用基于优先级抢占方式,其同时也支持同等优先级任务间的时间片轮转。这增加了用户使用的便捷性。特别是其对网络的支持,加速了嵌入式系统融入互联网的进程。

Vxworks5.5 的开发环境具有完整的编译、调试、系统分析和系统优化工具,将嵌入式开发带入了图形化界面时代。特别是其所实现的针对不同处理器差异性的封装,无论开发何种处理器,采用何种编译器或调试器,开发者的使用体验完全一致。因此 Vxworks5.5 大量应用于通信、军事、航空和航天等高精尖技术及实时性要求极高的领域。

Vxworks6.x 增加了很多特性和功能,包括拥有最全面的 CPU 架构的支持,如 X86、

MIPS、Power PC、ARM、ColdFire 和 SPARC,涵盖几乎所有流行的 CPU;引入了内存保护机制和实时进程,增强了系统的稳定性;可以隔离错误检测和报告机制、诊断和纠正开发和测试期间所遇到的故障;对多核全面支持,提供简单易用且基于 socket 接口的 CPU 间的通信机制,以及丰富的多核调试手段;使用商用网络协议栈和具有更优性能、更小代码尺寸的 IPV4/V6 网络协议栈,增强了对无线网络的支持;支持高可靠性文件系统,等等。

机载操作系统最新的是支持模块化综合航电的 ARINC 653 操作系统,这部分内容详见第5.2.2 节。

2.3.4 机载系统软件开发标准

由于飞机信息系统软件承担了越来越多的任务,因此软件日趋复杂、规模越来越大、需求和目标多样性,也面临智能化、安全性和可靠性的更高要求,其开发难度在不断增大。针对这一问题,国际组织相应制定了机载软件的开发标准。

1.机载系统软件开发标准

主要标准为由航空无线电技术委员会(Radio Technical commission for Aeronautics,RTCA)等发布的 DO-178B、DO-178C 规范。该系列规范给出了航空系统软件的开发过程,目标是确保开发的软件在功能上正确,在安全上可信,并能满足适航要求。

DO-178B、DO-178C 与 ARP4754、DO-254 共同构成了航电系统开发的标准体系。DO-178C 是最新的版本。ARP4754 是该体系的顶层标准,定义了高集成或复杂航空器系统的认证过程,也定义了航空器整机功能的系统生命周期。而相应的软件、硬件设计标准则分别遵照 DO-178C 和 DO-254 规范。ARP4754 与 DO-178C、DO-254 分别针对航空系统的系统生命周期、软件生命周期和硬件生命周期,它们之间的关系如图 2.9 所示。

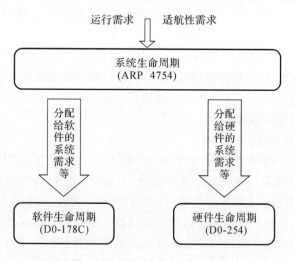

图 2.9 开发标准之间的关系示意图

2.机载软件生命周期过程

DO-178C 的软件生命周期生命周期包括 3 个过程,即软件计划过程、开发过程和综合过程。特别要提到的是 DO-178C 是面向目标的,强调要求软件必须满足其级别对应的所有目标,同时要给出足够的证据来表明每一步是如何完成的,也要求验证过程是可以重现的。

（1）软件计划过程。软件计划过程产生各种软件计划。该计划定义满足系统需求和软件生产方法；定义软件生命周期，确定软件生命周期环境，包括各个软件生命周期过程中使用的方法和工具；确定与系统软件安全目标一致的软件开发标准；等等。这些都用于指导软件开发过程和软件综合过程。

（2）软件开发过程。DO-178C 定义了 4 个软件开发过程：①软件需求过程。该过程依据系统的软件需求，产生软件系统的高层需求，包含功能需求、性能需求、软硬件接口和安全相关需求等内容。②软件设计过程。该过程依据软件需求、软件开发计划和软件设计标准，产生软件设计描述，包括软件结构和底层需求。③软件编码过程。该过程根据软件低层需求和软件结构编写软件的源代码，产生源码和目标码。④软件集成过程。该过程对源码和目标码进行编译、链接，并加至机载信息系统或设备中。通常应包含软件集成和软/硬件集成两个子过程。

图 2.10 所示为 DO-178C 中系统需求和软件开发 4 个过程之间的关系。

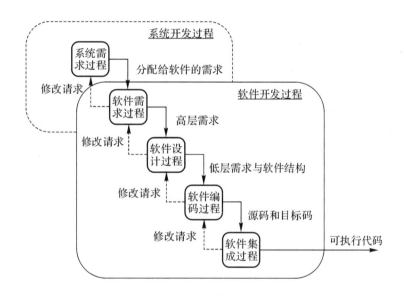

图 2.10　DO-178C 开发过程示意图

DO-178C 规定，必须实现各个过程的可追踪性，包括系统需求与高层需求之间、高层需求与低层需求/软件结构之间、低层需求/软件结构与源码/目标码之间、源码/目标码与可执行代码之间的可追踪等。

（3）软件综合过程。DO-178C 规定了 4 个软件综合过程：①软件校验过程。该过程用于检测和报告在软件开发过程中可能引入的错误。②软件配置管理过程。该过程用于在软件生命周期中提供确定的、可控的软件配置。③软件质量保证过程。该过程用于审核软件的生命周期过程及其输出，确保实现其目标，能检测、评估、跟踪和解决其错误。软件质量保证过程提供软件生命周期生产的软件产品与需求是一致的证明，保证这些过程的执行与软件计划和标准一致。④证明联络过程。该过程用于在整个软件生命周期中建立应用程序与证明授权之间的联系和理解，辅助软件的证明过程。

2.4 机载计算机的容错与自测试技术

2.4.1 容错技术

1.关于容错

所谓容错,就是容许错误,是指设备的一个或多个关键部分发生故障时,能够自动地进行检测与诊断,并采取相应措施,保证设备维持其规定功能,或牺牲性能来保证设备在可接受范围内继续工作。

错误一般分为两类:第一类是先天性的固有错误,如元器件生产过程中造成的错误、线路与程序在设计过程中产生的错误。对这一类的错误,要进行拆除、更换或修正,是不能容忍的。第二类是后天性的错误,它是由设备在运行中产生了缺陷所导致的故障。这种故障有瞬时性、间歇性和永久性的区别。

此外,还有失效,指系统(部件)由于其组成部件或工作环境出现错误而不再能够完成预定的功能。失效可分为独立失效和相关失效。如果一个失效不会直接或间接地引起其他失效,则该失效称为独立失效。相关失效包括两种情况:一是同样的起因触发多个部件的失效;二是一个失效直接或间接地引起其他失效。相关失效主要是由部件之间的物理或电的耦合,以及同样的外部事件(雷击、强电磁场引起的粒子翻转等)所引起的。

从系统输出行为看,有失效停止和失效安全。当一个系统失效时只是简单地停止系统的工作而不产生不正确的输出,该系统被称为失效停止系统。而当一个系统失效时,其失效模式偏向某个状态,该状态不会使系统遭受灾难性的破坏,为失效安全系统。如电梯的刹车若连接到电梯钢缆的张力检测器,当钢缆断裂时,张力消失,启动刹车时电梯停止。

容错技术是提高计算机系统可靠性的重要途径。在发生故障或存在软件错误的情况下仍能继续正确完成指定任务的计算机系统称为容错计算机系统。容错技术从系统结构出发来提高系统的可靠性,与排错技术相互补充,构成高可信度的系统。从形式上常采用的容错方法可分为硬件容错和软件容错。

硬件容错就是以冗余的硬件来应对灾难。为使硬件容错得以实施,在设计系统时,就必须采用硬件模块化思路以增强系统的可扩充性和可维护性。在故障发生后,冗余的硬件便可立即挺身而出保障系统继续工作,而无需中断服务。硬件容错的缺点是成本较高。软件容错就是以冗余的软件来应对灾难。其优点是不依赖硬件,且灵活性和可移植性都较好,缺点是速度较慢。当然,在实际使用时,既不会只用硬件容错,也不会只用软件容错,而是将它们搭配使用,取长补短,整体上实现性能和效益最大化。

从故障处理方式上看,容错又可分为故障检测技术、故障屏蔽技术和动态冗余技术。衡量检测技术的主要指标是检测覆盖率,即任意故障被检测到的概率。检测也包含诊断,而衡量诊断技术的指标是诊断分辨率,即故障定位的精确度。

故障检测技术,意在发现故障、定位故障。

故障屏蔽技术,其基本思想是:利用多个部件或系统,以固定的结构和运行方式,同时执行相同的功能,利用多个一致的结果,来屏蔽某些故障。不过,屏蔽只能用于应急,因为它受制于预先的静态配置,当故障积累到使屏蔽能力饱和时,屏蔽功能就会失效。比如,突然停电后,便可立即启动蓄电池,但由于蓄电池的持续时间有限,所以必须尽快修复交流电源。

动态冗余技术,它通过多模式的冗余(包括信息冗余、结构冗余、时间冗余和空间冗余等)为系统抵御灾难提供基础。动态冗余技术是借助快速响应的故障检测与诊断技术来提高系统的可靠性,缩短故障的修复时间,增强系统的可用性。动态冗余技术可及时自动切换故障子系统或改变系统结构,阻止故障积累。动态冗余技术可以说是容错计算技术中最主要、最常用和最复杂的技术。

2.典型容错技术

容错技术主要解决故障的检测、定位、隔离、重构和恢复。通常可以采用处理机+备份(冷或热)的方法。图 2.11 所示是单通道计算机+备份计算机工作方案,如果通过故障检测(一般通过通道内自测试)发现计算机出现故障,备份计算机通道切入系统运行。

如果采用多处理机方法,则设置了多个硬件通道,通过通道间的实时比较监控实现容错功能。图 2.12 所示是多通道实时工作,通过通道之间的表决监控,实时判断各个计算机的状态。

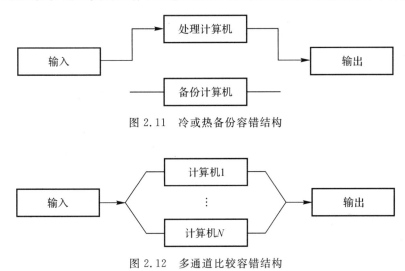

图 2.11　冷或热备份容错结构

图 2.12　多通道比较容错结构

3.非相似余度容错计算机技术

计算机系统实现容错就是对系统具有的时间资源、硬件资源和软件资源进行余度配置。时间余度指软件在硬件上的再执行,它可以解决外界随机干扰造成的故障。硬件余度是指配置功能相同的计算机运行平台,可以解决硬件方面的随机失效。在硬件方面实现容错可以采用相似硬件余度和非相似硬件余度。而软件余度是指配置实现同一功能的相异性设计的软件资源,可以解决软件设计缺陷。

所谓非相似余度计算机是指在相同的需求规范之下,采用不同的工作小组、不同的处理器、不同的开发环境和编程语言、不同的算法研制出不同软件(硬件)的余度计算机。硬件三余度计算机可以是一种相似余度计算机,就是说 3 个计算机的硬件完全相同,其运行的软件也完全相同。这种类型的计算机对于解决因硬件引起的随机故障是非常有效的,但对于共性故障(主要指设计故障,尤指软件设计故障),不管其余度数多少,是无能为力的,因此需要采用非相似余度技术来解决这个问题。非相似余度计算机的典型应用是大型民用飞机的飞行控制计算机。

2.4.2　自测试技术

维修是指在数字式航空电子(简称"航电")系统投入使用后进行的工作。在一个系统投入使用后,最重要的属性是从维修角度看它工作得如何。维修是运营费用和系统总的寿命期费用方面的一个重要因素,因此设计师不断受到压力,被要求交付一种具有最低成本和最大维护效率的系统。在开始设计数字式航空电子系统时,就必须把可维修性看成是一个主要的因素。随着数字式航空电子系统和综合系统结构变得越来越普遍,加入机内自测试设备以提高系统可维修性的方法逐渐增多,完善的机内自测试功能是现代综合航空电子系统的重要特征。

机内自测试(Built InTest,BIT)作为系统测试和故障诊断的新技术,在航空电子设备测试性、可靠性和维护性设计中日益受到重视。BIT 是一种不依赖外界设备,仅依靠自身内部硬件及软件实现系统测试的技术,是指设备依靠自身的电路和程序来完成对系统的故障诊断和隔离。同时,BIT 也是提高系统可测试性,进而提高系统工作可靠性、减少系统维护费用的关键技术。

1. 自测试要求与方式

BIT 按照其运行的阶段,可以分为上电 BIT、飞行前 BIT、飞行中 BIT 和维护 BIT。

(1)上电 BIT 在系统上电后开始运行,主要对计算机的核心部分进行测试,并将测试结果存入非易失性存储器,上电 BIT 运行不通过可能导致系统无法运行;

(2)飞行前 BIT 在飞机起飞前运行,并将测试结果存储在非易失性存储器中,如果飞行前BIT 不通过,则需要地面操作人员进行相应的处理;

(3)飞行中 BIT 在飞行过程中周期性运行,根据测试结果对故障进行隔离,快速进行硬件或软件的动态重构,并将结果存储到非易失性存储器中;

(4)维护 BIT 在系统维护期间运行,配合外部测试设备对系统进行测试,并将故障定位到功能模块级,以便进行部件的更换与维修。

BIT 按其工作方式可分为以下 4 种:

(1)连续 BIT:连续监控系统工作状态的一种 BIT 形式。

(2)周期 BIT:以某一频率执行系统故障检测的一种 BIT 形式。

(3)启动 BIT:在外部事件(如操作人员的动作)发生后才执行系统故障检测的一种 BIT形式。

(4)上电 BIT:启动 BIT 的一种特殊形式,当系统或设备通电时便执行检测。

与高质量数字式航空电子系统中的许多特征一样,机内自测试设备(Built In Test Equipment,BITE)要有效,必须从一开始就成为设计工作中的一部分,而不能在设计近于完成时再加入。由于经常要求 BITE 能检测在一个 LRU 中的 95% 可能的故障,也强调需要早期考虑 BITE 的问题。设计良好的 BITE 不仅能检测和识别故障,还能确定发生故障的车间可更换部件。

BITE 在帮助维修人员方面有着巨大的潜力,但绝不应把它用作低可靠性的依赖措施。

美国航空无线电公司(Aeronautical Radio Incorporated,ARINC)报告 604《机内自检设备的设计和使用指南》列举出 BITE 能完成的 4 种类型试验,即:

(1)LRU 加电自检——每次通电时即自动执行,以确认 LRU 的可使用性。它应包括CPU 自检、存储器检查、外围电路和输入/输出端口检查。

（2）飞行故障记录——自动地对 LRU 的故障进行无源的监控和记录。

（3）LPU 置换检验试验——基本上与 LRU 加电自检相同，但可能加上数据合理性检查。

（4）系统性能试验——这是比其他试验都复杂的一项试验，它要求特定的先决条件和交互式控制动作。这种试验比单个加电试验能检查更多的功能，可用于如检查探测器和执行机构的对准等任务。

所有上述的试验（除最后一项外），应设计成由一个人即能操作。最后一项试验需 2 个人及以上，以便其中一个人能观察被试硬件的动作或状态。BITE 应使硬件的动作足以确定它满足性能要求，但不应驱使它导致机械上停止工作，任何用于地面维修的 BITE，只有在松开刹车时，才能自动禁止使用。

与其他的控制器和显示器相同，BITE 必须是便于使用的，指令必须清晰且意义明确。作为减少错误的一种措施，建议使用普通的文本信息而不使用程序（虽然程序具有这样的优点，即如果世界各地的维修人员拥有他们自己语言版本的程序说明电路卡，则可迅速而准确地运行 BITE）。如果使用程序，则应是基于助记忆符形式的。随着机上存储器容量的增大，在 LRU 或中央故障显示装置（Central Fault Display System，CFDS）的非易失性存储器中储存简缩的维修手册成为一种选用功能。当采用菜单来表示指令时，其所遵循的设计准则应与设计飞行舱显示器菜单相同。

BITE 应能识别由于在其宿主的 LRU 中的失效所引起的其他 LRU 中的故障，并产生一个关于此影响的信息。但在产生故障的系统中，像电源中断这类外部的故障则不进行记录。

BITE 软件应是隔离的，使得对它进行改动时不会影响可能也在该 LRU 中的关键飞行的软件。BIT 应具备储存超过 50 个故障的数据的能力，一般来说这些数据能覆盖最后 10 个航线段。随着新数据的采集，老的数据被从存储器栈的顶部推出。

BIT 设计的具体要求如下：

（1）BIT 故障检测器的设计应保证满足操作人员和维修人员的要求；根据使用维修和测试要求，系统、分系统和设备都可分别设计必要的 BIT 电路。

（2）BIT 电路的可靠性必须高于被测设备的可靠性，即 BITE 的可靠性优于被测设备一个数量级，且 BIT 电路中的故障不影响系统功能。

（3）BIT 电路应尽可能将微处理器和微诊断器用于测试与监控，并设计增量限制。BIT 电路和装置造成的电子系统设计的硬件增量不应超过电子系统电路的 10%；在满足设计要求的前提下，BIT 的设计成本应该最低。

（4）提供测试序列的人工控制方法，以便可以有选择地进行独立测试或进行适当的组合测试。

（5）不论是数据的输入还是输出，系统数据和测试数据应该区分开。例如输出中测试信号没有被抑制，那么测试信号会被接口硬件误认为是一个命令或蒙混的数据，这将影响测试任务。

（6）系统应用软件应适时检验硬件故障，应用软件的设计应包括足够的中断和陷阱能力，保证在数据库遭到破坏或丢失有关错误信息之前，能立即处理并存储 BIT 硬件检测到的错误；BIT 测试到的故障信息应存入非易失存储器中。

2. 自测试方法

对 BIT 进行测试需要硬件电路的支持，不同的功能测试需要不同的电路。BIT 常常有以下几种测试方法：

(1)余度 BIT。余度 BIT 通过在设计中重复被测的功能电路来实现。余度单元和被测电路接受相同的输入信号,通过比较两个电路的输出来判断电路的工作状态。如果输出值超过了一定的差值,那么就说明发生了故障。图 2.13 所示为一个余度 BIT 电路的例子,该例子中被测电路为一模拟放大器电路,采用一个相同的模拟放大电路作为余度,通过相减器电路来获得两个电路输出的差值,如果差值超过了预先确定的门限,就会产生故障信号并锁定故障。

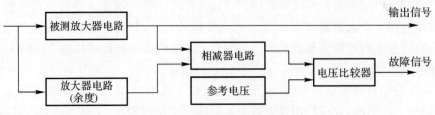

图 2.13　余度 BIT 电路示例

(2)以处理器为核心的测试。在有处理器的电路模块中,可以以处理器为核心,对外围器件进行测试。这种测试可对 CPU、RAM、ROM 及总线进行测试,该测试方法还可以对外围器件进行环绕测试。图 2.14 所示为一个以处理器为核心的环绕测试的例子,在该例子中,处理器通过模拟开关控制测试的进行,在正常运行中,D/A 产生的模拟信号输出给其他外围电路,而 A/D 采集其他电路产生的模拟信号;进行测试时,处理器控制模拟开关断开 D/A、A/D 与其他外围电路的连接,同时通过模拟开关闭合 D/A 与 A/D 之间的通路,这样就可以对 D/A 和 A/D 的功能进行测试。

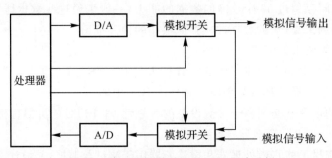

图 2.14　以处理器为核心的 BIT 电路示例

这里重点阐述机载计算机的核心部件 CPU,存储器的自测试方法。

1)随机存取存储器(RAM)。检查 RAM 的方法很简单,人为地规定一个检查字,依次向 RAM 各单元写入这个检查字,然后按顺序读出,将读出的字与写入的字相比较,若两者完全一样则检查通过,否则不通过,表示 RAM 有故障。检查 RAM 时,不能将主程序计算数据破坏和丢失。

这一检查是在监控程序中自动进行的,检查字装在只读存储特定单元中,执行监控程序时,调用检查字。

2)只读存储器(ROM)检查。ROM 中存储的信息是固定的(常数),程序员事先知道。在监控程序执行时,把 ROM 中的数码逐一相加,求出其总和,将其与预先装入存储器中的数相比较,若相等则检查通过,否则不通过,输出故障离散信号,显示故障。

还有一种常用的方法是循环冗余码检测(Cyclic Redundaucy Code,CRC)。

3)指令检查。没有必要对所有微处理器的指令系统作全面检查,而只需对所用到的指令作有效性检查。为此,可以编排一个指令样本检查程序,此程序中包含全部被用到的指令。若检查程序的结果与预知的正确答案吻合,则认为指令有效。显然,此项检查通过,也反映了CPU 工作正常。

4)CPU 检查。前面所述的指令检查若通过,则在某种程序上说明了 CPU 工作正常。但若上述检查未获通过,并不说明 CPU 工作不正常。专门检查 CPU 工作是否正常的方法很多,这里介绍一种,俗称"看门狗",如图 2.15 所示。

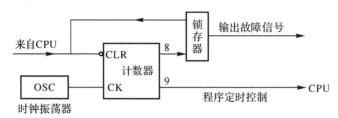

图 2.15　CPU 监控电路

设计数器管脚 9 的输出为定时控制信号,即提供给 CPU 的定时信号,锁存器输出的低电位提供故障显示。设振荡器输出 40 Hz 的时钟信号到计数器的时钟输入端(CK),在程序控制下,CPU 每秒向计数器输入端 CLR 发送一次"清零"信号,若这个"清"计数器的负脉冲使计数器的管脚 8 和 9 始终保持低电位,则说明 CPU 程序周期正常。如果 CPU 不能按时发出"清"计数器的负脉冲,则计数器就会一直运转下去,经 1.25 s 后,若 CPU 仍不"清"计数器,则计数器的管脚 9 即变为高电位。这个高电位就是程序定时控制信号,它被送到 CPU 的中断输入端,请求复位中断。当 CPU 复位时,即发出"清"计数器的负脉冲,使计数器管脚 8 不致变高,从而无故障信号输出。

如果程序定时控制信号"中断"仍不能使 CPU 复位(CPU 有故障),计数器仍接收不到"清"信号,则计数器就不停地计数,其输出端(管脚 8)变成高电位,这个高电位被锁存器锁存,一方面输出到故障显示电路,另一方面返回到计数器的"清"输入端(CLR),使计数器自锁在"计数"状态。此后,每 3 s 循环一次上述过程,企图在下一次循环使 CPU 复位。此时,无论CPU 是否复位,故障信号一直被锁存为故障记忆状态。

以上这些故障测试的方法,对于大多数机载电子设备都是适用的。

3.机载维护系统

机内测试设备(BITE)是一种极有用的维修工具,它充分利用数字式航空电子系统的固有能力。它是考虑到维修方便所设计的系统的一个标志,有很大的优点。随着 BITE 在更多的LRU 中使用和综合成为航空电子系统中的趋势,出现了一种朝着中央维护系统(CMS)发展的趋势,这种系统能显示和储存装有 BITE 的机上所有 LRU 中的故障数据。也有一些飞机制造厂商称之为机载维修系统(On Board Maintenance System,OMS)。图 2.16 为在波音飞机上用的 OMS 的一种可能的方案。其中:

(1)BITE 的功能包含在各个 LRU/子系统中;

(2)中央显示控制器对带有 BITE 功能的所有飞机系统提供唯一通路;

(3)中央维护计算机是所有飞机系统和机械师之间的接口,它提供对所有系统都通用的维修功能；

（4）ARINC 通信和报告系统（Aircraft Communications Addressing and Reporting System，ACARS)或等效的系统记下故障信息,在着陆以前通报地面维修人员;

（5)采用菜单驱动操作和容易理解的英语信息,因而无需专门的使用技巧和培训。

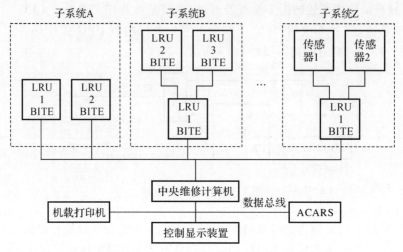

图 2.16 波音飞机的机上维修系统

系统中的故障可以根据不同的需要和不同的角度予以分类,并可应用逻辑决断法来确定故障的类型和进行故障查找,如图 2.17 所示。

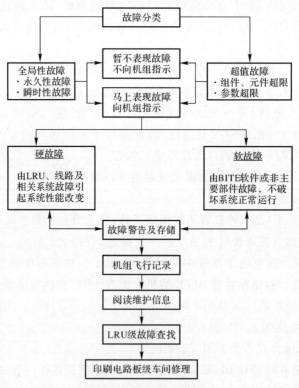

图 2.17 故障分类、查找

如果使用 OMS,则所有故障数据应储存在其中以及 LRU 内。

设计良好的 OMS 应记录从 LRU 中接收到的所有故障,以及如发生故障的日期、时间、飞行段编号、高度和空速等辅助数据。OMS 的显示器应装在座舱内,在航空电子舱中也可装第二个显示器。座舱显示器允许维修人员作为故障诊断一部分而方便地断开和接入断路器,并可立即看出其影响。在飞行期间,OMS 的显示器应不可见或使其不工作,以防止对飞行乘员工作的可能干扰。

维修人员所能拥有的 BITE 的数据量取决于维修的级别。航线维修只需有限的数据,而车间维修则需要较详细的信息。作为一项目标,在 LRU 中出现特别难处理的问题时,BITE 应能提供用于工程分析的详尽数据。

2.5　机载计算机典型实例

2.5.1　大气数据计算机系统

大气数据对飞机驾驶来说是最重要的信息,因为飞机要依赖于空气飞行。在民用飞机中广泛应用的飞行管理系统,必须要知道飞行高度、高度偏差、真实空速、指示空速、马赫数、升降速度、总温、大气静温、大气密度等飞行参数。而这些参数都与总压、静压等参数有关。因此只要有统一测量总压、静压、总温等少数参数的传感器,通过计算就可以得到上述飞行参数。根据传感器测得的少量原始参数,计算出较多的与大气数据有关的上述飞行参数,这就是大气数据计算机的功能。

1. 大气数据计算机的基本结构

大气数据计算机(Air Data Computer,ADC),主要由下述 3 大部分组成:几个原始参数传感器,提供总压、静压、总温和迎角等参数;计算机,实现参数计算、误差修正;输出装置,为所需飞行参数信息的系统提供所要求的信息。

数字式大气数据计算机的原理图如图 2.18 所示。它是由传感器、输入接口、中央处理机和输出接口等部分所组成的。

(1)传感器:包括总压(P_t)和静压传感器(P_s),总温传感器,攻角传感器。

(2)输入接口:输入接口将各种传感器输出的信号转换成计算机所需要的数字量。对输出频率信号类型的传感器主要采用频率(或周期)-数字转换器;对输出直流电压信号类型的传感器采用模拟-数字转换器;对输出三线交流电压信号类型的传感器则采用一种特殊变压器,将信号转换成按正弦和余弦变化的直流信号,再由模拟-数字转换器转换。

(3)中央处理机:完成各种参数计算任务,并协调控制整个大气数据计算机的工作。

(4)输出接口:根据各机载系统的需求,将中央处理机算得的结果转换成一定格式的串、并行数字量,离散量和模拟机载系统要求的模拟量(直流、交流、三线交流)。

(5)自检和故障监测系统:自检主要用于起飞前或飞行后的检查,使空、地勤人员能迅速判断大气数据计算机的工作状况;故障监测主要用于飞行过程中连续检测大气数据计算机各部分的故障,并诊断出故障源,根据故障的性质发出相应的告警信号。自检和故障监测功能由专用的硬件和软件实现。自检和故障监测系统是现代航空电子设备的重要部分,它提高了系统的可靠性、可维护性和使用效率。

（6）ADC的输出量：由静压、总压、总温、攻角等参数计算得到ADC典型的输出量。主要为气压高度、气压校正后的高度、静压、静压比、气压高度速率、气压高度保持误差信号、总压、冲压、计算空速（校正后的空速）、计算空速速率（校正空速速率）、计算空速保持误差信息（校正空速保持）、气压比（马赫数的函数）、马赫数、马赫数速率、马赫数保持误差信息、总温、静温、密度比（空气）、空气密度、真空速、声速（空气中）、局部攻角以及真攻角等。

具体传感器的原理以及采用什么计算公式从初始参数得到以上这些参数，请参阅航空仪表、空气动力学等方面的书籍。

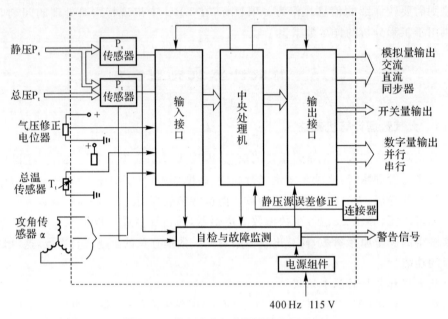

图2.18　数字式大气数据计算机原理图

2. ARINC 706 大气数据计算机组成

斯佩雷（SPERRY）飞行系统的ARINC 706是数字式大气数据计算机。该计算机的硬件部分由两个压力传感器、4个插入式电路卡、电源组件及壳体等组成，其外形和原理图分别如图2.19和图2.20所示。

不同机型的静压源误差修正系数、攻角修正系数、最大工作空速、最大工作马赫数及飞行控制参数都不相同。为此，设计了适应各种机型的程序，且这些程序易于改变。

在ADC中，存储器永久存储着32种机型的静压源误差修正系数、攻角修正系数及最大工作空速、最大工作马赫数等数据表格，在不同类型的飞机上，ADC程序使用不同的信息参数。ADC电插头的6根插钉对地短路的不同逻辑实现硬布线程序，以识别不同型号的飞机。插头插钉的编码用于选择特定机型存储的数值规律。

3. 大气数据计算机的硬件

（1）ADC的输入：全压和静压数据从飞机的全压、静压系统直接加到ADC前面板接头上。输入的总温信号是传感器传来的总温等效电阻值。输入的攻角信号是攻角传感器来的同步角度信号。校正气压值是从飞机高度表来的同步信号。ADC的数字输入按照ARINC 429的格式。

(2)频率/数字转换电路:ADC 使用两个相同的压力传感器组件 A1 和 A2,把全压和静压变换成与压力相对应的频率,使频率为感受压力的函数。频率/数字转换电路卡 A3 把频率的周期变成代表压力的数字量,并输入到中央处理机(CPU)中。该电路卡还包括离散信号变换电路,它把 28 V 直流变为 TTL 电平。F/D 电路卡的数字输出还通过操作程序控制数字式多路转换器,把数字信息传输到中央处理机中。

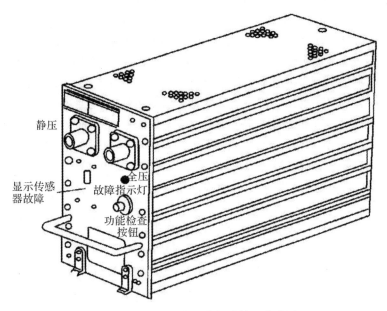

图 2.19　斯佩雷大气数据计算机外形图

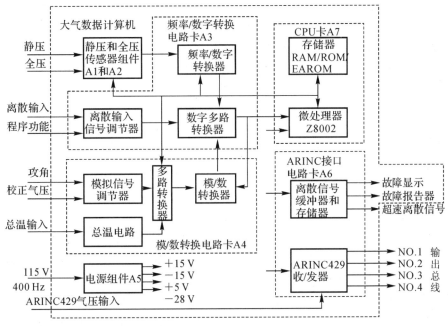

图 2.20　DADC ARINC 706 原理图

(3)模/数(A/D)转换电路卡:模/数转换电路卡 A4 利用 A/D 转换电路将输入的模拟信号变成数字信息输出。与模拟输入相对应的数字量通过数字多路转换器提供给 CPU。模拟输入信号有攻角同步信号、校正气压值及总温信号。这些信号经调节后输入到模拟多路转换器中,分时进行 A/D 转换。

(4)中央处理机电路卡:中央处理机电路卡 A7 通过执行操作程序控制 ADC 的整个运算处理和机内检测。CPU 根据 ADC 的输入,对大气数据进行计算,并经 ARINC 429 数据总线将数据传输到其他电子系统。CPU 由一个 16 位微处理器 Z8002、存储器和数字电路组成。

(5)ARINC 429 数字信息变换系统电路卡:该电路卡由发送器和接收器等组成,接收器部分从 ARINC 总线接收 32 位数据字,一旦接收到 1 个数据字,ARINC 接口便请求 CPU 中断现行操作并把接收到的数据传送到存储器。CPU 迅速响应接收器的中断请求,因为 ARINC 接收器具有中断的最高优先权。只要 CPU 数据总线不占线,就会将输出数据传送到 ARINC 存储器。当 ARINC 总线上的数据准备传送出去时,CPU 根据地址线和控制线提取存储器中的数据。将从存储器传输到 ARINC 发送器的 32 位字分成 4 组(每组 8 位)发送到 ARINC 总线上。飞机上的其他电子系统接收 ARINC 总线上的 32 位字的前 8 位,并进行译码,用来识别数据字是高度数据还是空速数据等,并能根据接收系统的需要选择接收数据,拒绝接收不需要的数据。

(6)ADC 的工作状态:ADC 有两个数据字输出,供给飞机上的故障显示系统。这两个数据字分别为(270)8 和(271)8,它们符合 ADC 状态报告字的 ARINC 429 规范。

软件控制的 ADC 自测试系统状态用维护字(350)8,(351)8,(352)8 报告,这些维护字存储在"故障存储器"(EAROM)中,可以用 ADC 试验设备或自测试设备读出。ARINC 接口电路卡还提供超速/离散信号。显示故障的发光二极管(LED)、故障报告器及其驱动电路都属于 ARINC 接口电路。

(7)故障检测:飞行中的故障可通过机内测试(BIT)系统或功能检查探测到,并在 ADC 前面板上显示出来。BIT 是操作程序循环周期内的一个测试段,而功能检查由前面板上的开关或遥控开关控制。两种测试都控制 ADC 硬件,并探测输入传感器的故障。前面板上的 LED 显示出功能检查所探测到的传感器故障。当故障定时控制器输出或监控程序探测到 ADC 故障时,经过 4 s 延时使故障显示。如果故障仍然存在,故障球则继续显示红色。无故障存在时,则故障球复位并显示白色。

在 ADC 测试中,前面板上的 LED 能显示外部传感器失效,无故障时显示"+"。如果出现多种故障,LED 将按数字顺序显示故障。当一个故障被排除时,则显示下一个数字的故障。

(8)电源组件:ADC 的电源组件(A5)输入 115 V、400 Hz 单相电源,通过整流、滤波、调压后提供 ADC 需要的+5 V,+15 V,-15 V,+28 V 直流电。

4.大气数据计算机的软件

大气数据计算机的操作程序由软件模块构成,每个软件模块由运算处理指令组成。在程序控制下解算大气数据方程,并将现有结果传送到预定飞机系统。软件模块在子程序控制下按顺序执行。在程序周期中穿插执行监控程序。

在输入转换处理中,操作程序直接启动 ADC 的输入和计算程序,并形成规范化的输出格式。ADC 从全静压系统、总温探测器、攻角传感器和气压校正装置接收输入信息,经运算处理产生高度、计算空速、马赫数、真空速、静温、冲压、总压、攻角和高度速率等的数值及其函数值。

ADC 的输出以 ARINC 429 数据格式提供给预定的飞机系统。图 2.21 所示为数字式大气数据计算机 ARINC 706 向飞机的下列系统/组件提供信息。

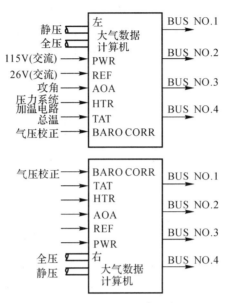

图 2.21　ARINC 706 系统关系简图

（1）左大气数据计算机：

BUS No.1 输出至左飞行控制计算机,左偏航阻尼器组件,左副翼增稳组件,左推力管理计算机,高度警戒组件,左失速警告组件。

BUS No.2 输出至正驾驶高度表,正驾驶马赫/空速指示器,左惯性基准部件。

BUS No.3 输出至左电子发动机调节器,右电子发动机调节器。

BUS No.4 输出至左飞行指引系统,襟翼/缝翼电子组件,左飞行管理计算机,左空中交通管制系统,座舱空气压力调节器,左发动机指示/驾驶员警告系统。

（2）右大气数据计算机：

BUS No.1 输出至右飞行控制计算机,右偏航阻尼器组件,右副翼增稳组件,右失速警告组件。

BUS No.2 输出至副驾驶高度表,副驾驶马赫/空速指示器,右惯性基准部件。

BUS No.3 输出至右电子发动机调节器,左电子发动机调节器。

BUS No.4 输出至右飞行指引系统,右飞行管理计算机,右空中交通管制系统,座舱空气压力调节器,右发动机指示/驾驶员警告系统,飞行记录器,铃音调增益调节器。

大气数据计算机的程序从功能上分为工作程序 OPPG 和机内测试 BIT 程序,它们均由 16 位指令字组成。全部程序由 50 多个软件模块组成,其中有少数几个模块供机内测试（BIT）专用,但是更多的 BIT 功能是在工作程序 OPPG 中完成的。工作程序 OPPG 存储在存储器的特定存储区,其地址为 0000～67FF。

ADC 工作程序包括管理程序、计算处理程序和调用子程序。管理程序主要由 PEXEC1 和 PEXEC2 两个执行程序模块组成。PEXEC1 模块包括初始化和模拟输入的处理。电源中断 SPINT 程序模块是上电后 CPU 初始化程序。输入处理程序有模拟/数字转换程序 SAD。

PEXEC2 模块实现全部计算、数据修正等程序的管理工作,并对穿插在工作程序 OPPG 之中的机内测试程序进行管理,形成离散字、维护字及故障信息。

计算机处理程序将输入到 CPU 的信息按照大气数据计算机方程式进行求解,经误差修正后,形成数据输出。计算处理程序占整个工作程序的绝大部分。

调用子程序是在执行计算处理程序时经常用到的一些专用程序块,例如处理二项式的截断和估值的子程序 SRR,SBRR,SDPOL,SBPLO,以及极值和滤波程序 SLIM,SDLIM,SFIL 等。

完成一次工作程序 OPPG 的循环时间约为 65 ms,输出服务程序不包含在其中。当输出接口(ARINC 接口)空闲时,即申请中断,CPU 响应中断后向 ARINC 接口的发送器传送数据,这些数据通过 ARINC 接口编排后以 ARINC 429 格式发送到飞机上各个使用系统。每个输出数据之间的时间间隔约为 3.04 ms。

ADC 工作程序流程如图 2.22 所示。工作程序由实时时钟 RTC 启动,它首先从存储器的程序区首地址取出 PEXEC1,然后取出 PEXEC2 和 PSCAL 静压传感器的系数校正程序。PPSI 通过静压的温度修正算出指示静压,PPS 通过静压源误差修正算出校正静压,PHP 由静压算出气压高度,PHR 算出高度变化率,PHB 算出气压校正高度,PAOAL 算出指示攻角,PAOAC 算出修正攻角,STTI 算出总温。当实时时钟计数为偶数时,进入速度及马赫数计算,当实时时钟计数为奇数时,进入气压修正及总温计算。在偶数支路上首先运行 PKSUM 存储器"和数"检查的监控程序,然后运行 RAM 存储器"和数"检查的监控程序 PRAMCK。PTCAL 计算全压传感器校正系数,PPTI 算出指示全压,PMACH 算出马赫数,PCAS 算出校正空速和冲压 PRQC,PSAT 算出静温,PTAS 算出真空速,PMOVMO 算出最大使用速度范围并确定超速警告离散量的值。在奇数支路上,首先运行 PBC 气压修正值的换算程序,然后运行 PSTEMP 静压传感器的温度修正程序和 PTAT 总温计算程序。PSAMP 为该计算进行例题验证。PMAIN 形成 3 个维护字放入输出缓冲器。上述工作完成后,便进入故障状态及形成离散字并写入存储器过程。PBIT 将故障状态写入存储器,PDISCR 形成两个离散字,PEAROM 算出 ARINC 维护字并写入 EAROM 存储器。到此为止,全部计算处理程序结束,等待 RTC 实时时钟的中断,从而进入下一个工作程序的循环过程。

从工作程序运行的过程可以看到,在偶数和奇数支路中,空速、马赫数、总温计算要经过两个操作程序的循环才完成一次。在操作程序中,一次循环并不是每个子程序模块都用到一次,有的多次调用,有的要在两个循环中才用到一次。同时,输出服务也是多速率结构。气压高度、气压修正高度、高度速率及攻角数据每个循环输出一次,静压、全压、冲压、修正空速、真空速、马赫数及气压修正换算值每两个循环输出一次;而各维护字、离散字及 BCD 码在 8 个循环中逐个输出,因此对单个字来说即为每 8 个循环输出一次。

5. 大气数据计算机自检和故障监控

在现代航空电子系统中,自检和故障监控是最基本的功能之一,是提高系统的可靠性和便于维护的重要手段。自检通常是在起飞前或飞行后进行的。空勤或地勤人员简单地操纵开关,使系统加入一定的模拟信号或数字信号,以进行定性和简单的定量检查,人们从显示或信号输出状态判断系统是否正常工作。故障监控则是在飞行中(或校验过程中)随时进行的。它通过少量的硬件和事先编好的软件不断地对系统的软件和硬件的工件进行监视,及时发现存在的故障,发出相应的告警信号,并作出诊断,确定故障源,以实现"故障隔离"功能。

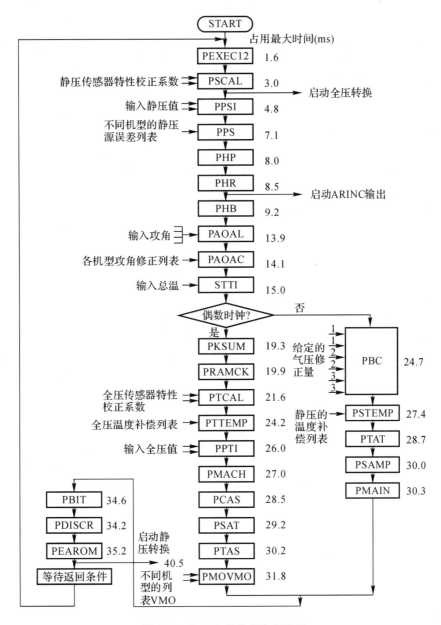

图 2.22　DADC 操作程序流程图

（1）地面自检。自检通常靠设备面板上的开关进行，也可以通过座舱仪表板上的自检开关进行。自检结果由设备面板上的有关指示灯、故障旗或微型电表显示，也可以通过座舱仪表显示。各种大气数据计算机的自检能力和自检方式不尽相同。下面列举几种常见的自检方式。

1）基本定量自检：CPU 根据自检要求，从常数存储器中取出预先给定的等效信息（如静压 p_s、全压 p_t 或总温 T_t 等），调用有关应用程序，算出相应的标准输出（如高度、指示空速、马赫数、真空速等）。把这些输出信息提供给仪表显示，以供检查人员直接观察，也可以与预先算出的结果自动比较，并在设备面板上显示出是否"自检通过"的信号（灯或旗）。显然，这种自检状态并不能检查出传感器及输入接口部件的性能(已隔离),但它能检查出大气数据计算机的大部分软件和硬件性能,并能给出基本定量结果。

2)传感器自检:在地面进行通电检查,如按下设备面板上的检查按钮,通过软件和硬件对 p_s 和 p_t 信号进行比较。在无气流(风)干扰下,稳定的环境空气压力使得 p_s 值等于 p_t 值,其比例系数为1,说明全压、静压传感器工作正常。否则,在设备面板上显示出故障(灯或旗)。

3)保持信号检查:大气数据计算机通常输出高度偏差、马赫数偏差、空速偏差等信号供给飞行控制系统,以保持规定的高度、空速、马赫数飞行。进行此项检查时,在给定的高度、空速、马赫数的基础上加了一个增量。通过软件检查输出的偏差信息的梯度是否满足该飞行控制系统动态响应的要求。无论输出信息的速率太小或太大,都会产生故障显示。

4)动态响应能力检查:模拟输入一定速率的高度或马赫数等信号,以检查大气数据计算机系统的动态响应(跟踪速度)是否满足要求。

5)维修性检查:通过检查,系统软件分辨出故障是来自飞机设备的有关系统(全压、静压系统、总温系统、攻角传感器),还是来自大气数据计算机的内部。如果是计算机内部故障,要进一步分辨出是哪一个电路模块的故障(故障球报告)。DADC ARINC 706 可以把检查结果以指示灯编码和故障球的形式显示出来。

设备中有自检系统可以大量减少地面试验设备,简化了人工试验程序,有效地诊断出故障源,方便了维护工作,避免盲目地拆卸机器。机器内部有很多测试点,测试点的信号逻辑提供概率很高的内部模块故障隔离。自检是通过对这些测试点的自动测试和软件功能实现的。

(2)故障监控。飞行中的故障监控是根据预先编排好的程序连续进行的。故障监控程序是大气数据计算机中重要的组成部分。为了对大气数据计算机硬件和软件进行有效的监视,通常要增添一些辅助硬件,但大部分监控功能是由软件完成的。下面介绍几项监控功能。

1)超量检查:根据 ADC 的技术条件和飞机性能,预先在常数存储器中存储一组输入和输出量的最小值和最大值,若测量的实际值小于规定的最小值或大于最大值,说明系统有故障或超出了飞机性能范围,于是显示报警信号以警告飞行员。

2)信号变化率检查:原理与超量检查相同。预先编排好各有关信号的最大可能的变化率,当实际信号变化率超过对应的预置数据时,则表明有系统故障,从而发出报警信号。

3)环绕检查:这是指把 ADC 的基本直流模拟量、交流模拟量或数字量输出返回到输入接口,变成相应的数字量输入到 CPU,与这些信息的原输入量相比较。如果相等,说明系统硬件和软件工作正常,否则输出故障显示信号。图 2.23 是对直流输出信号环绕检查。这是一种简单的环绕检查,实际上只检查了 D/A 和 A/D 转换器的工作情况,如果比较器输出 0,说明输出的直流模拟量等效于 CPU 输出的数字量,D/A 转换正常,无故障显示(通过)。否则,显示故障(不通过)。

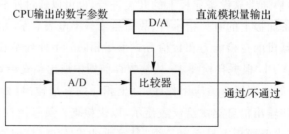

图 2.23　简单环绕检查示意图

2.5.2　飞行控制系统计算机

1. 概述

飞行控制(简称"飞控")系统计算机是面向飞行控制的计算机,主要任务是完成控制律计算、余度管理和机内自检测等。

飞行控制系统是安全关键系统,其对安全性和可靠性有着极高的要求。军机飞行控制系统的可靠性要求为 10^{-7}/飞行小时,而民机为 10^{-9}/飞行小时以上。以外,它还要满足二次故障工作、三次故障安全的安全等级。

当计算机参与飞行控制系统时,它是系统中的一个组成部分。数字计算机是按二进制数字工作的,而各种传感器多数给出的是模拟信号(也有数字信号输出的),被控对象飞机运动用微分方程描述,因而是连续的。对数字控制系统来说,为保证信息的畅通,需要用信号转换装置把它们联系起来。将被控对象考虑在计算机控制系统中时,其结构如图 2.24 所示。

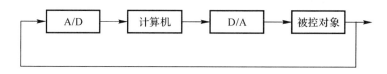

图 2.24　计算机控制系统的示意图

飞机飞行控制系统的种类多,其组成、功能也各不相同,就多数系统来说,其结构大致如图 2.25 所示,主要由下述各部分组成:

(1)被控对象飞机(可以是各种飞行器)。

(2)飞机运动参数的测量传感装置,如角速度陀螺和迎角、侧滑角传感器等。

(3)驾驶员指令输入装置,其作用是驾驶员可通过该装置输入所需的指令,主要包括驾驶杆(产生纵向及滚转的输入指令)、脚蹬(产生侧向运动的输入指令),以及其他可输入指令的控制按钮等。在电传操纵系统中为了模拟机械操纵系统中空气动力在驾驶杆上的作用力,还在驾驶杆及脚蹬系统中加装一些人感系统。

(4)计算机及其外围通道,这是整个飞行控制系统的核心。它采集飞机运动参数及驾驶员的输入指令,并按控制算法及逻辑产生控制指令,再通过执行机构控制飞机的运动。

(5)包括舵机的舵回路,这是一个电-机变换装置。它将计算机的指令经舵回路转动飞机的操纵舵面,以控制飞机的运动。

为了提高飞机飞行的可靠性,目前飞行控制系统软件及硬件都采用冗余技术,构成三余度或四余度系统,即系统中的主要部件配置相同的三套或四套,按一定管理方式并联工作。在强调高可靠性的同时,也必须具备高可用性,包括增加系统的可配置性和可测试性,从而提高系统的维护性和降低维护成本。

飞行控制系统计算机是飞行控制系统的核心部件,它的主要功能如下:

(1)采集驾驶员输入指令及飞机运动的反馈信号,并进行必要的处理;

(2)飞行控制系统工作模式的管理与控制;

(3)控制规律计算并生成相应的控制指令;

(4)对各种控制指令的输出与管理;

（5）对飞行控制系统中各传感器和伺服机构进行余度管理；

（6）对飞行控制计算机本身的硬件及软件进行余度管理与检测；

（7）完成飞行前地面及飞行中对机内各子系统和部件的自动检测；

（8）完成与机内其他计算及电子部件消息交换的管理。

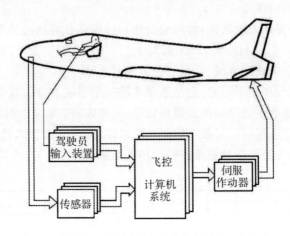

图 2.25　数字式飞行控制系统的构成

当前,飞行控制系统获得了迅速发展,为了实现飞行控制系统,需要研究一些关键技术,具体如下：

（1）研制和生产高速、大容量、高可靠性的数字计算机系统,这是实现数字式飞行控制系统的首要问题,而开展超高速集成芯片研制又是其中的关键。

（2）保证软件的可靠性极为重要,目前多采用余度系统技术以提高系统的可靠性,但它也都建立在软件正确无误的基础上。

（3）雷电损害的防护是另一个重要的技术问题。空中雷击闪电通过大气、云层和飞机体产生的高能脉冲放电现象,可以破坏数字飞行控制的电源、电气或电子设备。对于大量采用固体电子器件和高速逻辑电路的数字式系统来说,遭受雷击的可能性更大,因此,对雷击损坏防护的研究应给予高度重视。

（4）电磁兼容技术的研究是数字飞行控制系统实现的主要问题。电磁兼容是指电子系统能够正常工作的给定的电磁环境,而此环境不会对有关系统产生干扰。数字式系统中大量的数字开关电路工作频率很高,本质上是一个高频噪声源,它本身也易受电磁干扰。因此,需对电磁干扰和电磁兼容问题给予充分重视,采取必要的措施。

飞行控制技术将会在下述几方面得到发展：

（1）为了解决抗电磁干扰/电磁冲击及抗核辐射的问题,采用光纤作为传输线是有效的方法。采用光纤传输的好处是:传输容量大,一根光纤就可以传输视频、高频和数据信息;可减轻质量;可隔离通道之间的故障影响;对辐射电磁干扰不敏感。国外从 20 世纪 70 年代开始研制、验证,目前光纤数字式飞行控制系统已取得相当好的结果。

（2）在研制数字式传感器及数字式舵机的基础上,研制全数字式飞行控制系统,尽管难度较大,国外一些公司还是积极开展这方面的研究工作。

（3）对容错飞行控制计算机的研究已进行了多年，但将各种容错方案实际应用仍是今后数字式飞行控制系统研究的方向。

（4）随着计算机技术的发展，性能更先进的自修复数字飞行控制系统的研制将是一个重要课题。这种系统除了具有正常数字式飞行控制系统功能外，还增加了系统损坏检测与分类、自主维修诊断、操纵面重构等，这将是计算机技术与人工智能技术结合的产物。

为满足飞控系统的极高的安全性和可靠性要求，容错技术在飞行控制计算机中得到更广泛的应用，其主要体现在下列三方面：

（1）四余度计算机和模拟计算机（或机械）备份。在数字技术开始应用于安全关键的飞行控制系统时，为安全起见，采用成熟的模拟计算机或机械系统作为备份。

（2）单纯的四余度计算机和三余度计算机。随着技术的成熟和元器件可靠性的提高，原先并存的模拟计算机备份或机械备份已去掉，用四余度数字计算机即可，并进一步减少为单纯的三余度计算机。

（3）非相似余度计算机。在大型民用飞机的飞行控制计算机中广泛应用了非相似余度计算机。非相似余度计算机是指在相同的需求规范之下，采用不同的工作小组、不同的处理器、不同的开发环境和编程语言、不同的算法研制出不同硬件和软件的余度计算机。

2. FCS - 700 飞行控制计算机系统

FCS - 700 飞行控制系统是波音飞机上用得较多的一种数字飞行控制系统，其核心飞行控制计算机（Flight Control Computer，FCC）符合 ARANC 700 系统机载组件的标准。

FCS - 700 飞行控制系统是飞行管理系统的一部分。它是一个三通道的系统。当飞机巡航和进近时，单通道来操作控制飞机的俯仰和横滚轴，并提供俯仰和横滚飞行指示器命令。在飞机进近、着陆、滑行和复飞时用多通道（二或三通道）来控制飞机的俯仰、横滚和偏航轴。

FCS - 700 系统的主控制直接影响飞机姿态。它包括横滚控制（通过副翼面）、俯仰控制（通过升降舵面）、偏航控制（通过方向舵面）和安定面配平。

FCS - 700 飞行控制计算机系统主要由 4 个模块构成（见图 2.26 所示）：

（1）ASA - 701 自动着陆状态指示器：该模块给飞行员提供飞机当前状态和自动着陆功能的可用性。该指示器由 FCC - 701 飞行控制计算机来驱动。

（2）MCDP - 701 维修控制和显示板：该模块显示由飞行管理计算机、推力管理计算机和飞行控制计算机给出的故障隔离信息，并将 LRU 故障记录提供给维修人员。该模块也允许地面维护人员去测试自动驾驶仪、飞行管理计算机和推力管理计算机。

（3）MCP - 701/702 模式控制板：该模块可以使机组人员输入信息去控制自驾飞行指示器。它允许飞行员去接通自动驾驶仪；进入或解除自动油门，接通或断开飞行指示器，控制飞行速度和垂直速率；选择飞行高度和航向；进入或解除无线电信标；选择垂直导航和横向导航模式；等等。

（4）FCC - 701 是 FCS - 700 系统的主要计算单元：在 FCS - 700 系统中有 3 个 FCC - 701 计算机用于控制飞机驾驶和着陆。每个 FCC - 701 完成控制律计算，传感器接口和管理，控制系统接口、监视等功能。3 个计算机通过交叉数据通路相联系，实现信号选择、同步和信号故障监视等功能，如图 2.27 所示。

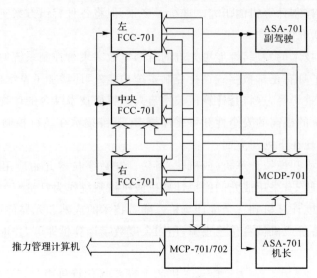

图 2.26 FCS-700 系统结构图

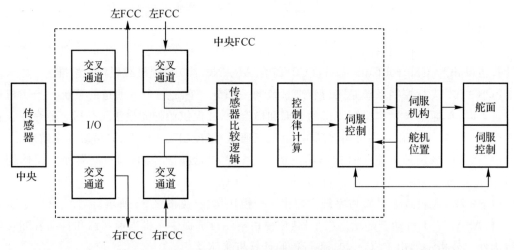

图 2.27 FCC-701 飞控计算机框图

FCS-700 系统通过 ARINC 429 低速和高速数据总线来完成与其他机载计算机系统的通信,以获取必需的各类数据完成系统的控制任务。给 FCS-700 提供数据的系统有以下几项:①飞行管理计算机;②推力管理计算机;③大气数据计算机;④惯性基准单元;⑤仪表着陆接收机;⑥低空无线电高度表;⑦安定面和襟翼位置传感器;⑧液压系统;⑨空/地逻辑;⑩缝翼离散信号,以及自驾伺服系统、力传感信号、MCP 和 MCDP 按键开关信号、飞行员输入开关等。

FCS-700 给下列系统提供输出信号:①自动驾驶伺服系统(升降舵、副翼、方向舵);②推力管理计算机;③EFIS 系统;④EICAS 系统;⑤自动驾驶警告和报警器;⑥马赫数/飞行速度指示器;⑦飞行数据获取组件(FDAU);⑧控制系统电子组件;⑨告警电子组件。

由系统的输入可以看出有许多传感器是三余度的,任何一个飞控计算机在做计算时,可以从与本机相连的传感器获得信号,另外两个传感器的信号可以通过计算机之间的交叉数据通道获得。这样就可以实现传感器信号的监视,及时发现出故障的传感器。正常情况下,在飞机飞行时,将 3 个传感器信号的中值用于计算。

3. FCC-701 飞行控制计算机

FCC-701 飞行控制计算机是 FCS-700 系统的核心,它负责信号处理、控制律计算、信号接口、系统监视等主要工作。

从功能上看,FCC-701 又分为四大部分,即 I/O 接口、CAPS 6B 中央处理系统、交叉数据通道接收器和电源。

(1)I/O 接口:主要有 3 种类型的 I/O 接口,即 ARINC 429 数据总线接口、离散信号接口和模拟信号接口。有一部分 I/O 接口是由 I/O 控制器控制的,提供输入缓冲、信号转换、信息存储等功能。另一部分 I/O 接口受 CAPS 6B 处理器控制,提供输出模拟伺服命令、伺服回绕和准备、警告、配平信号。

(2)CAPS 6B 中央处理系统:CAPS(Collins Adaptive Processing System) 6B 是 FCC-701 的核心,它为系统操作提供控制律,处理各类输入输出数据,给机组人员提供各种注意事项、做自测试,并随时监视系统的工作,当出现故障时提供相应对策,保存并提供维修数据。

(3)交叉数据通道接收器:负责完成高速 429 总线与其他飞控计算机的通信,为即时监视系统提供必要的数据。

(4)电源:为计算机及电路提供必需的电压以及为线位移传感器提供交流电压激励信号。

FCC-701 是一个双处理器计算机系统。两个处理器分别是 CAPS 6B 处理器和 I/O 控制处理器。它们分别对应有两个总线——传输总线(Transfer Bus)和 I/O 总线,如图 2.28 所示。

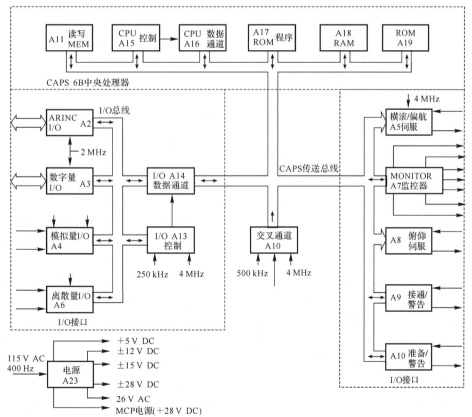

图 2.28　FCS-701 飞机控制计算机结构图

相应地,可以将 FCS-701 分成两大部分,共有 18 块电路插板,其中 A11,A15,A16,A17,A18,A19 属于中央处理系统,而 A2,A3,A4,A5,A6,A7,A8,A9,A12,A13,A14 属于 I/O 接口。而两大部分之间是靠 I/O 数据通路卡 A14 来交换数据的,对于 CAPS 6B 处理器来说,A14 是像一个读/写存储器一样。下面将对这些电路卡作详细介绍。

4. 波音 777 飞控计算机系统

波音 777 是波音公司推出的第一架电传操纵飞机,其飞控计算机系统将飞控计算机系统数字部分和模拟部分分离,采用主飞行控制计算机 PFC 和作动器控制电子装置(ACE)的结构。这种结构具有有利于系统信息之间的共享、实现系统余度的灵活配置和在故障情况下系统余度结构的动态配置等优势。

主飞控计算机系统结构如图 2.29 所示,其包含了 3 个相同的主飞行控制计算机(Primary Flight Control Computer,PFC),分为左、中、右主飞行控制计算机。每个主飞行控制计算机包含 3 个非相似的支路,分别采用 AMD 209050、Motorola 68040、Intel 80486 处理器。每个支路的处理器不同,处理器的硬件接口及其外围电路也不同,这就消除了使用相同厂家生产的硬件设备而带来的共性故障。每个支路的软件采用非相似的编译器,避免了使用相同编译器产生的共态故障。

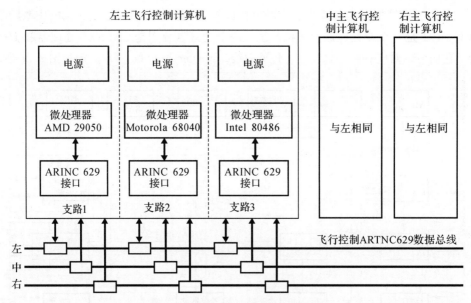

图 2.29　主飞控计算机组成结构图

主飞控计算机系统共使用 9 个 CPU,各个通道之间采用 ARINC629 数据总线通信。主飞控计算机的 3 个通道全部投入工作,每个主飞控计算机都计算并获得所有主控制舵面作动器、配平系统和驾驶员人感系统的控制指令。

波音 777 采用 3 个主飞控计算机为飞控系统提供三余度的控制率计算,即有 3 个控制率计算通道。每个主飞控计算机从 3 个飞控数据总线上接收数据,但只向相关的 1 路飞控数据总线发送数据。每个主飞控计算机内部又包含 3 个计算支路,每个支路使用专用的 3 路数据总线接口,不同支路采用不同的处理器。主飞控计算机内部如果有一条支路发生故障,只要断那条支路,该通道仍可继续工作。如果有两条支路发生故障,则切断该两路通道。主飞行控制计算机多支路示意图如图 2.30 所示。

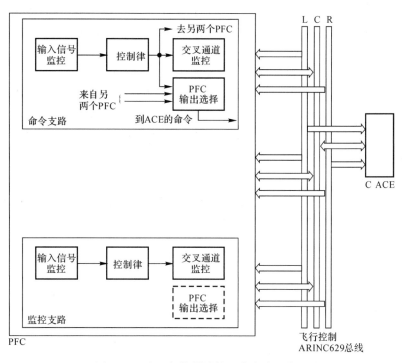

图 2.30　主飞行控制计算机多支路示意图

5. A330/340 飞控计算机系统

自 1988 年 A320 采用电传飞控计算机系统开始,采用了电传飞控计算机系统的 A330/340、A350、A 380、波音 777、波音 787 等大型民用飞机均采用非相似技术和冗余技术,作为保证系统安全和可靠的关键技术。

A330/340 飞控计算机系统结构包含 3 台主飞控计算机和 2 台辅助飞控计算机。每台计算机由两个通道组成,分成命令通道和监控通道。命令通道完成分配给计算机的功能,监控通道保证命令通道的操作正确。两个通道是两个不同的、独立的计算机,如图 2.31 所示。

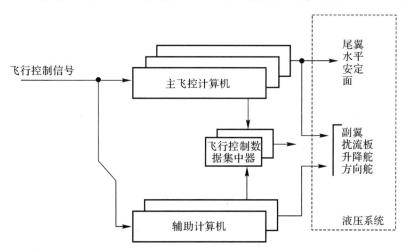

图 2.31　A330/340 飞控计算机系统结构图

A330/340飞控计算机主要采用软件非相似余度技术,其中主飞控计算机中两个通道均采用相同的80386处理器,但软件不同,命令通道采用汇编语言,监控通道采用PL/M语言。辅助计算机均采用12MHz的80186处理器。命令通道采用汇编语言,监控通道采用Pascal语言。

主飞控计算机和辅助计算机的计算机模块由不同的生产商提供,以减少软件或硬件产生共性故障的可能性。开发过程中要求开发团队隔离,没有通信交流。因此,最终有4种非相似计算机,带有4种软件包,共同执行非相似功能,系统的功能在所有计算机之间分配,对于一个给定的功能,一个计算机有效,其他计算机为热备份。当有效计算机终止操作时,备份计算机会立即切换成有效模式。

思 考 题

1.机载计算机有何种安全性和实时性需求?为什么?

2.机载计算机主要有哪几种结构?当构成机载计算机系统时,是怎样选择采用哪一种结构的?

3.机载软件的要求和特点是什么?

4.什么是实时操作系统?

5.机载软件有什么开发标准?其生命周期一般有几个过程?

6.BIT的基本原理是什么?其有几种工作方式?其基本目标是什么?

7.飞控计算机有什么容错方法?为什么要采用非相似余度容错技术?

第3章 机载数据总线

随着飞机性能的不断提高和任务的不断增加,用于完成各种功能的电子设备出现了激增的现象。例如,现在一架较先进的飞机上电子设备多达几十部,单是通信设备就有高频电台、甚高频电台和特高频电台。飞机上各种天线多达20余副,多种设备还配备有如控制盒、指示器、转换器、电源等诸多附件和连接电缆。设备的大量增加,必然导致设备之间的信息传输线增多。因此,采用通信总线技术来完成设备间的信息传输,成了必然选择。由机载数字计算机实现信息处理的综合,能实现机载信息资源的高度共享、最大限度地利用公用的硬件和软件,避免了不必要的设备重复和减少了不必要的设备激增现象。由综合控制显示器实现信息控制或显示综合,可以大大减轻驾驶员管理工作的负担。其中用于各设备间信息传输综合与管理的系统体现在目前广泛使用的 ARINC 429 与 MIL－STD－1553B 数据总线上。数据总线从狭义的角度来看,就是规定了长度的电缆或光缆,以及连接设备和电缆或光缆的连接器、耦合器等;从广义来看,它就是一个局域计算机网,在此网中的各电子设备可以进行有序的信息传输,并实现资源的高度共享。

3.1 机载数据总线概述

机载数据总线是机载设备或系统进行信息传输的公共通路。正如我们的身体需要中枢神经系统一样,飞机亦同样如此。就现代飞机而言,数据总线是飞机的中枢神经系统。数据总线上信号传递的速度很快,且采用余度技术使系统能可靠工作。图3.1所示为一个民机数据总线的标准布局。

目前使用较多的数据总线技术有两大类,即 ARINC 429 总线(简称"429 总线")和 MIL－STD－1553B 总线(简称"1553B 总线")。ARINC 429 总线由美国航空无线电公司(ARINC)于 1977 年 9 月发表并获得批准使用。它的全称是"数字式信息传输系统",是为 ARINC 700 系列产品间进行数字信息传输而开发的一种总线标准。

429 总线用的传输介质为屏蔽的双绞电缆,传输的速率有 2 个,低速为 12kb/s。高速为 100 kb/s。低速用于一般的低速电子设备,而高速则用于传输大容量的数据或飞行关键信息。429 总线是在目前的民航客机(如 B737,B757,B767,A310,A320,A300－600,L1011 和 MD－82)上广泛使用的一种总线。429 总线用于民航客机有一定的优点,例如简单,无须像 1553B 总线那样有总线控制器,适用于仅作广播传输的传感器,且成本较低,也不会将一个分系统的错误传到另一个分系统。正因为 429 总线具有这些优点,而且相当一批与 429 总线相兼容的航空电子设备至今仍在使用,所以预计 429 总线仍会在民用客机中使用一段时间。

MIL－STD－1553 是美国汽车工程师协会于 1973 年制定的用电缆作通信介质的军用机载数据总线标准。在 20 世纪 70 年代初开始用于有人驾驶飞机(如 B－1,A－7,F－15)中,两年后推出了它的第一次修订版 MIL－STD－1553A。考虑到军用和民用的兼容性,于 1978 年又推出第二次修订版本 MIL－STD－1553B。由于 1553B 总线具有运行的可检测性、高的综合性能和较高的可靠性等优势而得到普遍承认,成为一种国际性的航空航天总线标准。目前除了在军用飞机上使用外,也在航天飞机、军舰和坦克等上应用,但至今还未见到在民用飞机上采用 1553B 总线。这并非是 1553B 总线技术不适用民用机的要求,而是由于技术难度、确保安全和价格等因素而未被采用。1553B 总线的拓扑结构为线型的,它为双向传输总线,信息传输率为 1 Mb/s,是一种高速数据总线。就标准而言,1553B 总线较之 429 总线要复杂得多,涉的面也要深得多、广得多。

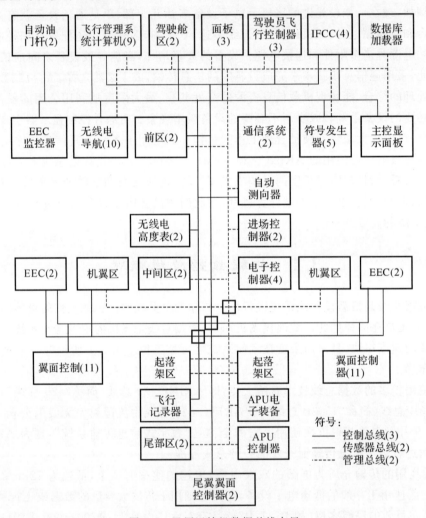

图 3.1 民用运输机数据总线布局

当前,机载设备的发展,使机载数据总线已不能满足数据传输的需求。随着计算机网络技术的快速发展,自然考虑要将计算机网络的成熟技术用于飞机中,实现速度更快的信息传输系统。

波音公司借鉴总线型以太网技术,经过近 10 年的研究,为民用飞机开发了一种新型总线 ARINC 629,它是一种能取代 ARINC 429 总线的较为理想和先进的数据总线规范。

在交换式以太网技术上发展的机载实时全双工交换式以太网(Avionics Full DupleX

switched Ethernet，AFDX)，也称 ARINC 664，也在最新型民用飞机 A 380 和 B 787 上得到了应用。

其他如对光纤通道、可扩展一致性接口等宽带互连方案也在研究中，它们也将逐步得到应用。下面将对机载数据总线进行详细的介绍。

3.2　ARINC 429 数据总线

3.2.1　ARINC 429 数据传输系统

ARINC 429 数据传输系统由发送器、ARINC 429 串行传输总线和接收器三部分组成，如图 3.2 所示。

ARINC 429 串行传输总线是一条带屏蔽套的双股绞合线，一股为 A 线，一股为 B 线，外屏蔽套接地电位。A，B 线上传输的是串行的双极归零式调制信号，A 线与 B 线传送的信号相差 180°。有两种传输速率：一种为低速的 12.5 kb/s；一种为高速的 100 kb/s。

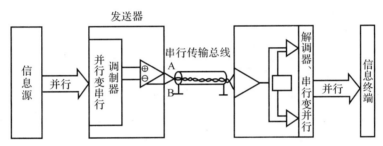

图 3.2　ARINC 429 数据传输系统

所传输的每个信息字由 32 位组成，加上 4 位零电平静寂间隔时间，共 36 位。在高、低两种速率中，每位传输时间不同。低速传输时，每位传输时间为 80 μs，每传送一个信息字的时间为 36×80 μs＝2.88 ms。高速传输时，每位传输时间为 10 μs，传送一个信息字的时间为 36×10 μs＝360 μs。低速传输信号波形如图 3.3 所示。

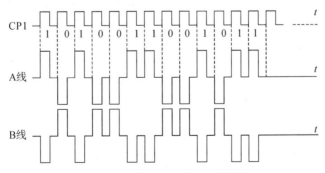

图 3.3　串行传输的双极归零信号

所传输的数据或者是采用二进制表示法编码的，或者是采用二-十进制表示法编码的，这种由源系统提供的数据具有很高的速率，因此能保证数据的更新值的微小变化。传输是按"开环"(数据单方流动)方式进行的。奇偶校验位(第32位)作为每个数据字的一部分来发送,以便数据接收端进行简单的勘误和数据合理性检验,这样可防止显示错误的或可疑的数据字。

数据传输是以电脉冲形式发送的,1个电脉冲就是1位。1个数据字(有32位)被分为5段,即:标志码(label),第1~8位;源/目的地识别码,第9~10位,数据区,第11~28位;符号状态码,第29~31位;奇偶校验位,第32位。1个数字字传输1个参数(如速度、温度等)。两个数字之间有4位间隔,作为字同步用。

3.2.2　ARINC 429 发送器

由图3.2可见,应用ARINC 429串行传输总线的电子设备必须配置相应的I/O接口装置。对于向外发送的电子设备,必须配备把内部并行传输数据信息变换为串行传输数据信息的发送器接口,而接收此串行数据信息的电子设备又必须配备能把串行信息变换为并行传输的信息的接收器接口。ARINC 429发送器接口要完成的功能包括两种:一是把微机内部并行传输的信息转换为普通的串行数据信息;二是把普通串行传输的信息变换为双极归零式信号,经ARINC 429串行传输总线传送给另一个电子设备的接收器。

1. 发送器工作原理

实际应用的ARINC 429传输总线接口装置,其发送或接收一个"数据信息字",需要发送或接收32位并加上4位零电平的间隔。为说明其电路原理,此处以8位数据信息代表一个字,然后加上4位零电平为字与字之间的间隔,以这样的简化方式来论述,以求更为简明易懂。

简化的发送器原理电路如图3.4所示。首先要将从微机数据总线传送来的并行8位数据信息通过移位寄存器转换成8位普通的串行数据信号,然后将此串行数据信号调制成双极归零式的信号波形,并在字与字之间加上4位零电平的同步间隔信号,而且传输波形及电压值要满足ARINC 429数据传输规范的要求。原理图中设定一个数据字为8位,传输速率为12.5 kb/s。

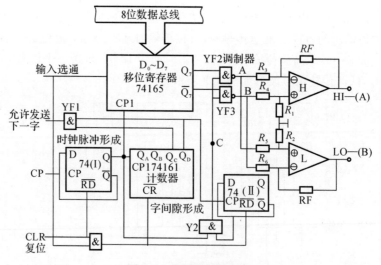

图3.4　发送器原理电路

由图3.4可见,发送器硬件电路由移位寄存器(并行-串行转换电路)、调制器、字间隙形成电路及时钟脉冲形成电路组成。用8个触发器构成的移位寄存器,在输入选通信号作用后,将数据总线上并行的 8 位数据信号装入移位寄存器,此后在 12.5 kHz CP1 脉冲作用下,来一个脉冲上升沿,多位寄存器便向右移 1 位,即向调制器串行输出 1 位信号;在有连续的 8 个 CP1脉冲作用后,移位寄存器中的 8 位数据字,已全部串行输至调制器。时钟脉冲形成电路是一个D 触发器连成的计数器,有两个输入控制端,一为时钟脉冲 CP,一为复位信号,形成的发送器时钟脉冲 CP1 由 Q 端输出。CP 端的频率为 F(25 kHz 或 200 kHz),由 Q 端输出的 CP1 脉冲频率为 $F/2$,即 12.5 kHz 或 100 kHz,其输入、输出脉冲波形如图 3.5 所示。

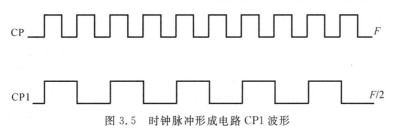

图 3.5　时钟脉冲形成电路 CP1 波形

图 3.4 中计数器 74161 和触发器 74(Ⅱ)组成字间隙形成电路。发送器在发送完一个 8位数据后,要加上 4 位零电平间隙,作为数据字的同步基准,在 4 位零电平间隙之后将发送下一个数据字。字间隙形成电路就是用来完成这一任务的。

在发送设备向移位寄存器 74165 输入数据的同时,发出一个清零复位信号 CLR,使 D 触发器复位,通过与门 Y1 使计数器 74161 清零,D 触发器 74(Ⅱ)复位,即令 74(Ⅱ)的输出为 1。这一高电平打开与门 Y2,使时钟脉冲 CP1 经与门 Y2 加至调制器的两个与非门 YF2 和 YF3上。这一高电平加入后,允许移位寄存器向调制器串行输出数据信号。

在清零之后,25 kHz 的 CP 脉冲信号加至时钟脉冲形成电路 74(Ⅰ)的 CP 端,其 Q 端输出 CP1 为控制发送器的时钟脉冲,频率为 12.5 kHz。CP1 时钟脉冲加至移位寄存器、Y2 和计数器的 CP1 端。因计数器在清零复位之后,QC 和 QD 端为零电平,所以以与非门 YF1 输出一高电平信号给发送设备,表示正在发送一个字。在 CP1 作用下发送完一个 8 位数据字,此时QD=1,接着发出 4 位零字间隙信号,使计数器 QC=1,即在连续有 12 个 CP1 脉冲作用下,QD=1=QC。与非门 YFI 输出为零电平,发送设备收到此零电平信号表示,前一个数据字发送完毕,要做好发送下一个字的准备。在此同时 QD=1 的信号还加至 74(Ⅱ)触发器 CP 端,使其为 0,与门 Y2 输出零电平,关闭与非门 YF2 和 YF3,即关闭了调制器的输入端,表示一个数据字发送过程结束。

图 3.4 中调制器电路是由与非门 YF2,YF3 和运算放大器 H,L 组成的。经调制后的信号由 HI 和 LO 加至 ARINC 429 串行传输总线的(A)和(B)线。H,L 两个运算放大器是对称式连接的,A,B 两端点为 H,L 两运算放大器的公共输入端,但输给 H,L 的信号是反相的,故两运算放大器输出 HI 和 LO 也是反相的。运算放大器 H,L 连接为差动式放大电路的形式。

适当选择 RF 等电阻元件可使放大系数为 1。这时该电路可将移位寄存器 Q_7,非 Q_7 串行输出的信号调制成双极归零逻辑编码的波形由 HI 和 LO 两端互补输出。

2.发送器输入/输出波形

以上分析了调制器电路将串行输入的信号调制为双极归零式信号输出的全过程,信号波形如图 3.6 所示。

时钟脉冲形成电路 74(Ⅰ)触发器的 Q 端输出 CP1 时钟同步脉冲在调制器电路中作为载

波信号使用,CP1 与来自 74(Ⅱ)触发器端的信号在与门 Y2 相与后产生 C 信号。C 信号的特点是,在移位寄存器串行输出 8 位数据字(10110010)的过程中,它是连接的 8 个脉冲,当 8 位数据字过后,C 为 4 位零电平间隙时间。在这 12 位时间内,C 的脉冲波形如图 3.6 中 C 所示。C 和 Q_7 信号经 YF2 门后形成 A 端信号,C 和非 Q_7 信号经 YF3 门后形成 B 端信号。A,B 信号输给运算放大器 H,输出为双极归零信号 HI;A,B 反相输给运算放大器 L,其输出 LO 是与 HI 反相 180°的互补信号。

3. 双极归零式串行传输信号特点

由图 3.6 中 HI,LO 输出的双极归零式脉冲信号波形可见,它有如下特点:

(1)一个电脉冲代表了传输数据字的一位,正脉冲代表数据字位的 1,负脉冲代表数据字位的 0。图 3.3 中的 HI 双极归零脉冲信号,每一位前半周期为高电平(+5 V)时,代表该位逻辑值为 1,如前半周期是低电平(-5 V),表示该位逻辑值为 0。这种以正负极性来区别逻辑值 1 和 0 的信息,比用电位高低来区别 1 和 0 要准确、可靠得多。

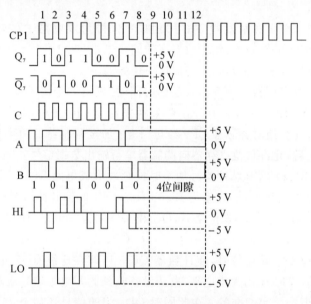

图 3.6　发送器输入/输出波形

(2)双极归零信号中每一位的后半周期由正极性或负极性跃变为 0 电位的时机,代表了时钟脉冲信号,在接收器中把每位脉冲后半周期跃变为 0 的时刻检波出来,就使接收器获得一个与发送器同步的时钟脉冲。这说明双极归零式信号包含了自同步信息。

(3)含有字同步信息。字同步就是按时序建立一个固定点,使接收器能区别开一个数据字传输的开始和结束。在字与字的双极归零式脉冲之间设有 4 位间隙时间,这 4 位都是零电位。跟随这一字间隙之后发送的第一个脉冲,表示另一个数据字的开始。

3.2.3　ARINC 429 接收器

接收器设置在接收设备的输入端,它和串行数据总线相接,用来接收由发送器输来的双极归零式串行信号。接收器将其解码还原为普通的串行数据信号,然后将串行数据信号通过移位寄存器转换为并行数据信号输给接收设备。由于双极归零式串行信号含有自同步的时钟信

息,在接收器电路中有时钟脉冲检波电路,它可把发送器的时钟脉冲还原,保证接收器电路与
发送器同步。以上就是接收器接口的具体任务。

1.接收器电路的组成

针对发送器发生的 8 位数据字,接收器也是只考虑接收 8 位数据字的接收器电路,它由解
调器、时钟脉冲检波电路、串/并转换电路、数据字锁存器和字同步控制电路组成,其原理电路
如图 3.7 所示。

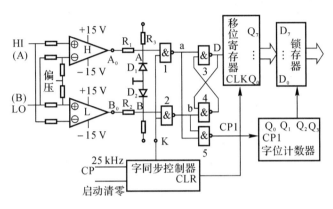

图 3.7　接收器原理电路

2.接收器的工作原理

为便于分析接收器的工作原理,必须明确电路组成部分主要结点的信号波形情况。在图
3.8 中绘出了电路主要节点的信号波形。

图 3.7 中解调器是由运算放大器 H 和 L 以及限幅器组成的。它把传输总线(A)(B)输来
的双极归零式信号解调为单极性信号。例如发送器发出的双极归零式信号经 ARINC 429 总
线加至运算放大器 H 和 L 的(A)(B)所示。该信号放大后在输出端 A_0 和 B_0 的波形与输入端
波形一样只是振幅加大了,由 5 V 放大为 10 V。A_0,B_0 信号又加至由 R_1,R_2,R_3,R_4 和 D_1,D_2
组成的限幅器,经此限幅器作用后的信号波形变换为单极性脉冲信号,如图 3.8 中 A,B 所示。
这里选用了比较理想的 5 V 稳压二极管 D_1 和 D_2 作为限幅器。不难看出,图 3.8 中 A,B 信号
为单极性的,振幅为 5 V。

字同步控制器的输出电位 K,在接收 8 位数据字期间 K＝1 为高电平,而在 4 位字隙期间
K＝0 为零电平,如图 3.8 中 K 波形所示。当 K 电位为高电平时,使与非门 1,2 打开,此时 A,
B 信号经过与非门 1,2 至 a,b 所示。a＝$\overline{AK}$,b＝$\overline{BK}$。

作为时钟脉冲检波电路的与非门 5,其输出为与发送器同步的时钟脉冲 CP1(频率为 12.5
kHz),CP1＝$\overline{ab}$。与非门输出的时钟脉冲波形如图 3.8 中 CP1 所示。a,b 信号直接加至与非
门 3,4 组成的 RS 触发器,RS 触发器的 D 端输出为串行数据信号 D,其波形如图 3.8 中的 D
所示,它表示了发送器所发出的数据字(10110010)。

串行数据信号 D 输至移位寄存器 D 端,在 CP1 时钟脉冲的作用下,8 位数据字逐位移入
Q_0～Q_7 的 8 个触发器之中。与此同时 CP1 加至字位计数器,当输入 8 个 CP1 脉冲时,字位计
数器的 Q_3＝1,使锁存器三态门打开,将移位寄存器 Q_0～Q_7 的 8 位并行数据字信息存入 8 位
数据锁存器,然后由锁存器再并行输给接收设备。

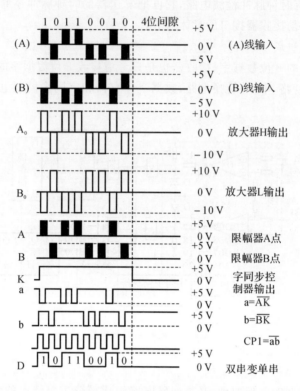

图 3.8　接收器电路信号波形

3.2.4　ARINC 总线接口芯片

现代飞机上电子设备实际应用的 ARINC 总线接口,一般采用大规模集成电路 CMOS 芯片,使用较多的是 3282 型接口芯片。

该芯片所发送和接收的串行数据字完全符合 ARINC 429 规范的约定。一个完整的数据字采用 32 位,字与字之间相隔 4 位零电平间隙。3282 芯片内集成有两个接收器、一个发送器、定时电路、奇偶校验电路、控制字寄存器、先进先出存储器(FIFO)及数据锁存器等逻辑电路。FIFO 存储器可存放 8 个 ARINC 数据字连续串行传输。定时电路用来校正和判断串行数据字的间隔,即判断 4 位零电平数据字间隔信号。

奇偶校验电路在发送器发送数据字时形成奇偶校验位的逻辑值,在接收器工作时对所接收的数据字进行奇偶校验。串行传输一个数据字为 32 位,其中第 32 位是奇偶校验位,该校验位提供的逻辑值是奇数校验。当发送器发送一个数据字时,先对 1～31 位的逻辑"1"进行计数。如所得"1"的个数为奇数,则第 32 位逻辑值定为"0";如该数据字的 1～31 位的逻辑"1"个数为偶数,就将第 32 位的逻辑值定为"1"。这样就使整个 32 位中的逻辑"1"个数保持为奇数。该数据字经过传输之后到达接收器时,再对该字 32 位中的逻辑"1"个数进行一次统计,如果仍为奇数则可认为传输有效,否则认为无效。

3282 型芯片共有 40 个引脚,其中 40 号引脚未接线,仅用了 1～39 号引脚,各引脚序号及功能标注如图 3.9 所示。

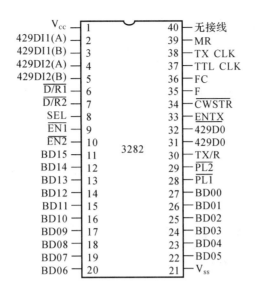

图 3.9   3282 型接口芯片引脚

(1)V_{cc}——由外部引入芯片的电源电压,5 V±10%。

(2)429 DI1(A)——由 429 总线中的 A 线输入给接收器 1 的输入端。

(3)429 DI1(B)——由 429 总线中的 B 线输入给接收器 1 的输入端。

(4)429 DI2(A)——由 429 总线中的 A 线输入给接收器 2 的输入端。

(5)429 DI2(B)——由 429 总线中的 B 线输入给接收器 2 的输入端。

(6)$\overline{D/R1}$——从芯片读出数据的标志信号。此信号为低电平时表示从接收器 1 读取标志特征位,它说明了该有效数据字读取到何设备。

(7)$\overline{D/R2}$——从芯片读出数据的标志信号。此信号为低电平时表示从接收器 2 读取标志特征位,它说明了该有效数据字读取到何设备。

(8)SEL——由数据总线选择器向芯片输入的选择信号,它可以从接收器 1 或接收器 2 选择出一个或两个 16 位数据字信号。

(9)$\overline{EN1}$——从外部来的允许输入控制信号。它允许数据信号从接收器 1 将数据信号输入到数据总线;

(10)$\overline{EN2}$——从外部来的允许输入控制信号。它允许数据信号从接收器 2 将数据信号输入到数据总线;

(11)~(20),(22)~(27)——16 根数据总线的引脚,这 16 个引脚挂接在本芯片外部电路的 16 根并行数据总线 DATA BUS 上,它们是双向数据总线,通过这 16 根双向数据总线既可以将芯片中两个接收器之一所收到的数据输入给数据总线,又可以将数据总线上的数据装入芯片中的发送器存储器。

(21)V_{ss}——芯片的电路接地线,又称为芯片的基准电位线引线脚。

(28)$\overline{PL1}$——并行输入信号线。当此线脚为低电平时,它允许数据总线输入的数据字第一级 16 位字装入发送器的存储器。

(29)$\overline{PL2}$——并行输入信号线。当此线脚为低电平时,它允许数据总线输入的数据字第二级 16 位字装入发送器的存储器。

(30)TX/P——由芯片向外输出的发送器标志位信号。当此引线脚为高电平时,说明发送器存储器是空的。

(31)429 DO——此引脚是芯片内发送器正的输出端。

(32)429 $\overline{DO}$——此引脚是芯片内发送器负的输出端。

(33)ENTX——从外部加来的允许发送器输入信号。在 ENTX 启动下从 FIFO 存储器向外串行传输。

(34)$\overline{CWSTR}$——控制字的输入选通信号,此信号为低电平时可使数据总线上的控制字输入到控制字寄存器。

(35)F——由芯片内定时器向外输出的振荡信号。

(36)FC——由外部向定时器输入的振荡信号。

(37)TTL CLK——由外部输入给芯片内定时器的 TTL 时钟信号,其频率应等于数据速率的 10 倍。

(38)TX CLK——输出的时钟信号。

(39)$\overline{MR}$——主清除复位信号。

3.3　1553B 总线

3.3.1　MIL－STD－1553B 总线概述

MIL－STD－1553B 总线是美国空军电子系统的标准总线,中国军用标准为 GJB 289A。是一种集中式的时分串行总线,其中总线的组成包括一个总线控制器(Bus Control,BC),负责总线调度、管理,是总线通信的发起者和组织者。远程终端(Remote Terminal,RT)用于连接各个子系统,进行数据通信,是子系统和总线控制器的接口部分。还有一种可选设备,总线监视器(Bus Monitor,BM),用于监听整个总线的运行状态。1553B 总线由于其可靠性和实时性,在航天、航空、军事等领域电子联网系统中取得了广泛的应用。

1553B 已成为西方第三代战机的航空电子系统的通信基石,并成功应用到 F－16、F－18、B－1 等美国的主战飞机之中;北大西洋公约组织沿用该标准但更名为 STANAG3838,也成功将其应用到其战斗机中。实践证明 1553B 的应用大大提高了三代战斗机型号飞机的总体飞行与作战能力。

1.总线基本结构与连接方式

1553B 总线的基本结构如图 3.10 所示。

1553B 连接方式有两种:变压器耦合和直接耦合。传输媒介为屏蔽双绞线,采用直接耦合方式,短截线最长距离约为 30 cm,如图 3.11(a)所示;采用变压器耦合方式,短截线最长距离约为 6 m,如图 3.11(b)所示。

终端通过短截线及耦合变压器连接到主电缆上为变压器耦合方式,其短截线长度不应超过 6 m,如图 3.12 所示。

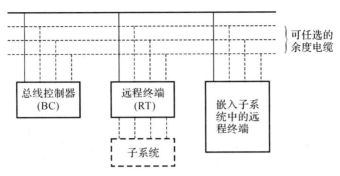

图 3.10　1553B 总线的基本结构

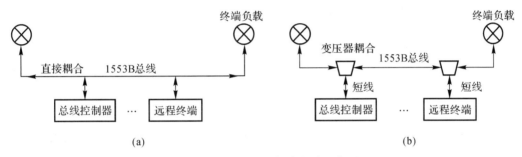

图 3.11　1553B 总线耦合方式示意图

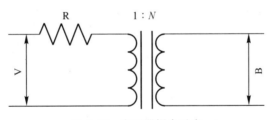

图 3.12　变压器耦合示意

2. 1553B 总线传输特性

1553B 总线传输速率固定在 1.0 Mb/s,数据采用曼彻斯特二相编码。逻辑 1 被编码为 10,逻辑 0 被编码为 01。该编码较不归零码编码的优点在于消除了直流分量,在编码中包含了时钟的信息,同时还具有更好的抗干扰性。编码方式如图 3.13 所示。

总线上发送数据是以"消息"为单位的。一个消息由一个命令字、若干个数据字和一个状态字所组成。命令字由 BC 发送,用于控制 RT 的工作方式。数据字包含的发送和接收的数据比特,每条消息最多可以处理 32 个数据字。状态字是在一次数据通信完成之后,由 RT 在规定的时间内向 BC 报告上次通信的状态。三种类型的消息字都由 20 比特构成。其中,前三个比特位是"同步位",起到时钟同步的作用。它不是曼彻斯特编码,而是一个周期为 3 个时钟长度的方波信号。该同步头同时还起到区分命令字和数据字的作用,两者同步位的相位是反相的,如图 3.13 所示。每个消息字的最后一位是奇偶校验位,它和前边的 16 比特数据一起进行奇校验。

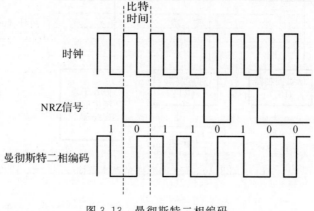

图 3.13　曼彻斯特二相编码

3. 1553B 总线的消息字

命令字由 RT 地址、发送/接收标志位、子地址和数据字计数字段组成。下面分别介绍每个部分的结构。

RT 地址由 5 位组成，RT 地址范围是 00000 至 11110，11111 地址在广播方式下使用。因此，最大可以容纳 31 个 RT，也就是说在总线上可以同时接挂 31 个 RT。发送/接收标志位指示 RT 需要完成的动作。逻辑 0 表示 BC 要求 RT 接收数据，逻辑 1 将表示 BC 要求 RT 发送数据。在这里可以看出，所有的 RT 都是在 BC 的控制下完成数据传输工作的。子地址也是由 5 位构成，有效的地址为 00001～11110，00000 和 11111 作为特殊的子地址使用。最后是 5 位组成的数据计数字段，它包含了在命令字后要传输或者要接收的数据字的个数。用 00000 表示 32 个数据字、00001 表示有 1 个数据字，依次类推。子地址和数据字计数字段可以复用为模式标记和模式命令字。模式命令是用在总线相关的硬件上，协助对信息流的管理所采用的命令。通过在子地址字段填充 00000 或者 11111 表明该命令一个模式命令，数据字计数字段的含义是具体是哪条模式命令，这样就实现了命令字的复用。

数据字中除 3 位的同步头和最后一位的奇偶校验位外，还包含 16 位的有效数据。通过同步头的不同来区分数据字和命令字。状态字由同步头、RT 地址和消息错误位、仪器位、服务请求位、3 个保留位、广播接收位、总线忙位、子系统标志位、动态总线控制接收位、终端标志位和奇偶检验位组成。状态字用来表明每一次数据通信的状态，其中每一位都有具体的含义。可以通过状态字来判断上一次数据通信是否成功。整个消息字的结构如图 3.14 所示。

在 1553B 总线通信中，BC 起着控制作用，由 BC 决定数据传输的发起、执行方向、执行特殊功能等。而 RT 完全处于被动状态，没有 BC 的命令，不会向总线上的其他设备发送任何数据。只能通过 BC 查询 RT 是否向外界发送数据的请求，从而让 RT 实现"主动"数据传输。数据传输完成后，控制权交还 BC。每一次数传都是以"消息"作为框架。图 3.15 是最常用的三种消息格式的示意图。

(1)BC 向 RT 传送数据：是由 BC 发起的一个向 RT 发送"接收数据"的命令字，命令字中包含 RT 的地址。在"接收数据"命令字后紧跟着数据。一个消息最多可以包含 32 个数据字。每个数据字 16 位。在规定的时间内，RT 要完成协议的验证、分析、接收数据的工作，接收数据后，要在规定的时间内向 BC 发送一个状态字，表明数据接收是否成功等信息。如果超时，则 BC 认定上次数据传输失败。

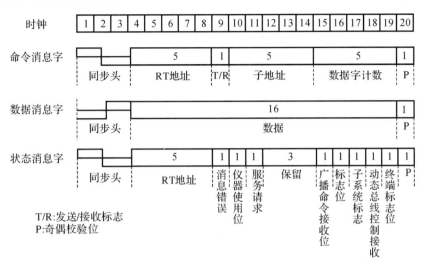

图 3.14　消息字的结构

(2)RT 向 BC 传送数据:BC 为数据接收的方向,在向 RT 发送"发送数据"的命令字后,BC 等待 RT 的响应。RT 在接收到"发送数据"的命令字后,首先验证命令,然后通知子系统进行数据准备工作,并将数据推上总线。同时,在数据字的最前端增加一个状态字,说明 RT 向 BC 发送数据的状态。例如,如果子系统没有将发送的数据准备好,会将状态字中的 Busy 设为 1,在 BC 接收该状态字后,分析出出错是由子系统忙而导致的。

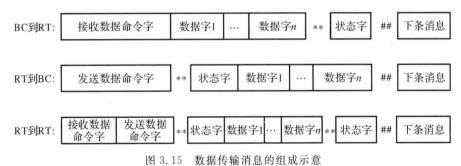

图 3.15　数据传输消息的组成示意

(3)RT 向 RT 发送数据的消息也必须由 BC 发起。BC 向数据发送的 RT 和数据接收的 RT 分别发送"发送数据"和"接收数据"的命令字,使得发送方做好发送数据的准备,接收方做好接收数据的准备。然后发送数据方将一个状态字和若干数据字推上总线,待接收方收到数据后,在规定的时间,向 BC 发送状态字报告传输的状态。

从上面可以看到,BC 是整个总线系统中的核心所在,任何数据传输都要通过 BC 的控制和协调。

最后总结关键的时间特性。在传输过程中各种字所需的时间为:命令字、状态字和数据字均为 20 μs,RT 响应时间最长为 12 μs;不同消息之间传输要求有时间间隔,最小时间间隔为 4～30 μs。在目前应用中,典型使用的应用数据大周期一般为 25～400 ms。

3.3.2　1553B 总线体系结构

机载 1553B 通信系统体系分为 5 层,1553B 通信系统的设计基础是 1553B 标准,同时需按照需求,开发接口模块硬件、传输软件和相应的驱动软件,实现体系结构的 5 层协议,如图 3.16 所示。每个航空电子设备简称"子系统",子系统 A 与 B 之间的通信在每层上都应符合协议要求。通常,应用层、驱动层、执行应用层之间的协议,由子系统主机软件实现;传输层则由各个子系统的嵌入 1553B 接口模块软件或固件来实现,执行传输层协议;数据链路层和物理层则由接口模块硬件来实现。

可以将 1553B 接口模块设计成智能化、通用化和模块化的航空电子多路传输总线的通信处理器。接口模块包含硬件和通信软件。硬件划分为 5 个功能区:主机接口区、通信控制区、总线接口区、计时器区和调试口区。MBI 软件包括传输软件和驱动软件及设计说明。

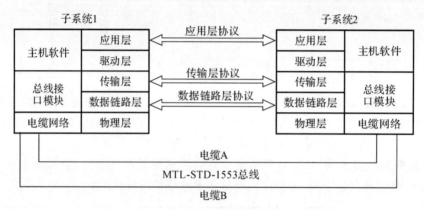

图 3.16　机载 1553B 总线体系结构示意图

3.3.3　1553B 总线应用示例

从第三代战斗机航空电子系统开始,在相当长的一段时间里,1553B 总线占据了统治地位,由于其实时性、数据完整性、可靠性和余度管理等特性都是专门针对军用航空电子系统要求设计的,因此在第三代战斗机联合式航空电子系统中工作非常出色。但由于航空电子主干网络需要支持大量数据、音频和视频信息,因此对带宽和实时性的要求越来越高,MIL - STD - 1553B 总线受带宽较低、终端数较少、灵活性相对较低等因素限制其已不能满足新一代航空电子系统主干网络进一步发展的要求,但在机载的某些分系统内部仍保留使用。

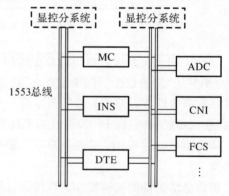

图 3.17　1553B 总线应用示意

1553B 总线在飞机上的应用如图 3.17 所示。图中采用两条 1553B 总线,将任务计算机(MC)、惯性导航系统(INS)、数据传输设备(DTE)、大气数据计算机(ADC)、通信导航识别系统(CNI)、飞行控制系统(FCS)等设备连接起来,完成机载设备间的信息传输。

3.4 ARINC 629 数据总线

当前,军用飞机上用的是 MIL - STD - 1553B 总线,民用飞机上用得最多的是 ARINC 429 数据总线。这两个实用化的总线都存在不同程度的缺点。MIL - STD - 1553B 最大的缺点是整个总线由集中的总线控制器来控制,整个总线系统的通信是在总线控制器指挥下进行的,这给总线带来潜在的单点故障,可靠性受到影响,一旦总线控制器失效,将造成整个总线系统的瘫痪。而 ARINC 429 总线尽管舍弃了总线控制器,但其代价是(为了使总线上信息有序传输而不相碰),只能使一个信息源用一条 429 总线,这在航空电子设备激增的情形下是不允许的。当然,429 总线还有其他的弱点,如带宽有限,技术陈旧落后,接口不能适应新的微处理机;异步回路,因而数据传输上有延迟;当航空电子系统的综合规模增大时,由于 429 总线传输的不同步将使系统性能变坏。此外,由于近年来 LSI 技术的飞速发展,硬件成本不断下降,所以 429 总线因其简单所带来的价格方面的优势也越来越弱。

在这种情形之下,波音公司经过近 10 年的研究,为民用机开发了一种新型总线——数字式自主终端存取通信(Digital Autonomous Terminal Access Communications,DATAC)。1985 年,波音公司要求 ARINC 为其在下一代民用客机 B777 上使用的 DATAC 规范建立数据总线标准。1986 年,波音公司召开专题讨论会,把 DATAC 详细的资料分发给了 14 个与会代表,这其中包括 NASA。每个与会者都同意在现在的 ARINC 700 设备中或目前的飞机设备中加入 NEC 为开发 DATAC 生产的两块芯片,然后测试性能,将其结果提供给波音公司进行汇总。1987 年 9 月 3 日,ARINC 公司把 DATAC 作为新一代的民用客机数据总线标准,而将其命名为 ARINC 629。1988 年 10 月 13~15 日在美国肯斯萨城召开了第 78 届航空电子工程会议,其数据总线分会专门讨论了 629 总线的采用问题。与会代表认为,ARINC 629 规范草案从技术上来看是成熟的,会上提及的若干技术问题也是容易解决的,ARINC 629 总线在设计上是成功的,它是一种能取代 ARINC 429 总线的较为理想和先进的数据总线规范。

3.4.1 ARINC 629 数据总线协议

ARINC 629 总线(简称"629 总线")传输率定为 2 Mb/s,其拓扑结构同 1553B 一样为线型的,而又与 429 总线一样无总线控制器,但信息在总线上又为双向传输的。那么如何使信息在总线上传输而不发生碰撞呢?波音公司的 Hans Herzog 首先提出了 3 条准则(Hans 准则),波音公司对这 3 条准则进行了详细的论证与研究,最后把它作为 DATAC 总线的精髓而予以采用。

Hans 准则的要点是:总线上任一用户终端在发送完一次数据后,必须满足以下 3 项要求才能发送下一次数据:

(1)必须等待一帧时间后才能再次发送数据,这称为发送间隔(Transmit Internal,TI),总线上所有终端的 TI 取值相同。

(2)必须在总线上检测到一段静止(无消息)时间间隙,称为同步过隙(Sync Gap,SG)。总线上所有终端 SG 取值相同。

(3)必须在总线上检测到一段静止时隙,称为终端时隙(Terminal Gap,TG)。TP 应出现在同步时隙 SG 和任一终端最后一次发送结束之后,每个终端的 TG 取值是互异且唯一的。可用图 3.18 来表示上面的关系。

显然,任一终端能否占用总线,取决于两个因素:终端状态和总线状态。右边支路描述终端状态,当终端发送一次数据,则启动 TI 计数器,一直到 TI 计满为止则有可能再次发送数据;左边支路描述总线状态,当 SG 和 TG 未计满时,总线上出现信号(别的终端在发送)则将这两个计数器复位并重新计数,当 SG 和 TG 计满时,若总线上出现信号,则 SG 不复位,而 TG 必须复位。当这两条支路同时满足条件时,本终端才发送数据,因此,一个终端发送数据仅取决于本终端状态和总线状态,而与其他终端的状态无关,每个终端均能自主控制发送数据,这相当于 1553B 总线控制器的控制权分发给了各个终端,因而具有高度的可靠性和灵活性。

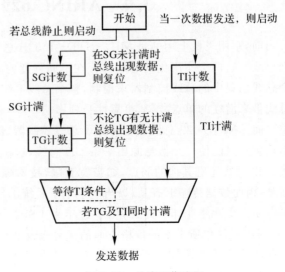

图 3.18　总线工作流程

也就是说 ARINC 629 是一种自主式终端访问工作的数据总线,所以总线上每一终端必须有自己的控制机构。这种控制机构通过两块可擦除的可编程只读存储器(EPROM)作为发送和接收"个性化插件"来实现。"发送个性化 EPROM"含这样的逻辑,确定在发送器工作之前已满足前面所说的 3 个条件。

"接收个性化 EPROM"用于两个目的:仅接收预定发送给它这个终端的那些消息;又作为它这个终端的发送器的监控器,用于避免总线上信息流相互冲突和其他发送器的故障。

ARINC 629 每个总线传输字的字长为 20 位时,其中数据占 16 位并有一个奇偶校验位。标号字有 3 个位时的高-低同步波形;而数据字的同步波形是由低变高,也占 3 个位时,一个消息由 1 至 16 个字串组成。每个字串有一个标号字,后面最多可跟随 256 个数据字。

3.4.2　ARINC 629 数据总线的特点

ARINC 629 总线有以下优点:

(1)每个终端都是自主地发送数据,总线上不存在总线控制器,因而不存在 1553B 总线那样致命的弱点,一个终端的损坏不会影响到其他终端的工作。

(2)629 总线信息的传输与 1553B 一样为双向的,并且拓扑结构为线型,这样所有终端或航空电子设备及其他子系统可以沿长度的任一点连接到该总线上。

(3)总线上传输的速率为 2 Mb/s,这对于现在的和将来的电子系统的通信都是完全可胜任的,并且传输介质可为电缆,或为提高飞机性能也可采用的光缆。

(4)航空电子设备子系统与总线连接简单,可采用变压器、依靠感应耦合传输信号而不需要导线接头,从而给生产和安装带来极大方便;图 3.19 为远程终端或 LRU 应用时的电感耦合器示意图。连接时不必割断导线,这是它对提高可靠性和降低电磁干扰(EMI)的卓有成效的贡献。

(5)航空电子设备几乎都具有"插入式"兼容性。当在 629 总线上增减子系统时,只需修改子系统的程序,而对 1553B 总线来说,当子系统增减时,总线控制器的软件也必须加以调整,由于 629 总线的这一特点,使用方不必解决系统方面的问题,软件改变只局限于设备内部。

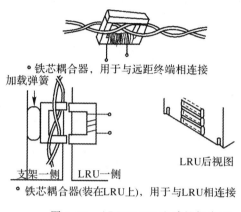

图 3.19　ARINC 629 电感性耦合器

从 1977 年至今,波音公司已付出了 30 多年的代价从事 ARINC 629 总线的研究和开发,获得了大量具体数据资料,波音公司已在波音 777 上采用 629 总线。采用此总线可以带来许多好处。例如可大大减少导线的重量和连接器的密度,终端的数目也可减少,简化了接口,并且大大增加了系统的灵活性和可靠性。目前 629 总线是波音 777 上所有信号处理、航空电子系统、动力系统、飞机构架系统及自动驾驶仪通信的基础。波音 777 与采用 429 总线的 B757 在电缆、连接器等方面的使用情况比较如图 3.20 所示。

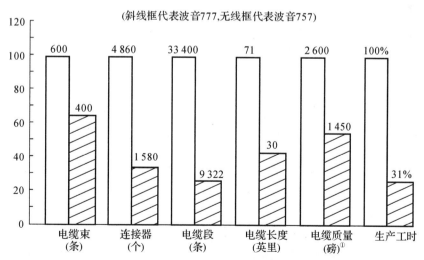

图 3.20　ARINC 629 和 ARINC 429 总线使用情况比较

①1 磅(lb)=0.454 kg。

ARINC 629 总线的出现也引起了 NASA 的高度重视。从 1983 年开始,NASA 就在波音

737 ATOPS 飞机上安装了 629 总线用于连接飞行控制传感器、自动飞行计算机、飞行控制机构、后座舱显示器及机载仪表系统等,并且运行状况令人非常满意。

另外,理想总线的一个重要条件就是有大量生产的 VLSI 芯片作为支援。这点在 629 总线中已不成问题。起初包括 629 总线收发器在内的终端需要 7 块板才能完成。而 1986 年,NEC 根据与波音公司的联合协议开发了一块 VLSI 芯片,该芯片约有 12 000 个晶体管,几乎包括了 629 总线终端所要执行的所有功能,并且芯片已装在 737 ATOPS 飞机上进行了飞行实验。此外,波音公司也做了广泛的实验,结果都证明该芯片可靠性很高。还有两个著名的公司对 629 总线终端所需芯片也表示了极大的兴趣,并且在 1988 年年底拿出了芯片的样品。这些都将保证 629 总线在将来的应用中有多种渠道获得 VLSI 芯片。

ARINC 629 总线从技术上来说是成熟的,它是新一代总线的先驱者。可以预计,该规范中所体现的主要思想将在理论和实践上对航空电子系统产生不可低估的影响。可以说,在机载数据总线技术的发展道路上,ARINC 629 标准的公布树立了新的里程碑。

3.4.3 波音 777 飞机中的 629 总线

在波音 777 中广泛地采用了 ARINC 629 总线。它们用于机载设备间的信息传输,将各类设备有机地结合在一起。共有 11 条 629 总线贯穿在飞机中。

波音 777 中 629 总线的结构如图 3.21 和图 3.22 所示。总线设备由总线双绞线电缆、终端阻抗、电缆、耦合器(Coupler)、串行接口模块(Serial Interface Module,SIM)和终端控制器构成。

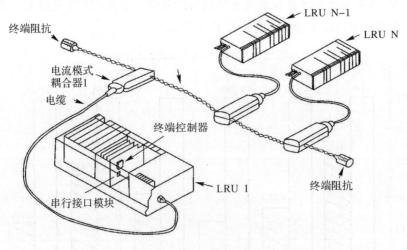

图 3.21　波音 777 ARINC 629 总线应用示意图

耦合器是电流模式的。它一端通过短电缆与 SIM 相连,一端与 629 总线电缆相连。一个耦合器是双通的,即有 2 个接收器和 2 个发送器。SIM 可以做通道的选择。发送时,耦合器从 SIM 接收电压信号,将其转换成电流信号。接收时,耦合器接收电流模式信号,将其转换成电压信号后送入 SIM。

SIM 在终端控制器和电流模式耦合器之间。发送时,它将从终端控制器传来的信号转换成模拟电压信号。接收时,接收模拟电压信号并将其转换成数字信号传送给终端控制。SIM 监视发送或接收信号看其是否满足要求。

终端控制器控制信息的发送依据存储在传输个性存储器和发送个性存储器中的个性化数据来完成。传输过程也要依据总线协议。

目前,在波音 777 上 629 总线为:①3 条飞行控制总线;②4 条系统总线;③4 条飞机信息管理系统总线。还有头顶板 ARINC 629 系统(Overhead Panel ARINC 629 System,OPAS),用于传送很多开关的状态。这些总线均为系统的信息传输起了重要的作用。

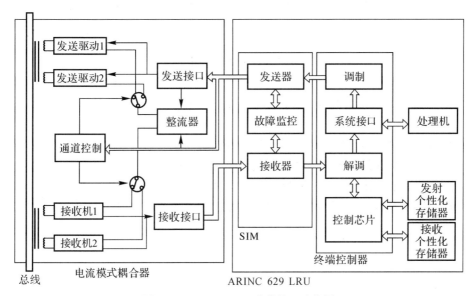

图 3.22　ARINC 629 总线接口功能图

3.5　FC 光纤总线

(1) 1773 标准。MIL – STD – 1773 光纤数据总线标准(简称"1773 标准")是以 ML – STD –1553B 总线协议为蓝本,按光纤通信技术要求编写而成的。

MIL – STD – 1773 光纤总线与 MIL – STD – 1553B 协议完全兼容,其通信协议的编码方式、字定义、消息格式、控制模式与 1553B 相同。光纤总线具有重量轻、所占空间小、抗电磁干扰、不产生电磁干扰、使系统实现最好的电气隔离、避免系统共地信号串扰等优点。

光纤数据总线系统通过分布的所有终端站通过光纤互连起来,实现所有终端间互相通信,终端分为总线控制器(BC)、远程终端(RT)和总线监控器(BM)。总线控制器控制着信息的传输。

(2) 1773 总线体系结构。机载的 1773 光纤数据总线系统的拓扑结构(简称"1773 总线体系结构")如图 3.23 所示。机载 1773 通信系统体系也分为 5 层,每个航空电子设备简称为"子系统"。

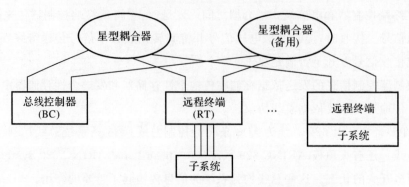

图 3.23　MIL‐STD‐1773 光纤数据总线拓扑结构图

思　考　题

1.飞机信息系统的信息传输面临什么问题？主要采用什么方法？具体实现的技术是什么？

2.ARINC429 总线是怎样构成的？为什么这样构成？

3.ARINC429 总线信道上传输的是什么信号？为什么是这种类型的信号？

4.1553B 总线是怎样构成的？其信道上传输的是什么信号？是怎样实现传输控制的？

5.ARINC629 总线是怎样构成的？其终端是怎样实现信道占用的？为什么采用这种方式？

第4章 机载实时网络与数据链系统

4.1 网 络 概 述

4.1.1 计算机网络

1.定义

什么是计算机网络？现给出如下定义：

凡将地理位置不同，并具有独立功能的多个计算机系统通过通信设备和线路连接起来，且以功能完善的网络软件（网络协议、信息交换方式及网络操作系统等）实现网络资源共享的系统，都可称为计算机网络系统。

计算机网络是目前计算机应用的最高形式，它充分体现了信息传输与分配手段和信息处理手段的有机联系。

从功能的角度出发，计算机网络可以看成是由通信子网和资源子网两个部分组成的，如图4.1所示。

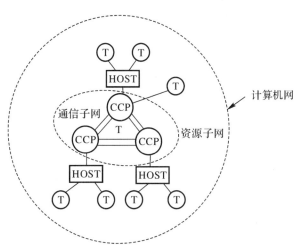

图 4.1 计算机网络构成

T—终端； CCP—通信控制处理机； HOST—主机

通信子网是由收发信息量通信处理机以及有关通信措施构成的网络。而资源子网是由用户计算和终端设备构成的网络。

第3章介绍了计算机通信，由通信也可构成通信网络。而计算机网络与计算机通信网络的根本区别是，计算机网络是由网络操作系统软件来实现网络资源的共享和管理的，而计算机通信网络中，用户只能把网络看作是若干个功能不同的计算机系统的集合，为了访问这些资源,用户需要自行确定其所在的位置。因此,计算机网络不只是计算机系统的简单连接,还必须有网络操作系统的支持。

2.计算机网络的分类

计算机网络的品种繁多、性能各异,根据不同的分类原则,可以得到各种不同类型的计算机网络。例如:按通信距离可得到广域网和局域网;按信息交换方式分可得到电路交换网、分组交换网和综合交换网;按网络拓扑结构分可得到星形网、树形网、环形网和总线网等;按通信介质分可得到双绞线网、同轴电缆网、光纤网和卫星网等;按传输带宽可分为基带网和宽带网。凡此种种都是为了从不同角度对计算机网络技术进行研究。为便于理解,这里仅对广域网和局域网的概念作简要介绍。

根据计算机网络的覆盖面积和各机器之间相隔的距离,可以将计算机网络分成广域网和局域网。

(1)广域网(Wide Area Network,WAN)。广域网又称远程网。当人们提到计算机网络时,通常指的是广域网。广域网最根本的特点就是其机器分布范围广,一般从数公里到数千公里。因此网络所涉及的范围可为市、地区、省、国家,乃至世界范围。此外,广域网的布局不规则,使得网络的通信控制比较复杂。尤其是使用公共传输网,要求联到网上的任何用户都必须严格遵守当局所规定的各种标准和规程。广域网如图 4.2 所示。

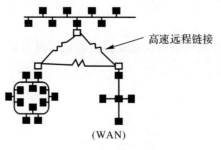

高速远程链接

(WAN)

图 4.2　广域网示意图

(2)局域网(Local Area Network,LAN)。对于局域网,美国电气电子工程师协会(IEEE)的局部地区网络标准委员会曾提出如下定义:"局部地区网络在下列方面与其他类型的数据网络不同:通信一般被限制在中等规模的地理区域内,例如一座办公楼、一个仓库或一所学校;能够依靠具有从中等到较高数据率的物理通信信道,而且这种信道具有始终一致的低误码率;局部地区网是专用的,由单一组织机构所使用。"

IEEE 的上述定义虽然还没有成为普遍公认的定义,但它确实反映了局域网的一些根本特点。局域网的主要特点可以归纳如下:

(1)地理范围有限。参加组网的计算机通常处在 $1\sim2$ km 的范围内。

(2)具有较高的通频带宽,数据传输率高,一般为 $10\sim100$ Mb/s。

(3)数据传输可靠,误码率低。位错率一般为 $10^{-7}\sim10^{-12}$。

(4)局域网大多采用总线及环形拓扑结构,结构简单,实现容易。网上的计算机一般采用多路访问技术来访问信道。

(5)网络的控制一般趋向于分布式,从而减少了对某个节点的依赖性,避免或减小了一个节点故障对整个网络的影响。

(6)通常网络归一个单一组织所拥有和使用,也不受任何公共网络当局的规定约束,容易进行设备的更新和新技术的引用,网络功能不断增强。

4.1.2　网络层次结构及标准

1.结构分层与协议

现代计算机网络系统的设计,是按高度结构化方式进行的。利用分层的方法把网络系统所提供的通路,分成一组功能分明的层次,各层执行自己所承担的任务,依靠各层之间的功能组合,为用户或应用程序提供与另一端点用户之间的访问通路。它还规定:

(1)网络中每一个节点都具有相同的层次结构,各层相对独立,某一层的内部变化不致影响另一层。每相邻两层之间有一个接口,它定义了低层向高层提供的操作服务,低层的功能实现对高层是透明的。

(2)同一节点中的每一层能够同相邻层通信,但不能跨层通信,每一层的功能都是建立在上一层的基础上,又为高一层提供一定的服务。

这种分层配置的优点是:①复杂的通信控制分散在各个功能层,便于设计和管理;②一个功能部件或接口上的故障不致扩散成危及整个系统的大故障,结构的实现更为可靠;③各层功能独立,便于修改和扩充。

在分层结构中,每一层都按照预选确定的规则和约定进行通信。同样,两台通信设备的对等层也按照相应层的规则和约定进行直接对话。

为了使两台通信设备能顺利地进行通信,它们必须"讲相同的语言"。这是通过采用通信设备可以相互接受的一整套规则和约定来完成的,这套规则和约定就叫作协议。协议规定了有关功能部件在通信过程中的操作。就像人们打电话一样,先拿起话机,如线路空闲,可听到允许拨号的声音,拨号成功时会听到对方电话振铃,对方拿起话机后,双方互通姓名,然后对话。对话完毕,说声"再见!"结束通话。网络通信的双方是计算机或计算机和终端设备,为了保证数据通信的双方能正确而自动地进行对话,也需要建立这种通信协议。分层结构的每一层都有相应的协议,所有这些协议的集合就称为计算机网络通信协议。协议分层的目的是简化通信控制的设计、实现及维护。

协议由语法、语义两部分组成。语法规定了报文的格式,语义规定了命令和应答的含义,同时规定了应答次序和状态变化的规则。

协议的基本功能有数据分割与封装、重新组合、链路连接控制、信息流控制和错误控制、同步和寻址、多路传输和服务等。

协议依照其特性可分为不同的类别,如:①标准或非标准,标准协议用于采用相似设备的通用环境,非标准协议则用于某一特定环境。②间接或直接。间接协议用于公用交换网,设备之间不是直接连接的情况。而直接协议则用于具有专用线的专用网情况。③整体或结构化。协议可以作为一个单元实施,也可以作为多个单元实施。④对称或非对称。对称协议涉及同等设备之间的通信,而非对称协议则涉及不同设备之间的通信。

2.网络体系结构

网络体系结构就是指网络的分层结构和各层协议的集合,是对网络及其各组成部分应该执行的全部功能的精确定义。实现这些功能的有关软件与硬件,称为该体系结构的实现。

各个计算机网络厂家都有自己产品的网络体系结构,例如 IBM 公司的 SNA 网络体系等。

由于不同的网络体系结构有各自不同的分层和协议,其网络产品很难互连,所以国际标准化组织于 1981 年提出一个开放系统互连(Open System Interconnection,OSI)基本参考模型的国际标准。该模型把整个系统分为 7 层,如图 4.3 所示。

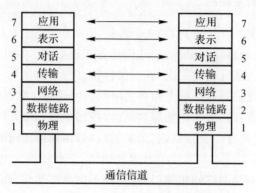

图 4.3　OSI 参考模型

第 1 层至第 3 层属于通信子网的功能范畴,第 5 层至第 7 层属于资源子网的功能范畴,传送层起着衔接上下 3 层的作用。所谓开放系统是指按 OSI 标准建立的系统,能与其他也按 OSI 标准建立的系统互相连接。该 OSI 标准被公认为网络的结构。

如果以网络产品角度观察 OSI 的整个 7 层结构,最下面 3 层(物理层、数据链路层、网络层)直接做在网卡上,上面 4 层则由网络操作系统控制。

下面介绍这 7 层各自负责的工作:

(1)物理层(Physical Layer):其功能是通过物理介质实现通信,在信道上传送原始比特信号。在物理层中主要解决的问题有:①机械的,如连接口、插头、电缆的规格;②电气的,如信息传输电平的高低,频率大小,调制方式等的确定;③功能的,如传输信号的定义及在连接器、插头、电缆上的分配;④规程的,如通信工作顺序的控制等。

此层负责数据的传送,它会随传送介质的电气及机械特性的不同而有不同的格式,传送主要是以比特(bit)为单位。传送采用单工、半双工、双工等,此层会判断出结果,然后再传送给上一层。

(2)数据链路层(Data Link Layer):其功能是保证无差错的信息传送,信道上传送的数据单元是"帧"。帧的格式如图 4.4 所示。

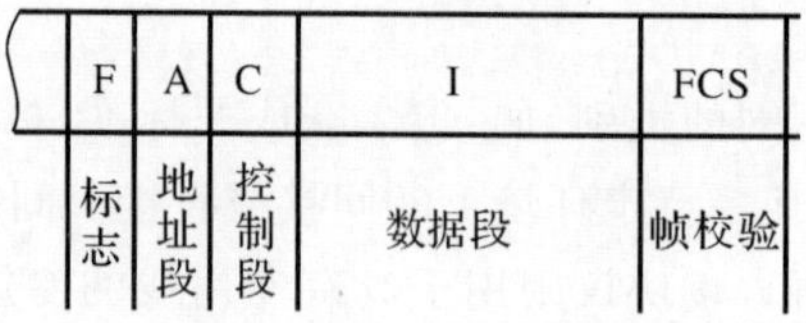

F	A	C	I		FCS
标志	地址段	控制段	数据段		帧校验

图 4.4　HDLC 的帧格式

可以看出,帧信息是由分组数据与控制信息组成的,在数据链路层中完成的功能有:①帧数据格式的建立与拆除;②帧数据的发送与接收;③检错与纠错,以保证无差错的传送。

此层负责将数据封装成包(packet)再传送,提供站与站之间可靠的数据传输,并且检测帧的传送是否有误,使更高层不必顾虑到实际的传送介质。

（3）网络层（Network Layer）：其功能是在两个结点之间建立网络连接，控制通信子网的运行。该层的功能为：①将高层传来的报文转换成报文分组的格式及确定寻址的处理方式；②路径的选择，为保证信息正确、快速的传输，选择最优的传输路径；③流量控制，防止因报文分组过多，相互阻挡形成信息阻塞；④故障检测与恢复。

此层负责由一个站到另一个站间的路径选择，而这两个站可能是在相同的网络上，也可能在不同的网络上。此层还负责建立、维护以及结束两个使用者之间的联系。

（4）传输层（Transport Layer）：此层负责提供两站之间数据的传送。在两个站已确定建立了联系后，传输层即负责监督，以确保数据能正确无误的传送。

其功能是接收来自高层（对话层）的数据，形成较小的单元传送到低层（网络层），并要确保数据的准确传送，传输层实际上是高层信息处理与低层数据通信之间的缓冲层，第 1 至第 3 层之间是链接方式工作，而第 4 层才是真正的点对点通信，它利用报文的报头控制信息，使发送点与接收结点的对应程序对话，而数据传输对主机则是透明的。该层为用户进程提供完整而有效的主机-主机的传送，也称"端-端"层或"主机-主机"层。它完成的任务有：①建立和拆除网络连接，为一台主机上的进程定义用户名及传送地址，以指出通信的目的；②当传输连接要求有很高的信息吞吐量时，则该层可进行多个网络连接，以分散数据，改善流通情况，或者在同一网络连接上建立多路复用。

（5）对话层（Session Layer）：此层主要负责控制每一站什么时间可以传送与接收数据。例如，如果有许多使用者同时进行传送与接收消息，而此时会话层的任务就是决定要接收消息或是传送消息，以免有"碰撞"（collision）的情况发生。

其功能是建立用户与用户之间的连接（称为会晤或对话）是用户进入网络的接口。当希望建立一次对话时，用户必须提供与之对话的目标地址。建立一次对话的过程比较复杂，它主要进行两项工作：①鉴定参加对话的双方是否有权参加对话，然后，两端必须商定对话中统一使用的各种接口方式，如双工或半双工通信等的选择；②一旦建立会晤，就要进行会晤的管理。

（6）表示层（Presentation Layer）：此层负责将数据转换成使用者可以看得懂的、有意义的内容。可能的操作包括字符的转换，数据转换或者数据的压缩与恢复。其功能是解决用户信息的表示问题，也就是将用户的通信信息转换成规定的格式和编码。该层所做工作有：①压缩用户程序文本，它接收 ASCII 字符串的输入，并产生压缩过的二进制编码输出；②加密及解密，保证安全；③不同字符编码之间的转换或不兼容的文件格式的转换。

（7）应用层（Application Layer）：此层负责网络中应用程序与网络操作系统间的联系，而且包括建立与结束使用者之间的联系，监督并且管理相互连接起来的应用系统以及系统所用的应用资源。

4.1.3　交换式以太网

20 世纪 90 年代初，随着计算机性能的提高及通信量的剧增，传统局域网已经愈来愈超出了自身的负荷，交换式以太网技术应运而生，大大提高了局域网的性能。与现在基于网桥和路由器的共享媒体的局域网拓扑结构相比，网络交换机能显著地增加带宽。加入交换技术，就可以建立地理位置相对分散的网络，使局域网交换机的每个端口可平行、安全、同时地互相传输信息，而且使局域网可以高度扩充。

在以太网技术的发展中，以太网集线器（Ethernet Hub）的出现使得网络更加可靠，接线更加方便。因为信号的衰减和延时,根据不同的介质以太网段有距离限制。例如,10BASE5 同轴电缆最大距离为 500 m。最大距离可以通过以太网中继器实现,中继器可以把电缆中的信号放大再传送到下一段。

随着应用的拓展,人们逐渐发现星型的网络拓扑结构最为有效,于是设备厂商们开始研制有多个端口的中继器。多端口中继器就是众所周知的集线器(Hub)。集线器可以连接到其他的集线器或者同轴网络。

非屏蔽双绞线(Unshielded Twisted-pair cables , UTP)最先应用在星型局域网中,之后在 10BASE - T 中也得到了应用,并最终代替了同轴电缆成为以太网的标准。这之后,RJ45 电话接口代替了 AUI 成为电脑和集线器的标准接口,非屏蔽 3 类双绞线/5 类双绞线成为标准载体。集线器的应用使某条电缆或某个设备的故障不会影响到整个网络,提高了以太网的可靠性。双绞线以太网把每一个网段点对点地连起来,这样终端就可以做成一个标准的硬件,解决了以太网的终端问题。

尽管在物理上采用集线器组网的以太网是星型结构,但在逻辑上仍然是总线型的,半双工的通信方式采用载波侦听多路访问/冲突检测(Carrier Sense Multiple Access with Collision Detection,CSMA/CD)的冲突检测方法,集线器对于减少包冲突的作用很小。每一个数据包都被发送到集线器的每一个端口,所以带宽和安全问题仍没有解决。集线器组网如图 4.5 所示。

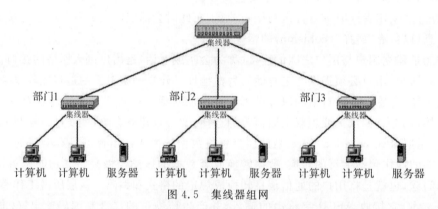

图 4.5　集线器组网

尽管中继器在某些方面隔离了以太网网段,电缆断线的故障不会影响到整个网络,但它向所有的以太网设备转发所有的数据。这严重限制了同一个以太网网络上可以相互通信的机器数量。为了减轻这个问题,桥接方法被采用,在工作在物理层的中继器的基础上,桥接工作在数据链路层。通过网桥时,只有格式完整的数据包才能从一个网段进入另一个网段;冲突和数据包错误则都被隔离。通过记录分析网络上设备的物理地址,网桥可以判断它们都在什么位置,这样它就不会向非目标设备所在的网段传递数据包。早期的网桥要检测每一个数据包,而这样做,特别是同时处理多个端口的时候,数据转发相对 Hub(中继器)来说要慢。1989 年第一台以太网交换机问世。以太网交换机把桥接功能用硬件实现,这样就能保证转发数据速率达到线速。大多数现代以太网用以太网交换机代替 Hub。尽管布线同 Hub 以太网是一样的,但是交换式以太网比共享介质以太网有很多明显的优势,例如更大的带宽和更好的结局隔离异常设备。交换式以太网如图 4.6 所示。

以太网交换机的原理很简单,它检测从以太端口来的数据包的源和目的地的介质访问层地址,然后与系统内部的动态查找表进行比较,若数据包的物理地址不在查找表中,则将该地址加入查找表中,并将数据包发送给相应的目的端口。

　　交换式以太网技术的优点:①交换式以太网不需要改变网络其他硬件,包括电缆和用户的网卡,仅需要用交换式交换机改变共享式 Hub,节省用户网络升级的费用。②可在高速与低速网络间转换,实现不同网络的协同。③它同时提供多个通道,比传统的共享式集线器能提供更多的带宽。传统的共享式以太网采用广播式通信方式,每次只能在一对用户间进行通信,如果发生碰撞还得重试,而交换式以太网允许不同用户间进行传送。比如,一个 16 端口的以太网交换机允许 16 个站点在 8 条链路间通信。④特别是在时间响应方面的优点,使得局域网交换机倍受青睐。它以比路由器低的成本提供了比路由器宽的带宽、高的速度,除非有上广域网(WAN)的要求,否则,交换机有替代路由器的趋势。

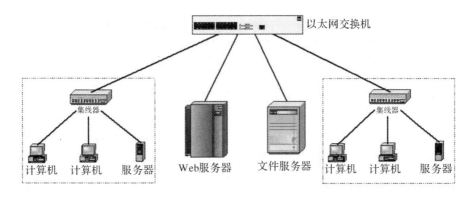

图 4.6　交换式以太网示意图

4.1.4　客户机/服务器模式

　　客户机(Clint)/服务器(Server)模式是目前计算机应用的一种模型。客户机/服务器模型实际上把一个任务分解成两个部分,并在网络的不同系统中分别执行。例如,生成一个报告的任务可以分成应用部分,即创建报告(客户进程)和服务器部分(打印报告)。客户机通常叫“前端系统”,服务器通常叫“后端系统”。客户机与服务器的关系如图 4.7 和图 4.8 所示。

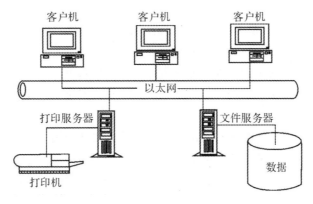

图 4.7　客户机/服务器图示

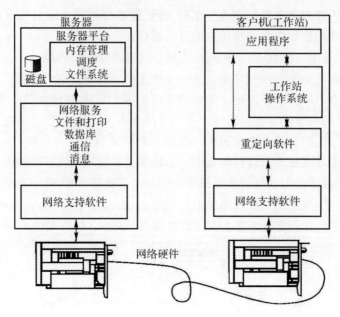

图 4.8 服务器和客户机的关系图

  客户机和服务器进程以传送请求/应答对的方式协同工作。客户机进程首先向服务器发出一个请求,服务器进程则给出满足这一请求的回答。如果请求得不到满足,那么服务器进程将会给出出错信息。

  客户机/服务器体系结构有以下两个主要优点:

  (1)分布应用:应用可以根据对资源的要求在网络上分布。例如,服务器可以在具有很强的计算能力的系统中提供与计算密切相关的服务,而客户机则在工作站上提供高端的图形显示能力。

  (2)资源共享:通常一个服务器进程能为许多客户机服务,因此客户机/服务器体系结构是实现资源共享的好方法。

  通常用客户机/服务器方式共享的资源有计算周期、图形处理能力和数据库。客户进程通常运行于最终用户节点上,例如工作站或 PC 机,而服务器进程则通常运行于更强大的系统中,例如网络文件服务器。

  客户机/服务器协议通常是为特定的工作站环境而设计开发的。然而,随着局域网市场的成熟,厂商们不断转向支持多客户机/服务器协议。

  客户机请求和服务器提供的远程服务通常可分成下列六类:

  (1)应用访问:应用程序可以从客户机中调出并在服务器节点上远程执行。客户应用程序能用嵌入远程过程调用中的 APIs 来访问服务器应用程序。

  (2)数据库访问:客户机向服务器提出的数据库请求通常是用 SQL 语言写的,这是被许多厂商采用的用于数据库查询的工业标准语言。

  (3)打印服务:客户机提出打印请求,打印服务器来为它服务。打印服务器把作业排成队,并在完成打印作业后通知客户机。

  (4)传真服务:客户机提出传真请求,服务器用与打印请求相似的方法来提供服务。

（5）窗口服务：网络操作系统通常为客户工作站提供软件，当从远程服务器上有状态信息传来时，能以弹出窗口的形式显示。

（6）网络通信：客户机通过使用 IPX，TCP/IP，以太网令牌环等通信协议的应用程序接口来访问网络。应用可以使用这些服务来和远程应用交换文件、发送信息。

4.1.5　TCP/IP 协议

1.概述

TCP/IP 是用来互连计算机网络的协议，通常称为网络互联协议，TCP 意为传输控制协议，IP 意为网络互联协议。实际上 TCP/IP 是一组协议集，TCP 和 IP 仅仅是 TCP/IP 协议集中两个极其重要的协议，除此之外，还有许多其他的协议，如 UDP 和 ICMP 等。

TCP/IP 源于世界上第一个著名的计算机网络 ARPANET，ARPANET 是由美国国防部高级研究计划署赞助组建的。1980 年 TCP/IP 首次安装在 ARPANET 网上，随后美国国防部命令所有加入 ARPANET 网的计算机都必须遵循 TCP/IP 标准。

TCP/IP 虽然是美国国防部制定的军方标准，但它已作为一般商用系统的协议标准而广泛流行。今天，从巨型机到个人计算机，TCP/IP 已经得到了广泛的实现。

TCP/IP 提供了许多有效的服务，包括电子邮件、文件传送和远程注册。电子邮件用来传送较短的文本文件，文件传送应用程序用来传送非常大的程序和数据文件，远程注册使一台计算机用户在远程机器上注册并进行交互对话。

目前绝大多数网络操作系统采用该协议，它也是国际互联网（Internet）的主要传输协议。

（1）TCP/IP 和 Inernet。TCP/IP 和网际互联的概念是同时发展起来的。这两个概念中的每一个都促进了另一个的成长。因此，在进一步深入探讨协议之前，我们需要先了解 TCP/IP 是如何和它所服务的互联网络的物理实体相关联的。

在 TCP/IP 协议中的互联网络就如同连接许许多多大小和类型不同的计算机的单个网络。从本质上来看，一个互联网络（或者更加直接的说，国际互联网）使用网际互联设备将独立的各个物理网络（如 LAN）连接在一起。图 4.9 所示为一个可能的互联网络拓扑结构。在这个例子中，字母（A、B、C 等）表示主机。TCP/IP 中的主机是计算机。图中的实心圆表示路由器或网关，包含有罗马数字（Ⅰ、Ⅱ、Ⅲ 等）的大椭圆表示各个分离的物理网络。

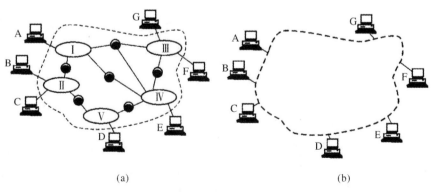

(a)　　　　　　　　　　　　　　　(b)

图 4.9　基于 TCP/IP 的互联网络

(a)一个实际的互联网络；　(b)从 TCP/IP 看上去的互联网络

从 TCP/IP 来看,同样的互联网络看上去大不相同。TCP/IP 将所有相互连接的物理网络视作一个大网络。它将所有主机看作是连接到这个大逻辑网络上,而不是连接到各自独立的网络上。

(2)TCP/IP 和 OSI。TCP/IP 是在 OSI 之前发展出来的,因此,TCP/IP 协议中的层次概念并不完全和 OSI 模型中的相匹配。TCP/IP 由五层构成:物理、数据链路、网络、传输和应用。TCP/IP 中的应用层可以等价于 OSI 中的会话,表示和应用层的结合。

在传输层中,TCP/IP 定义了两个协议:TCP 和 UDP。在网络层,尽管还有其他协议可以支持数据传输,TCP/IP 定义的主要协议是 IP。

在物理层中,TCP/IP 并没有定义任何特定的协议,它支持所有在本书前文中所提到的标准以及各种合适的协议。TCP/IP 网际互联中的网络可以是局域网、城域网,或者是广域网。

(3)封装。如图 4.10 所示为不同层数据单元的封装,同时它们也显示了在 TCP/IP 协议栈中。在应用层中所创建的数据单元称为消息。TCP 或 UDP 所创建的数据单元被称为段或用户数据报。接下来的 IP 层创建了被称为数据报的数据单元。TCP/IP 协议的主要责任是通过 Internet 传送数据报。然而,为了在物理上能够从一个网络传输到另一个网络,数据报必须在底层被封装入帧,最终通过传输媒介以信号的形式传输。

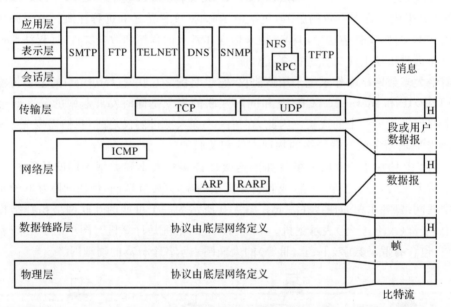

图 4.10　TCP/IP 协议分层结构

2.网络层

在网络层(或者更确切地说是网际互联层)中,TCP/IP 支持网际互联协议(IP)。IP 包含了对 3 种协议的支持:ARP,RARP 和 ICMP。

IP 是 TCP/IP 协议中所使用的传输机制。它是一个不可靠和无连接的数据报协议——尽力传递服务。术语"尽力传递"表示 IP 不提供差错检查或者追踪。IP 假设底层是不可靠的。它将尽最大的努力使传输到达目标,但是并不提供任何保证。如在前面章节中所介绍的,在物理层上的传输可能因为很多因素而被破坏。噪声可以导致传输在经过媒介的时候发生比特错误。拥塞的路由可能在数据报超过时间限制而无法继续传输的情况下将它丢弃。路由可能因为循环路由而被终止,最终导致数据报的破坏。无效的链路可能使目标没有有效的路径到达。

如果可靠性是最重要的,那么 IP 必须和一个可靠协议 TCP 一起使用。一个更容易理解的尽力传递的例子是邮局服务。邮局尽它最大的努力投递信件,但是它并不总是能够成功。如果一个未挂号的信件丢失了,那么发送者或预期接收者将承担发现信件丢失并采取纠正措施的责任。邮局本身并不追踪每一封信件,因此它无法通知发送者有信件丢失或损坏。和 IP 配合着有可靠性功能协议使用的情况类似的是,用户可以在信件中夹带一封自带地址和邮票的明信片,通过邮局将信件发送出去,当收到信件的时候,接收者将会把明信片回邮给发送者,以表示信件已经成功收到了。如果发送者并没有收到明信片,他或她就会假设信件丢失了,于是重新发送一个拷贝。

IP 协议以包的形式传输数据,这种包被称为数据报。每个包都将独立传输。数据报可能通过不同的路径传输,因此有可能在到达目的地的时候次序发生颠倒,或者出现重复。IP 并不追踪传输路径,因而也没有任何机制来进行重新排序。由于 IP 是一个无法连接的服务,因此它并不为传输创建虚电路,也并不存在一个呼叫建立过程来警告接收者将有包要到来。

IP 在功能上的限制不应该被看作是一个缺点,它提供的是一种概括的传输功能。用户可以自由添加那些对某个应用来说是有用的机制,这样可以实现最大的效率。

(1)数据报:IP 层中的包被称为数据报。图 4.11 显示了 IP 数据报的格式。数据报是一个可变长度的包(可以长达 65 536B),包含有两个部分:报文头和数据。报文头长度可以为 20~60 B,它包括那些对路由和传输来说相当重要的信息。在 TCP/IP 中,我们习惯于按照 4 字节段和格式来表示报文头。下面是关于每个域的简要描述:

1)版本:第一个域定义了 IP 的版本号。目前的版本是 4(IPv4),它的二进制表示是 0100。

2)报文头长度(HLEN):HLEN 域定义了报文头的长度,它是以 4 比特为单位的。这 4 比特可以表示从 0~15 的数字。

3)服务类型:服务类型域定义了数据报应该如何被处理。它包括了定义数据报优先级的比特。同时也包括指明发送者所希望的服务类型的比特。这些服务类型包括吞吐量的层次、可靠性以及延时。

4)总长度:总长度域定义了 IP 数据报的总长度。这个域是一个两字节的域(16 比特),可以定义长达 65 536 B 的长度。

5)段偏移:段偏移是一个指针,显示数据在原始数据报中的偏移(如果被分段的话)。

6)生存周期:生存周期域定义了数据报在被丢弃之前可以进行的跨越次数。源站点在创建数据报的时候,将这个域设置为一个初始值,然后,当数据报沿着 Internet 一个路由器接一个地进行传输的时候,每个路由器都将这个值减 1,如果在数据报到达它的最终目的地之前,这个值就已经被减为 0,那么该数据报将会被丢弃。这将防止数据报在路由器之间反复不断地被传输。

7)协议:协议域定义了封装在数据报中的是哪种上层协议数据(TCP,UDP,ICMP 等)。

8)源地址:源地址域是一个 4 B(32 比特)的 Internet 地址。它指明了数据报的初始地址。

9)目标地址:目标地址域是一个 4 B(32 比特)的 Internet 地址。它指明了数据报的最终目标地址。

10)选项:选项域为 IP 数据报提供了更多的功能。它可以运送用来控制路由、时序、管理和定位的域。

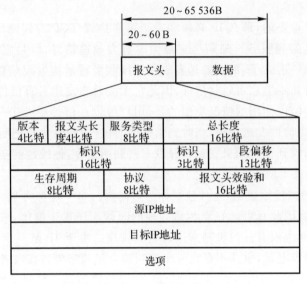

图 4.11 IP 数据报

(2)地址:除了指明各个设备的物理地址(包含在 NIC 中)之外,Internet 还需要额外的地址转换,即一个指明主机到所在网络连接的地址。

每个 Internet 地址包括 4 B(32 比特),定义了 3 个域,即类型、网络标识和主机标识。这些部分的长度是根据地址类型而变化的,如图 4.12 所示。

为了使 32 比特的形式更短,更加易于阅读,Internet 地址通常写作十进制的格式,中间用逗点将字节隔开。图 4.13 所示为某个地址的比特模式和字节模式。

如前所述,一个互联网络地址定义了节点到它所在网络的连接。依次类推,每个连接到多个网络上的设备(如路由器)都必须有多个互联网络地址。实际上,这种设备对所连接的每上网络都有一个不同的地址。

图 4.12 Internet 地址

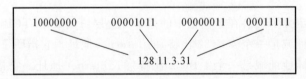

图 4.13 用十进制表示的 IP 地址

一个互联网络实例是互联网络地址同时指明了主机所在的网络(网络标识)和主机本身(主机标识)。图 4.14 给出了一个由 LAN 所组成的互联网络的例子(图中显示了两个以太网和一个令牌环网),这些地址都是 B 类的,路由器通过包含有 R 的圆圈来表示,网关通过包含有 G 的圆圈来指明,每个路由器和网关对于它们所在的网络都有一个独立的地址。另外,还有一台计算机在两个网络上同时拥有地址。一个网络地址是将主机标识部分置为 0 的网络地址。图中的 3 个网络地址分别是 129.8.0.0,165.3.0.0 和 145.42.0.0。

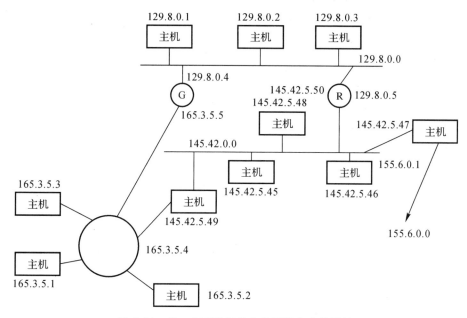

图 4.14　在一个互联网络中的网络和主机地址

3.传输层

TCP/IP 中的传输层用两个协议来表示:TCP 和 UDP。在二者之中,UDP 更为简单。当安全性和可靠性不如大小和速度重要的时候,它提供了非顺序的传输功能。但是,大多数应用需要可靠的端到端传输,因此在这个时候就需要使用 TCP。

IP 从源主机传递数据报到目标主机上。这使它成为一个主机到主机的协议。但是今天的操作系统支持多用户和多进程的环境。一个正在运行的程序称为一个进程。接收数据报的主机可能同时在运行若干个不同的进程。它们中的任何一个都可能是传输的目标。实际上,尽管我们说通过网络从一个主机发送消息给另一个主机,但实际上是源进程发送消息给目标进程。

TCP/IP 协议栈中的传输协议定义了一系列到单个进程的概念连接,这些进程称为协议端口,或者更简单一些就是"端口"。协议端口是单个进程使用来存储数据的目标点(通常是一个缓冲区)。进程和它们所对应的端口之间的接口是由主机的操作系统所提供的。

IP 是一个主机到主机的协议。这意味着它可以将包从一个物理网络设备传递到另一个物理网络设备。TCP/IP 的传输层协议是端到端协议,它可以工作在 IP 协议上。在传输开始的时候,从源端口将包传输给 IP 服务,然后通过 IP 服务最终传输到目标端口,如图 4.15 所示。app 表示应用程序。

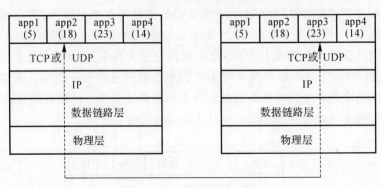

图 4.15 端口到端口的地址

每个端口由传输层报文头上所携带的一个正整数地址定义。IP 数据报所使用的是 32 位的互联网络地址。传输层帧所使用的进程端口地址是 16 位的,它足够支持多达 65536(00000～65535)个端口。

(1)用户数据报协议。用户数据报协议(UDP)是两个标准 TCP/IP 传输协议中较简单的那个。它是一个端到端的传输层协议,仅仅为来自上层的数据增加端口地址、校验和差错控制以及长度信息。UDP 所产生的包称为用户数据报,如图 4.16 所示。各个域的简要用途如下:

1)源端口地址:源端口地址是创建消息的应用程序的地址。

2)目标端口地址:目标端口地址是接收消息的应用程序的地址。

3)总长度:总长度定义了用户数据报的总长度,以字节为单位。

4)校验和:校验和是使用在差错控制中的 16 比特域。

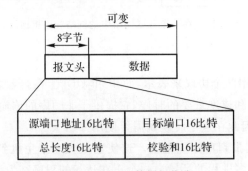

图 4.16 UDP 数据报格式

UDP 仅仅提供一些在端到端传输中所必需的基本功能,并不提供任何顺序或重新排序的功能。因此,当它报告一个错误的时候,它不能指出损坏的包(所以必须和 ICMP 配合使用)。UDP 可以发现错误的发生,ICMP 接着可以通知发送者有一个用户数据报被损坏和丢弃了。它们两个都没有能力指出哪一个包丢失了。UDP 仅仅包含一个校验和,并不包含 ID 或顺序编号。

(2)传输控制协议。传输控制协议(TCP)为应用程序提供了完整的传输层服务。TCP 是一个可靠的流传输端到端协议。术语"流"在这里表示面向连接。在传输两端可以传输数据之前必须先建立连接。通过创建这个连接,TCP 在发送者和接收者之间建立了一条虚电路,这条电路在整个传输过程中都是有效的(整个数据交换期间,连接可能是不同的。它们是通过各个应用程序的会话层来管理的)。TCP 通过警告接收者即将有数据到达(连接建立)来开始一次传输,同时通过连接中断来结束连接。通过这种方法,接收者就知道所期望的是整个传输,而不仅仅是一个包。

IP 和 UDP 把属于一次传输的多个数据报看作是完全独立的单元,相互之间没有一点联系。因此,在目标地,每个数据报的到来是一个独立的事件,是接收者无法预期的。TCP 则不同,它负责可靠传输比特流(这些比特流被包含在由应用程序所生成的数据单元中)。可靠性是通过提供差错检测和重传被破坏的帧来实现的。在传输被确认之前,所有的段都必须等待被接收和确认,然后虚电路才能被放弃。

在每个传输的发送端,TCP 将长传输划分为更小的数据单元,同时将每个数据单元包装入被称为段的帧中。每个段都包括一个用来在接收后重新排序的顺序号,以及确认 ID 编号和一个用于滑动窗口中的窗口大小域。段将包含在 IP 数据报中,通过网络链路传输。在接收端,TCP 收集每个到来的数据报,然后基于顺序编号对传输重新排序。

TCP 的段:TCP 所提供的服务范围要求段头必须包含很多内容,如图 4.17 所示。将 TCP 段格式和 UDP 用户数据报相比较可以看出这两个协议的不同之处。TCP 通过牺牲速度(连接必须被建立,确认必须被等待,等等)来提供广泛的可靠功能。UDP 则由于有较小的帧,比 TCP 更快,但是所付出的是可靠性的代价。现对 TCP 中每个域作以下简要描述。

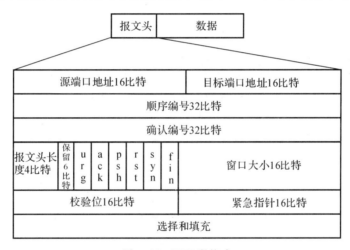

图 4.17　TCP 段格式

1)源端口地址:源端口地址定义了源计算机上的应用程序。

2)目标端口地址:目标端口地址定义了目标计算机上的应用程序。

3)顺序编号:从应用程序来的数据流可以被划分为两个或更多的 TCP 段。顺序编号域显示了数据在原始数据流中的位置。

4)确认编号:32 比特的确认编号是用来确认接收其他通信设备数据的。这个编号只有在控制域(将在下文中解释)中的 ACK 位设置之后才有效。在这种情况下,它定义了下一个期望到来的顺序编号。

5)报文头长度(HLEN):4 比特的 HLEN 域指出了 TCP 报文头的长度,长度是以 32 比特的字为单位的。4 比特可以定义多达 15 个字,这个数字乘以 4 后就可以得到报文头中总共的字节数目。因此,报文头中最多可以是 60 字节。由于报文头最少需要 20 字节,那么 40 字节可以保留给选项域使用。

6)保留:6 比特的域保留给将来使用。

7)控制:6 比特的控制域中每个比特都有独立的功能。它或者可以定义为某个段的用途,或者可以作为其他域的有效标记。当 URG 位被设置的时候,它确认了紧急指针域的有效性。这个位和指针一起指明了段中的数据是紧急的。当 ACK 位被设置的时候,它确认了顺序编号域的有效性。这两者结合在一起,根据段类型的不同将具有不同的功能。PSH 位用来通知发送者需要一个更高的产生率。如果可能的话,数据应该用更高的产生率发送到通道之中。重置位用在顺序编号发生混淆的时候,进行连接重置。SYN 位在以下 3 种类型的段中用来进行顺序编号同步:连接请求,连接确认(ACK 位被设置),以及确认回应(ACK 位被设置)。FIN 位使用在 3 种类型段的连接终止中:终止请求,终止确认(ACK 位被设置),以及终止确认的回应(ACK 位被设置)。

8)窗口大小:窗口是一个 16 比特的域,定义了滑动窗口的大小。

9)校验和:校验和是使用在差错检测中的 16 比特域。

10)紧急指针:这是报文头中所必需的最后一个域。它的值只有在控制域的 URG 位被设置之后才有效。在这种情况下,发送者通知接收者段中的数据部分是紧急数据。指针定义了紧急数据的结束和普通数据的开始。

4. 应用层

TCP/IP 中的应用层等价于 OSI 模型中的会话层、表示层以及应用层的组合。在这一层中定义了许多协议,在这里仅介绍一些最常用的。

在讨论应用层中具体的协议之前,需要理解在这一层中的客户服务器概念。网络的一个优势是它能够分布处理。当在某个地方的应用程序需要使用运行在另一处的程序所提供的服务的时候,则这个系统可以称为客户服务器。一个应用程序作为客户,向另一个程序提出服务请求。另一个程序作为服务器则提供所请求的服务。在 TCP/IP 协议中,所有的应用程序都使用客户服务器模式,如图 4.18 所示。

图 4.18　客户服务器概念

4.1.6　航空电子互联网络

随着计算机和微电子技术的不断进步,计算机通信技术正朝着高速、实时、分布、安全的方向发展,同时也给航空电子系统的发展提供了更好的平台和基础。以太网作为目前应用最广泛的通信网络之一,采用带冲突检测的载波监听多路访问(CSMA/CD)协议,传输速率可以达到千兆乃至万兆比特位以上,在商业领域上有着广泛的应用。与以太网的开放标准、高带宽和低成本特性相比,以前使用的航空数据总线(如 ARINC 429,ARIN C629 以及 1553B)传输速率低、信息块长度受限、终端数量较少、成本较高,难以适应现在航空电子技术高速发展的需求。因此,新一代航空数据总线应运而生,即全双工交换式以太网 AFDX(Avionics Full DupleX switched Ethernet)。

以太网采用的是带碰撞检测的载波侦听多路访问协议(CSMA/CD),这一缺陷带来的实时性、确定性和可靠性等问题使以太网难以直接应用在航空领域。

(1)实时性问题:航电系统中的实时性是指消息从一个终端传输到另一个终端所需时间的确定性,并且这一时间能满足系统的最大时延要求。而 CSMA/CD 有无法预见的时延特性。首先当实时数据与非实时数据同时在普通以太网上传输时,实时数据由于在源节点的竞争以及不可预见的碰撞将有可能经历大的延时,甚至长时间发不出去;其次以太网的整个传输体系并没有有效的措施及时发现某一节点的故障而加以隔离,从而有可能使故障节点独占总线而导致其他节点传输失效。因此以太网的通信机制是非实时的。

(2)确定性问题:航电系统中的确定性是指网络中任何节点在任意负载的情况下都能在规定的时间内得到数据发送的机会,任何节点都不能独占传输媒介。而 CSMA/CD 是一种非确定性的通信调度方式。首先网络中每个节点要通过竞争来取得数据的发送权,只有发现信道空闲时才能发送信息;其次在信息传输过程中还需要检测是否发生碰撞,如果发生碰撞则需等待并且等待的时间是随机的,这种随机时延只是暂时回避了当前数据传送的冲突,下次发送数据的时候仍有可能信道忙或者再次产生冲突。因此以太网的通信机制是非确定性的。

(3)可靠性问题:以太网是以办公自动化为目标设计的,并没有考虑机载设备现场环境的适应性需要,如超高或超低的工作温度、持续高强度振动、盐雾湿热和霉菌环境的影响等。上述这些因素必然会对以太网的可靠性产生一定的影响,限制了以太网技术在航空领域的推广和应用。

(4)安全性问题:以太网不是本质安全系统,没有授权的用户也可能进入网络的控制层或管理层,造成安全漏洞。

(5)其他问题:以太网不提供电源,必须有额外的供电电缆;现存的控制网络与新建以太控制网络的集成问题;等等。

针对以太网的上述缺点,国内外学者提出了一系列改进措施以适应航空领域数据通信的高实时性和确定性的要求:如提高网络传输速度;修改协议,一些生产商开发出了自己的以太网;改进网络拓扑结构,采用全双工交换式以太网;引入质量服务(QoS);采用虚拟局域网(VLAN)技术;等等。这些方法既可以满足工业通信的实时性要求,又可以保证以太网的兼容性,同时也给航空电子系统的发展提供了更好的平台和基础。

基于以太网在商业计算机工业领域取得的巨大成就,将商业计算机通信模型应用于下一代航空电子系统已成为不可避免的趋势,波音公司和空中客车公司在 20 世纪末就已经将重点转移到开发商用以太网技术来构造下一代机载数据总线,这项研究促进了航空电子全双工交换式以太网 AFDX 的产生。AFDX 在以太网的基础上充分应用商用现成技术和开放式标准,增加了一些特殊功能来保证网络通信的确定性。

航空电子全双工交换式以太网已成为 ARINC 的一个标准 ARINC 664。该标准是建立在传统 IEEE802.3 以太网的基础上的,用来定义在航空电子系统之间进行数据交换所应遵循的电气要求和协议规范。AFDX 网络是一种在利用以太网的高速传输率(10M/100M)的基础上,通过虚拟链路通信的确定性网络。AFDX 增加了数据传输的实时性要求,因此可以替换诸如 ARINC 429、ARINC 629 和 1553B 总线,并且大大减小导线的长度和重量。

以 F-22 为代表的第四代战斗机的航空电子系统中信息传输(包括数据、图像等)开始采用多种标准的混合网络,主干网络的组成采用了包括 HSDB、MIL-STD-1553 等多种标准。

在联合先进攻击技术计划中则提出了统一航空电子互联网络的方案,统一网络连接了综合核心处理机、综合传感器系统、飞行器管理系统、驾驶员/飞机接口;统一网络代替了 F - 22 飞机中的并行总线、测试维护总线、数据网路与高速数据总线等;统一网络取代了 F - 22 飞机中复杂的传输系统,取消了各种传输方式之间的格式转换,进一步降低了系统成本、整机重量,提高了系统可靠性;统一网络发扬了综合化系统所带来的各种优点,如容错、重构、资源共享、信息融合等。

统一网络的概念有助于提升系统的性能、开放性和可扩展能力,克服部件过时,降低全生命周期成本。统一网络是一种概念、一种技术趋势、一种发展方向,其精髓是尽量简化航空电子系统所采用网络的种类,从而达到简化结构、提高性能、降低成本的目的。

4.2 航空电子全双工交换式以太网 AFDX

4.2.1 AFDX 的组成

AFDX 网络如图 4.19 所示,由以下系统组成:

(1)航空电子系统:指飞行器上的传统的航空电子系统,如飞行控制计算机、全球定位系统和压力监视系统等。所有的机载计算机系统给航空电子系统提供计算环境。每个航空电子系统包含一个嵌入式的终端系统,航空电子系统通过该终端系统连接到 AFDX 分组交换机。

(2)AFDX 终端系统:终端系统作为航空电子系统与 AFDX 分组交换机连接的接口。每个航空电子系统的终端系统保证了航空电子系统之间数据交换的安全和可靠性。该接口导出的应用程序编程接口(API)使得各航空电子系统能通过简单的报文接口进行通信。

(3)AFDX 分组交换机:全双工,分组以太网交换机。通过它可以快速地把以太网数据转发给适当的目的地。

(4)虚链路(Virtual Link,VL)。一个终端是 0 到多个虚链路(VL)的源。终端通过 VL 交换以太网帧。在 AFDX 航空网络中,任意一个 VL 只能有一个终端作为源。VL 是一个概念上、逻辑上的通信对象,其具有以下特性:

1)一条 VL 定义了一条从一个源终端系统到一个或多个目的终端系统的逻辑单向链接;

2)每个 VL 都有一个专用的最大带宽。

4.2.2 AFDX 虚链路

1.关于虚链路

虚链路 VL 是一种概念化的通信对象,它具有以下特点:

(1)一条虚链路定义一条从一个源终端系统到多个目的端系统之间的单向的逻辑连接。如图 4.20 所示。

(2)在 AFDX 系统中,虚链路用 16 位的虚拟链路号 VLID (Virtual Link ID)来标识,VLID 的取值范围为 0~65535。

(3)系统集成者为所有虚链路分配的带宽不能超过网络的可利用带宽最大值,而且分配给一个给定虚链路的带宽保持不变。

(4)一个交换机可以支持的虚链路最多是 4 096 个,并且系统中虚链路的总数受到跨接在交换机之间连接的限制。虽然没有限定一个终端节点能够处理的虚链路数目,但由于受到带宽分配间隔的限制,终端节点可以处理的虚链路不超过 128 个。

(5)为了满足非紧迫的数据传输的需要,AFDX 允许建立虚链路的子虚链路,并且一个虚链路最多可以创建 4 个子虚链路,所有子链路的数据队列按环形缓冲区的方式读取并传输,如图 4.21 所示。

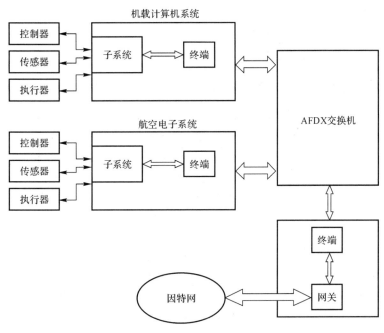

图 4.19　AFDX 网络结构

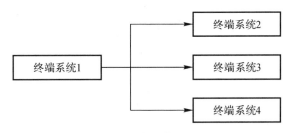

图 4.20　虚链路概念图

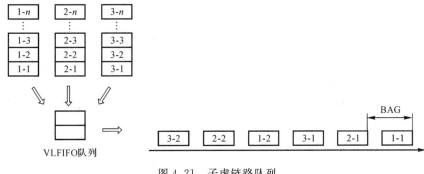

图 4.21　子虚链路队列

下面通过一个简单的例子更加清楚地说明 AFDX 虚链路是如何完成信息传输的。AFDX 网络中的虚链路(即信息包路径)是由交换机预先配置的并且与终端节点系统一一对应,虚链路源自单个的终端节点系统,并传递信息到一固定设置的终端节点系统,这样进入网络的 AFDX 帧被固定分配到一个或多个输出。如图 4.22 所示,当源端终端节点系统 1 通过虚链路标识符 VLID=100 发送 AFDX 帧到网络中时,AFDX 交换机传递帧到预先定义的目的终端节点系统 2 和 3 中。

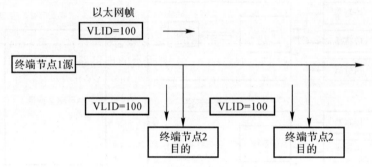

图 4.22　虚链路传递信息包的例子

2. 虚链路的隔离

在物理上,多条虚链路可以共用一条以太网物理链路。例如对于使用 100Mb/s 传输速率的终端节点系统,其支持的多条虚链路可以共享 100Mb/s 的物理连接。图 4.23 所示为通过 100 Mb/s 的物理连接可以同时完成 3 个虚链路的传输,其中 AFDX 端口 1,2 和 3 的消息通过虚链路 1 传输,AFDX 端口 6 和 7 的消息通过虚链路 2 传输,AFDX 端口 4 和 5 的消息通过虚链路 3 传输。

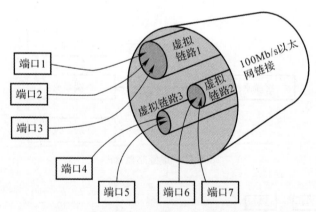

图 4.23　一条物理链路同时实现三条虚链路的传输

AFDX 要求确保所有 VL 之间实现逻辑的独立,即任意一条 VL 的应用都不会对其他 VL 产生影响。故为了避免在同一物理链路上不同虚链路之间的干扰,需要有一种机制实现虚链路的隔离。其实现方法是限制虚链路上以太网帧的传输速率,以及限制虚链路上传输的以太网帧的大小。

用带宽分配间隙(Bandwidth Allocation Gap,BAG)来限制帧的传输速率。BAG 表示虚链路上所传输的两个以上以太网帧之间的最小间隔,数值范围从 2 的 0 次幂到 2 的 7 次幂。表 3.1 给出了 BAG 的可用值及对应的频率。用 Lmax 参数限制虚链路上可传输的以太网帧长。

表 3.1　BAG 可用值及对应的频率

BAG 可用值/ms	1	2	4	8	16	32	64	128
Hz	1 000	500	250	125	62.5	31.25	15.625	7.812 5

源端系统应根据需要对 VL 的 BAG 和 Lmax 进行设置,在保证虚链路隔离的同时,起到带宽分配和流量整形的作用。例如:假设图 4.24 中所示的虚链路 VLID1 的 BAG 为 4ms,即在 VLID1 上所传输的每两个帧间的间隔不能小于 4ms;如果 VLID 的 Lmax 为 400B,则物理链路分配给 VLID1 的带宽为 800 000 b/s(400×8×1 000/4)。图 4.24 给出了利用 BAG 进行流量整形的概念。流量整形器以 VL 为单位对流量进行整形,使得在每个 BAG 间隔中发送帧的数目不多于一个。流量整形可以使数据流以比较均匀的速度向外发送,限制了虚拟链路上的突发流量,使消息的传输延迟可以控制在某个范围之内。

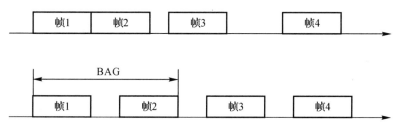

图 4.24　BAG 的概念和 AFDX 的流量整形技术

对特定虚链路的 BAG 值的选择取决于为 AFDX 端口所提供的虚链路的链路层传输的要求。例如假设航空电子子系统在同一虚链路的 3 个 AFDX 通信端口上完成消息的传输,如果消息在三个端口的频率依次是 10 Hz、20 Hz 和 40 Hz,那么,组合后的消息频率是 70 Hz,即消息传输的平均周期是 14.4 ms。按照上述要求,为了选择虚链路上合适的带宽,BAG 的值应该小于 14.4 ms,首先可以选择 BAG 值为 8 ms,其对应的频率为 125 Hz,即当 BAG 为 8 ms 时,就可以保证虚链路可以不受阻塞从三个端口传输组合后的消息。Lmax 的选择依照在虚链路的端口所传输的最大的以太网帧长。

3.虚链路的调度

如果一个发送终端系统同时支持多个虚拟链路,为了使这多个虚链路共享同一条物理传输介质,则需要采用虚拟链路调度器对每一条整形后的业务流进行多路复用,如图 4.25 所示。

每个 AFDX 通信端口与虚链路密切联系,被发送到通信端口的消息被封装上 UDP,IP 和以太网头并放置到需传输的虚链路队列中,这些以太网帧由终端节点系统中的虚链路调度程序所调度并传输。虚链路调度程序不仅要保证每条虚链路上的 BAG 和 Lmax 限制,而且要负责所有虚链路上业务流的复用,保证由于多路虚链路切换而引起的抖动在可以接受的范围内。

4.抖动

AFDX 网络中的抖动(Jitter)定义为从带宽分配间隔开始到发送出去的帧的第一位之间的时间间隔,如图 4.26 所示。抖动的引入是多方面的:由于消息到达 AFDX 通信端口的时间受航空电子子系统和连接到系统的各种设备的控制,其传输时间是不确定的,而这种不确定性可能会引入抖动;冗余管理中对所有虚链路队列的切换以及在物理连接上的顺序传输也可能会引入额外的抖动;当流量整形器的输出与虚链路的调度切换组合在一起时,也可能引起抖动;同时到达多路切换输入端的 AFDX 帧也可能会形成队列时延,即抖动。在所有情况下,抖动被限制在 $500~\mu s$ 以内。

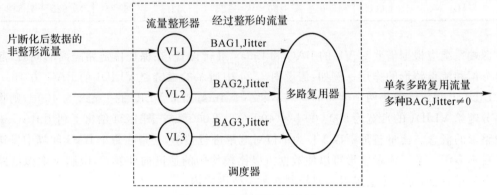

图 4.25　虚链路调度的概念

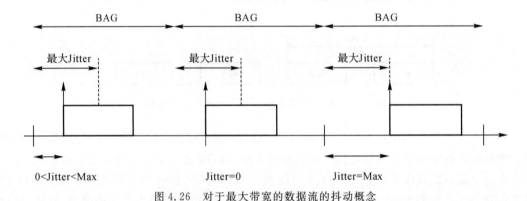

图 4.26　对于最大带宽的数据流的抖动概念

4.2.3　AFDX 帧的可靠性保证

AFDX 网络通过完整性检查和冗余管理有效地保证了 AFDX 帧的可靠传输。

1. AFDX 的完整性检查

接收终端节点系统基于各个虚链路和各个网络端口对连续帧的序列号进行的检查称为"完整性检查",也就是说,AFDX 帧的完整性检查是基于序列号的。在 AFDX 中,所有帧的传输是通过虚链路来实现的,而虚链路标识是由一个字节的序列域来提供的,序列域位于以太网帧的 FCS 域之前,如图 4.27 所示。序列号从 0 开始一直到 255,按 1 循环递增,其中序列号 0 用于终端系统的复位,是特殊的序号。

完整性检查在 [PSN+1,PSN+2] 范围内检查帧,其中 PSN 为接收到的前一个帧的序列号。例如,假设接收到的当前帧的序列号为 254,则在[255,1]范围内检查下一帧的完整性。若超过这个范围,则认为该帧未通过检查。根据帧的编号可以轻易地判断同样编号的帧到达的顺序以避免帧的重复。对于无故障的网络来说,完整性检查的任务就是把帧传递到冗余管理部分;对于有故障的网络来说,完整性检查是要消除无效帧并且通知网络管理部分。对于每个 VL,完整性检查是可以进行配置的,未启用的完整性检查允许接收端接收网络 A 和网络 B 输出的所有帧。

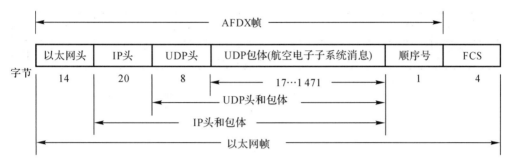

图 4.27　 AFDX 帧与序列号

2. AFDX 的冗余管理

一个 AFDX 网络建成后,在每两个终端节点之间有两个相对独立的路径,即网络 A 和网络 B(包括媒体控制层 MAC、PHY 和电缆),如图 4.28 所示。发送端系统首先以 VL 为单位对待发送的帧进行编号并复制,再分别通过物理上相互独立的交换设备(A 网络和 B 网络)向目的端系统发送,这就是 AFDX 发送终端系统的冗余管理。

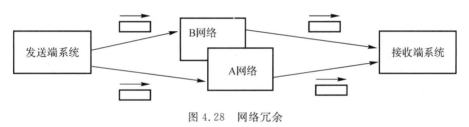

图 4.28　 网络冗余

在完整性检查完成之后,接收端系统将根据帧的序列号消除冗余帧,这一过程就是冗余管理。冗余管理是基于两个参数进行的:一个是序列号,用于识别帧的副本;另一个是最大时滞参数,它表征了接收的两个冗余帧之间的最大时间间隔。这样,当接收端系统在一定的时间范围(最大时滞参数)内接收到两个序列号相同的帧时,就可以判定这两个帧为余度帧。接收端对冗余帧的处理算法是“先到者有效”,即从任何一个网络接收到的有效帧序列号将被接受并传送该帧到接收应用程序,有着相同序列号的后到达的帧被简单丢弃,如果其中一个帧出现传输故障,则可以用另一个相同的帧进行替代。使用这种方法,应用程序察觉不到潜在的网络冗余。

4.2.4 AFDX 寻址

AFDX 网络中传输的信号和以太网一样是以帧的形式存在的,在介绍寻址之前,首先介绍 AFDX 的帧结构。AFDX 帧结构遵守由 IEEE802.3 标准规范的以太网帧结构,如图 4.29 所示。

图 4.29 中,前导标志着 AFDX 帧的开始,其作用是使接收节点进行同步并做好接收数据

帧的准备;帧起始定界符紧跟在前同步信号的后面,表示一帧的开始;IP 包包含了 IP 地址信息;UDP 包定义了适当的 UDP 端口;AFDX 包体为有效载荷,最短 1B,最长 1 471B;一个字节的顺序号用于保持虚链路中帧顺序的完整性;帧校验序号为 4B 的 CRC 校验值;最后为数据包间隔。

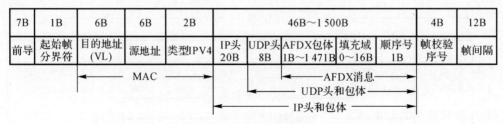

7B	1B	6B	6B	2B	46B~1 500B					4B	12B
前导	起始帧分界符	目的地址(VL)	源地址	类型IPV4	IP头 20B	UDP头 8B	AFDX包体 1B~1 471B	填充域 0~16B	顺序号 1B	帧校验序号	帧间隔

图 4.29　AFDX 帧结构

AFDX 网络寻址是基于每个终端节点的目的 MAC 地址,它具有包含 16 位虚连接的多地址结构,如图 4.30 所示。ARINC664 没有为 MAC 地址的分配指定一个算法,而是由系统管理员完成,其实现中必须符合 IEEE802.3 对于地址管理的规定。在波音飞机的应用软件中,全部的 16 位都被使用,在空客飞机的应用软件中,只有最低的 12 位被用到,最高的 4 位设置为零。源地址必须是唯一的一个地址,同时遵循规范中的格式,即必须包含一个位用来识别两个冗余网络中连接的是哪个媒体控制层 MAC。

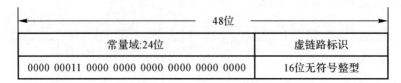

48位	
常量域:24位	虚链路标识
0000 00011 0000 0000 0000 0000 0000 0000	16位无符号整型

图 4.30　MAC 多址结构

在 AFDX 网络中,由一组地址为每个信息提供了唯一标识。如图 4.31 所示,它描述了一个源 IP 会对应多个源 UDP/TCP 端口,一个目的 IP 会对应多个目的 UDP/TCP 端口时的信息标识。

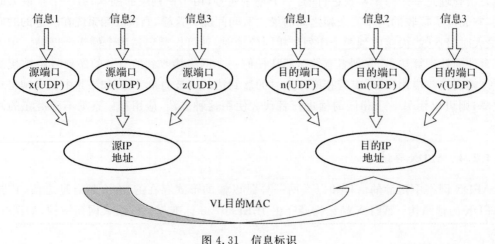

图 4.31　信息标识

在图 4.31 中,有三条信息分别被三组地址标识:

信息 1:UDP 源端口 x+源 IP+目的 MAC+目的 IP+UDP 目的端口 n。

信息 2:UDP 源端口 y+源 IP+目的 MAC+目的 IP+UDP 目的端口 m。

信息 3:UDP 源端口 z+源 IP+目的 MAC+目的 IP+UDP 目的端口 v。

4.2.5　AFDX 的数据传输机制

AFDX 的数据传输机制可以通过 AFDX 发送和接收协议栈来理解。

1. AFDX 发送协议栈

发送协议栈步骤如下:

(1)应用程序将消息写入 AFDX 端口。

(2)UDP 传输层负责添加 UDP 头,它包含源和目的 UDP 的端口号,多数情况下,这些端口号由系统配置所决定,并且对每一个 AFDX 通信端口是固定的。

(3)IP 网络层接收 UDP 包并根据使用的虚链路的长度决定是否需要分组。然后在每个分组添加 IP 头和校验码。在 IP 层添加以太网头并把该以太网帧添加到相应的虚链路队列中等待发送。

(4)数据链路层负责调度以太网帧的发送、添加序列号及传递帧到冗余管理单元,在冗余管理单元的帧被复制,并按照帧发送的物理端口 ID 修改以太网源地址。

2. AFDX 接收协议栈

接收协议栈步骤如下:

(1)数据链路层从网络接收以太网帧后,根据帧检测序列检查帧的正确性。如果没有错误,去掉 FCS 后进行 AFDX 帧的完整性检测和冗余管理。最终把 IP 数据包送到 IP 网络层。

(2)网络层负责检测 IP 校验码,并对 UDP 数据包进行重组。如果需要,传递 UDP 信息包到 UDP 传输层,以便 AFDX 消息传输到 UDP 端口。

(3)传输层根据 UDP 包头中的端口号把 AFDX 消息分发到相应的通信端口。

4.2.6　交换机

全双工交换式以太网的目标就是要消除碰撞,以及消除信息包从发送者到接收的不确定时间。其实现方法是在网络系统中设置全双工交换机,作为数据信息交换中心枢纽,每个航空电子系统、自动驾驶仪、平显等直接连接到全双工的交换机,该交换机包括两个栈对,一对用于发送,一对用于接收。交换机有用于发送和接收的信息包的缓冲区,如图 4.32 所示。

相比于商用以太网交换机,AFDX 交换机具备了过滤功能、交换功能及静态路由等特点。

(1)过滤和监控功能。为了保证整个网络的正常运行,交换机只转发正确的帧。因此,所有到达交换机的帧首先进入过滤功能模块,在这里帧将进行检测,所有不符合要求的帧将被丢弃。

(2)交换功能。对于 AFDX 来说,交换功能同样是 AFDX 交换机最主要的功能,交换机应当保持输入、输出帧的顺序。AFDX 交换机的工作原理同传统交换式以太网交换机有相似的地方。对于每一个帧,AFDX 交换机同样首先检查帧的目的地址字段,然后将其与自己内部的地址表进行对比,查找是否有与帧的 MAC 地址相同的地址,然后决定是否进行转发。不同的是 AFDX 交换机内部的地址表不是像传统交换式以太网中那样的动态路由表,而是静态的路由表。

(3)静态路由表。AFDX 交换机使用的是静态的路由表,它是根据网络的配置情况预先由设计人员设置好的,它不会随网络结构的改变而改变。AFDX 交换机给输入的帧设定好了一个或多个路由。传输时,AFDX 交换机按照虚拟链路 ID 将帧传输到预先设定的端系统。

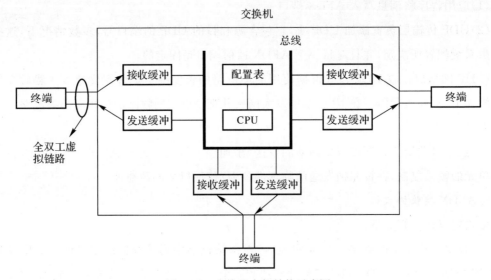

图 4.32　交换机内部结构示意图

4.2.7　AFDX 网络的特点

航空全双工交换式以太网(AFDX)是一个定义航空子系统间数据通信的标准,它在 IEEE802.3 以太网技术的基础上增加了一些特殊的功能来提供一个具有确定性和服务保证的网络,通信速率是传统航空电子总线 ARINC429 的 1 000 倍以上。它的特点如下:

(1)AFDX 是在普通以太网的基础上发展起来的。以太网是目前应用最为广泛的网络技术,技术支持资源丰富,开发工具和环境健全,硬件供应商众多,价格低廉。通信速率为 10M、100M 的以太网被广泛使用,千兆以太网技术已经逐渐成熟,万兆以太网技术也将被应用。以太网的多年应用积累了丰富的软硬件经验,相应的开发和设计人员为数众多,发展潜力巨大,因此,开发 AFDX 具有很大的优势。

(2)AFDX 在普通以太网的基础上还充分利用 COTS 技术和开放式系统。COTS 技术即商用货架产品,具有很高的性价比和技术含量。20 世纪 90 年代中后期,在航空电子与计算机领域,COTS 技术已有很大市场,大量军用飞机的航空电子设备改进工作,特别是在 JSF 飞机的航空电子系统的研制过程中,美国军方为了实现经济可承受、性能良好、可改进性和重新使用能力四大指标,极力强调采用 COTS 技术。这是因为军用飞机采用商用部件在节省费用方面具有很大的潜力,而且采用 COTS 技术具有很好的前景:降低军用硬件的总费用;加强国防供应商基础;快速利用现代化技术,保持技术上的优势。开放式系统,它最基本的原则就是在工程和系统设计中应用标准接口和符合这些标准的设备。它可以在维护和提高系统性能的情况下降低开发成本,缩短开发时间。依据稳定的接口标准,开放式系统更适合先进技术和市场变化。开放式系统对航空电子系统结构具有重要意义:开放式机构有助于用最低的寿命周期费用达到所要求的性能和保障;开放式结构有助于正确划分系统结构从而减缓航空电子元件过时问题;由于开放式结构具有故障检测、隔离和修复功能,因此减少和缩短了停机时间,保证了飞机具有较高的出勤率,从而提高了系统的可用性。在航空电子系统结构中采用 COTS 技术和开放式系统标准既降低了成本又增加了软件寿命,使系统不受硬件技术过时的影响,而且容易改进。

(3)AFDX 采用网络交换机来替代普通以太网中的集线器、网桥和路由器。它克服了传统以太网由于传输链路共享造成的信道冲突。采用 MAC 帧交换技术,使得交换机可以提供 $10 \sim 100$ M 全双工端口,满足了人们对高带宽的需求,同时减少了信道阻塞,提高了传输速率。这既摆脱了共享信道模式,也为更好地实现局域网的安全提供了技术基础。另外,它支持虚拟链路,对流量进行控制;每个输出端口有足够大的缓冲空间;拥有一个符合 AFDX 规范的终端,交换过程具有确定的可预计延时时间。

AFDX 融合了传统的航空总线和工业以太网的技术成果,在大中型飞机的应用中表现出很强的适用性。现将其几大性能优势总结如下:

(1)确定性和时延可控:AFDX 采用了诸多具有创新性的技术,如在 AFDX 终端系统中使用 BAG 和 Lmax 限制每条虚链路的带宽以保证有界的发送与接收时延;AFDX 交换机采用静态路由表及全双工交换技术等,确保了网络的确定性和可控的端到端时延。虽然交换体系结构会引起数据包传输的可变延迟,即抖动,但 AFDX 控制了由端系统和交换机引入的抖动范围。

(2)数据无冲突:AFDX 采用的全双工交换技术解决了半双工以太网固有的冲突问题,即连接 A、B 两个网络交换机与端系统的每条全双工通信链路使用两对双绞线,一对用于发送数据,一对用于接收数据。

(3)余度容错:AFDX 网络借鉴通信链路物理冗余的原理,即一个 AFDX 系统中有 A,B 两个独立的交换网络。因此即使在一个网络出错的情况下,AFDX 系统的冗余管理机制仍可保证安全可靠的数据传输。

(4)尽可能映射 429 及 1553 总线:AFDX 采用了虚链路很容易实现点到点、点到多点、单向及双向传输,可以很容易地映射到 ARINC429 及 MIL - STD - 1553 总线。

(5)数据完整性:AFDX 的完整性检查机制保证了数据帧的完整性。

4.2.8 AFDX 的应用

AFDX 目前已应用在最新型的飞机 A 380 和波音 787 上。A 380 型飞机从航空电子的总体上考虑 AFDX 互联网络的设计。该型飞机的飞行控制、驾驶舱、燃油、动力和机舱系统的电子设备,在考虑冗余配置和空间位置分布的条件下,分别与 AFDX 交换机相连,每台交换机连接大约 20 个端系统,形成接入交换网络;交换机之间通过高速背板连接,形成骨干交换网络。接入网络实行基于数据包的热备份冗余,交换机之间形成多条冗余路径,如图 4.33 所示。

波音 787 IMA 系统所用的通用数据网络是一个星型拓扑结构的 AFDX 局域网(LAN),它分布于整个机身,并将 2 台公共计算资源和所有的远程数据集中器连接在一起,如图 4.34 所示。每个开关模块能提供 24 个全双工端口,支持每个端口以 100 Mb/s 的线速率转发数据。波音 787 的 AFDX 网络具有以下特点:

(1)能够重用在 A 380 上开发/认证的 AFDX 开关和端系统;

(2)所有软件和配置文件都通过网络接口,使用 ARINC 615A 进行在板数据加载。

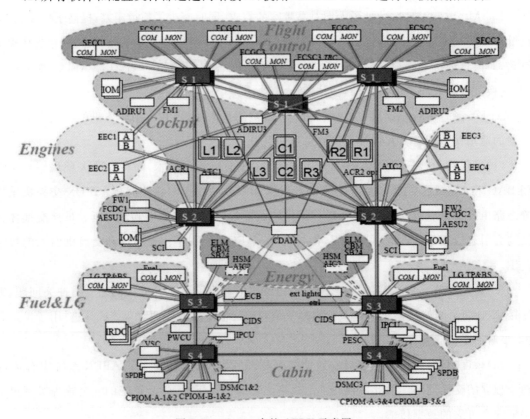

图 4.33   A 380 中的 AFDX 示意图

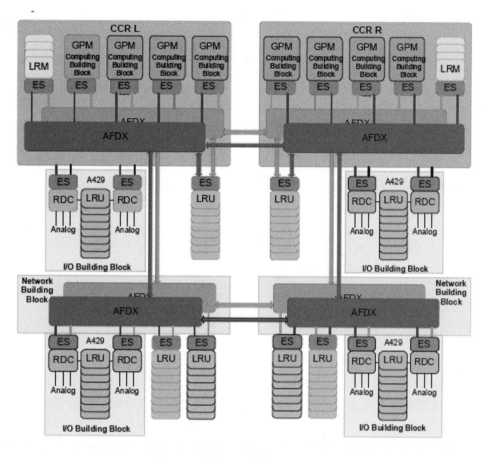

图 4.34　波音 787 中的 AFDX 示意图

4.3　数据链系统

数据链是军事作战/民用通信中的任务需求和数字信息技术结合的成果。数据链技术出现之前,民机空中信息和军事战场作战平台间传输主要采用模拟通信,随着机载系统性能的改变,数据链技术发生了巨大变化,表 4.2 以军事领域为例给出了技术发展对数据链所提出的要求。

表 4.2　军事技术的发展对数据传输提出的要求

作战模式	性能要求	需　求
战斗机:二代战机、三代战机、四代战机	高速,高机动性	高实时性
雷达:两坐标,三坐标,相控阵	大探测距离 高探测精度 多目标跟踪	大信息量
武器:通用武器,精确制导武器	高打击精度	高实时性

续表

作战模式	性能要求	需　求
战争模式:单兵作战向联合作战,近战向超视距防区外作战	大航程,多打击目标	通信容量 传输距离 信息类型

然而,传统通信模式的通信信息类型、信息量、实时性、传输距离和通信容量都有限,对于军事通信而言,现代战争是联合作战模式下的体系对抗。指挥、控制、通信、情报、监视和侦察等系统发展都要求各个作战平台间信息实现无缝交换,为快速指挥与决策提供保障,如图4.35所示。

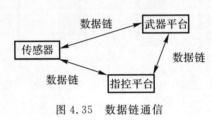

图 4.35　数据链通信

数据链是指挥、控制、通信、计算机、情报及监视与侦察(Commad,Control,Communication,Computer,Intelligence,Surveillance,Reconnaissance,C⁴ISR)系统的核心,在传感器、指挥控制模块、武器平台之间进行信息的传输。数据链是由标准的信息格式、高效的网络协议和抗干扰数字信道组成的战术信息系统。数据链不同于传统通信线路,传统通信线路是建立了信息传输的通信信道,例如传输线、高频语音线路等。一个通信线路是一个实时通信通道,而数据链链路是一系列设备的完整集合,包括所需通信设备,训练和通信程序。数据链设备是数据链功能和技术特征的物理载体。

4.3.1　数据链的基本特征

数据链具有下述基本特征:

(1)链路平台一体化。传统通信系统主要通过人员语音下达通信指令,由设备转换为电信号传输到目的方设备,再转换为人能识别的信号由对方人员接收,进而实现指挥系统、侦察情报系统和作战单元的关联。而数据链则不需要人员参与,由设备间交互工作,实现直接面向传感器、指挥系统和武器系统的有效链接,由此将布局于不同地域和场景下的各种作战单元紧密交联,实现整个通信链路平台的自动化和一体化。

(2)信息传输实时化。由于数据链实现设备间自动化工作,可显著降低时间延迟,实现信息实时传输。

(3)格式化的传输内容。与一般通信系统不同,数据链采用格式化方式传输消息,避免信息交换时格式转换造成的时延,以保证信息实效性。

(4)时间-空间一致化。由于采用设备间自动和实时传输,数据链所连接的各个平台/单元间都能保持时间和空间基准的一致性。

(5)传输方式的多样性。由于数据链传输避免了人员的介入,其信息传输方式可以多样化,既有点到点的单链路传输,也有点到多点、多点到多点的网络传输,还能通过中继平台实现跨网传输。

(6)信息传输的高可靠性。现代数据链可以采用纠错编码和误差校正技术等各种信息技术手段,以降低传输误码率,保障信息传输的高可靠性。

4.3.2　数据链系统的基本要素

数据链系统均包括三个基本要素:传输通道、通信协议和消息标准。

(1)传输通道。传输通道是平台上收发点间进行信息传输的设备链路,基本的设备包括前端数据系统、接口控制处理机、数据链终端系统以及收发天线,如图 4.36 所示。

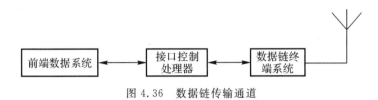

图 4.36　数据链传输通道

数据系统一般与作战平台单元的信息系统相连,主要对任务系统需要传送的消息进行格式化处理;接口控制处理机主要用于多数据链间的接口和协议转换;数据链终端系统(简称"终端机")由收发机和链路处理器组成,是数据链的核心,它控制整个数据链路工作过程。

(2)消息标准。消息标准是定义传输消息帧结构、消息类型、消息内容和消息收发规则等的详细规范,以便于计算机自动生成和处理。消息主要用于传输数据信息,是数据链传输的核心,其他冗余信息包括消息头、校验码、身份标识号(Idenity Document,ID)和消息类型码等。

(3)通信协议。通信协议是为保证通信网络正常运行所制定的协议规则,包括信息传输时序、传输流程、传输条件和传输控制方式等。常用协议包括链路协议、网络协议、加密标准和接口标准等。

常用数据链一般工作在高频(High Frequency,HF),甚高频(Very High Frequency,VHF),L,S,C,K 等波段,具体工作频段选择取决于任务和技术体制。如:短波(HF)一般传输速率较低,但具有超视距工作能力;超短波(V/UHF)用于视距传输且传输速率较高的作战指挥数据链系统;L 波段常用于视距传输、大容量通信分发的战术数据链系统;S/C/K 波段常用于宽带高速率传输的武器协同数据链和大跨距的卫星数据链。

4.3.3　数据链的种类

数据链一般可以分为军用数据链和民用数据链。在民用领域,包括未来空中导航系统(Future Air Navigation System,FANS),飞行器通信寻址与报告系统(Aircraft Communication Addresing and Reporting System,ACARS)等;在军用领域,一般分为战术数据链、宽带数据链、专用数据链。以下对军用数据链简单介绍如下:

战术数据链是用于战术级作战过程数字信号传输的通信链路,它提供近平台间准实时的战术数据交换。鉴于不同的作战需求、目的和技术水平,产生了许多战术数据链,包括北约的 Link-1,Link-2,…,Link-22 系列。

宽带数据链:宽带数据链传输主要用于传输情报、侦察和监视领域的图像数据,由此产生了宽带数据链,因此宽带数据链又称为情报、侦察和监视(Intelligence,Surveillance and Reconnaissance,ISR)数据链。

专用数据链:专用数据链是用于特殊军事领域的数据通信链路,是一种特殊的战术数据链,其功能和信息交互格式相对简单。

4.3.4 Link 系列战术数据链

战术数据链在北约被称为 Link,在美国被称为战术数字信息链(Tactical Digital Information Link,TADIL)。世界各国发展的数据链有近百种,仅北约曾发展并赋予编号的数据链就有 10 多种。由于各种因素,实际服役的数据链系统不多。

初期主要的两种数据链是 Link-4 和 Link-11。Link-4 是一种非保密数字数据链,主要供北约海军用于实现海/地-空、空-空数据交换;而 Link-11 是一种保密数字数据链,主要供北约实现岸-舰、舰-舰、舰-空等作战单元间数据交换。

上述两种数据链出现较早,技术限制使其性能、功能以及兼容性等特性已经无法满足现代信息化应用需求,因而逐渐被更新的数据链取代,如 Link-16 和 Link-22。以海基型 Link-11 为例,介绍 Link 系列战术数据链特点。

Link-11 于 20 世纪 70 年代开始服役,即通常所说的北约 11 号数据链,除海基的 Link-11 数据链之外,还包括陆基的 Link-11B 数据链,它们分别对应美军的 TADIL-A 和 TADIL-B。Link-11 数据链是目前已服役的数据链中,应用范围最为广泛的。

海基 Link-11 数据链用于实现美国和北约海军舰艇之间、舰-岸之间、舰-空之间和空-岸之间战术数字信息交换。

(1)基本技术特点:Link-11 数据链工作在 HF 短波频段(15~30 MHz)和特高频(Ultra High Frequence,UHF)超短波频段(225~400 MHz);HF 频段理论上可以实现 300 n mile [1 n mile(海里)=1 852 m]的超视距全向覆盖;UHF 频段只能进行视距通信,可提供 25 n mile的舰对舰和 150 n mile 的舰对空通信。

Link-11 数据链有两种标准传输速率:1 200 b/s 或 2 400 b/s,实际使用的是 1 364 b/s 或 2 250 b/s。

Link-11 利用多音波形进行数据交换,并采用副载波并行多音调制,每个单音采用四相移键控调制,而 HF 载频采用单边带调制,UHF 载频采用调频(Frequence Modulation,FM)调制。

多音波形由 16 个单音波形组成,其中 15 个是相移单音,1 个是非相移单音,每一个单音都代表 2b 数据,如图 4.37 所示。

(2)工作模式:Link-11 有三种工作模式,即轮询、广播和无线电静默。工作过程中,Link-11 链路指定一个入网单元为网络控制站(Network Control Station,NCS),负责网络管理、频率监控和网络分析。

每一个 Link-11 网络只有一个网络控制站,其他入网单元为前哨站,如舰艇、作战飞机。一个 Link-11 网络最多可以有 62 个前哨站。

1)在轮询工作模式下,每个入网单元分配一个唯一地址,并采用时分复用方式共用 1 个频率;网络上没有信号传送时,每个站都要监测该频率是否被其他站使用。

网络控制站负责整个网络的管理,它根据前哨站地址码建立轮询序列。在该序列中,每个前哨站分配一个发送时隙(time slot),任一时刻只允许一个站使用该频率完成信息发送。

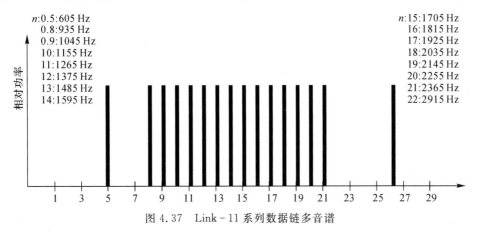

图 4.37　Link-11 系列数据链多音谱

网络启动后,网络控制站依据地址序列依次询问每个前哨站是否发送信息;前哨站将所接收到的地址码与自己的地址码进行对比,若相同则发送信息,即使没有发送需求,也要做出相应应答;若地址码不同,则继续监听,直到所有前哨站都被询问,即完成一个轮询周期。

轮询是 Link-11 最主要工作模式,细分为三种,即全轮询、部分轮询和轮询广播。

全轮询:所有网络中激活的单元和入网单元都需要对网络控制站的询问做出响应。

部分轮询:一些单元转换到无线电静默模式,不对网络控制站的询问做出响应,但若无线电静默单元要发送信息,则须转换为活动前哨站,并在下一个轮询周期被点名时发送数据,然后转入无线电静默。

轮询广播:除网络控制站之外的所有其他单元都处于无线电静默,由网络控制站发送所有的数据,被询问单元不做出响应,如果有单元需要发送数据,则必须按照部分轮询的情况进行操作。

2)广播模式:在 Link-11 的广播模式下,网络控制站重复广播数据,其他入网单元都处于无线电静默,并不会被询问,也不能发送信息。

3)无线电静默模式:在无线电静默模式下,所有单元都处于无线电静默。如果单元要报告数据,则需要向所有单元发送一条短广播信息。

除了上述 3 种主要模式,Link-11 还有网络同步、网络测试和短广播三种辅助工作模式。

(3)消息格式:Link-11 采用北约标准化协议(Standardization Agreement ,STANAG)5511 规定的 M 系列消息格式。Link-11 数据链中所传送的消息有两种:用于传送目标信息和态势命令的数据消息和用于网络校准的控制消息。Link-11 的每条消息长 60 b,并分为 2 个 30 b(由 15 个相移单音产生)的帧。

每个 30 b 的帧中有 6 b 用于误码检测和校正,其余 24 b 用于传送战术消息,即总共可以传送 48 b 的战术信息(见表 4.3)。

表 4.3　Link-11 消息格式

Link-11 消息	第 1 帧		第 2 帧	
	信息位	误差检测位	信息位	误差检测位
占位地址	0～23	24～29	0～23	24～29
占位数	24	6	24	6

Link-11 的最小传输单元是帧。每次数据传输都包括前导码帧、相位参照帧、控制码帧、密码帧和地址码帧。

前导码帧是传输数据的前 5 帧,它是由 605 Hz 和 2 915 Hz 两个单音构成的双音信号。其中,605 Hz 单音用于进行多普勒校正,而 2 915 Hz 单音用于同步。605 Hz 单音的相位始终保持不变,而 2915Hz 单音在每帧结束之后,相位移动 180°,以便接收机能够检测到帧。

控制码帧用于控制 Link-11 的正常运行,它包括三种基本控制码:地址码、起始码和终止码。每个控制码都由 2 个 30 b 的帧构成。起始码表示即将开始发送数据信息。终止码又分为前哨终止码和控制终止码,分别由前哨终端和网络控制站发出。为了便于识别,起始码和控制码的格式都是固定的,并且要连发 2 帧。地址码用于表明每个 Link-11 入网单元的唯一标识,它的两帧不重复。

位于起始码和终止码之间的是用于传输战术信息的消息数据码帧,它可以包含任意数目的帧,每帧 30 b,并且紧跟在起始码之后发送。

(4)系统构成:数据链系统主要通过传输通道完成信号的处理和发送。其主要包括以下内容:

战术数据系统(Tactical Data System,TDS),一般与数据链所在作战单元的任务系统相连,完成格式化消息处理。

接口控制处理机,完成不同数据链的接口和协议转换。

数据链终端系统(Datalink Terminal System,DTS),由收发信机和链路处理器组成,是数据链的核心,它控制着整个数据链路的工作,并负责与指挥控制或武器平台进行信息交互。

典型的 Link-11 数据链系统由计算机、通信保密设备、数据终端机、HF 和 UHF 无线电设备组成,如图 4.38 所示。

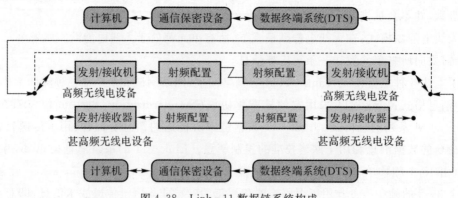

图 4.38　Link-11 数据链系统构成

4.3.5　数据链发展趋势

随着全球网络中心战的概念逐步实施,现有数据链已经无法满足远距离、高动态、大容量、低延时的信息传输要求,作战平台也难以具备所要求的"即插即用"网络特性。

为此,各国均在研究和发展各种新型数据链技术,如联合战术信息分配系统(Joint Tactical Information Distribution System,JTIDS)距离扩展和卫星数据链、战术瞄准网络技术、联合战术无线电系统等。近数十年来,数据链创新发展主要体现在以下三方面:

(1)数据链的作战空间更加广阔。JTIDS 在有限数量时隙上使用时分多址体制进行话音和数据的发送和接收,当需要进行中继和非视距单元通信时,时隙的数量将翻倍。当更多使用JTIDS 的系统开始运行并要求向联合数据网络传送监视信息时,问题将更为严重。为解决这一问题,美国实施了 JTIDS 距离扩计划,该计划主要利用卫星网关将远距离 TADIL - J 网络连接起来。

(2)数据链的快速反应能力进一步增强。目前,实际作战中对地面移动目标的跟踪、定位、打击还存在较大困难,存在实时性差、精度不高、易造成附带损伤等问题。近几年高技术局部战争表明,现有技术所实现的武器装备已具备精确打击地面固定目标的能力,但还不具备对地面活动目标的打击能力。

战术瞄准网络技术(Tactical Targeting Network Technology,TTNT)是一种传输量大、快速反应的通信手段,它以互联网协议为基础,可使武器迅速瞄准移动目标和时间敏感目标,实现快速的目标瞄准和重新瞄准。TTNT 是下一代数据链的代表。测试表明,TTNT 数据链的空中作战平台具有相互间快速传输数据、对地面快速移动的动目标具有快速且精确的定位能力,每个用户在 224 km 的距离内,传输速率为 2.254 Mb/s,传输时延为 1.7 ms。

(3)数据链终端采用软件无线电设计理念。数据链终端(端机)是数据链设备的核心,软件无线电技术的兴起使新型数据链终端设备正逐渐向软件可编程、宽频段覆盖方向发展。而软件无线电的核心则是建立在软件兼容体系结构基础之上的。1997 年开始研制的联合作战无线系统(Joint Tactical Radio System,JTRS)为满足三军装备需求提供了一种多频段多模式电台,它是一种采用软件通信体系结构的通用战术电台,能传输和接收不同频段、不同制式、不同网络结构下的通信信号。

4.4　飞行器无线网络

在传统的航空领域,飞机在飞行过程中需要关闭机上的所有无线电信号设备。但是大部分旅客则希望能够在飞机上上网,以度过旅行时间。为了推动机上方便的网络连接,并推动地空宽带无线通信技术的发展,国际民航组织也相继推出了相应的技术标准和建设措施。在 21世纪初,波音公司就研发了名称为 Connexion 的空中无线互联网连接服务平台,通过该平台,旅客可以在飞机飞行过程中,连接到国际互联网。

2012 年,中国民航总局就颁布了用于有效解决地-空通信问题的《航空公司运行控制卫星通信实施方案》。我国的民用航空业每年所运送的旅客人数将达到我国人口的 1/3。因此,我国的民用航空前景非常广阔。但是在如此大的运输压力下,为了能够确保机载平台与地面控制中心的通信,并为飞机提供更加安全的飞行保障,就需要我国尽早制定可以在民航飞机上加装卫星通信系统的具体方案和措施,以实现方便的联网。

2010 年底,我国的民航客机就基于波音 737 飞机,首次搭载了机上无线局域网,并在国内的支线航线上进行了验证,结果表明乘客可以在万米高空,通过自己随身携带的移动终端对无线局域网进行访问,从而浏览和使用数据库中所提供的音乐、数据和视频等项目。因此,空中无线宽带技术在我国航空领域拥有巨大的市场潜力,能够为相关领域的服务商提供广阔的发展前景和机遇。在空中平台上为用户提供网络服务,可以带来更加丰富的盈利模式以及客观的商业效益。通过向乘客提供机上无线网络服务,不仅能够大幅提高乘客的飞行体验,同时,也能丰富航空公司的盈利模式和渠道。

从技术上来说,航空宽带通信的问题难点是航空无线宽带通信信号的覆盖,即航空无线宽带接入网问题。解决了无线信号覆盖问题,就能打通航空宽带通信的关键环节。目前,机上网络的接入主要通过以下方式。

4.4.1　航空宽带通信网络架构

航空宽带通信网络系统以目前的航空电信网(Aeronautical Telecommunications Network,ATN)为主体框架,通过组建新型的航路无线通信网络,实现航空宽带通信接入服务。新型的航空宽带通信网络由地面主干通信网、空-空通信链路、地-空通信链路、卫星通信链路、新型的航空宽带信号覆盖网组成。航空宽带通信,是宽带通信服务在民航业的一种运用。航空宽带通信按信号传输方式可分为 2 种,即航空有线宽带通信和航空无线宽带通信。现阶段 ATN 网络有线部分的数据传输可运用光纤网络进行传输,它可满足大容量、高速度宽带通信的要求。

在通信领域,无线通信技术的发展最为迅速与繁荣。无线宽带技术标准可以分为宽带码分多址(Wideband Code Division Multiple Access,W‐CDMA)、时分同步码分多址(Time Division-Synchronous Code Division Multiple Access,TD‐SCDMA)、码分多址(Code Division Multiple Access,CDMA)2000、Wi‐Fi、4G、5G 技术等。因此,航空宽带通信网络无线部分的通信信号覆盖网络也可采用各种 4G、5G 无线接入技术标准,如图 4.39 所示。

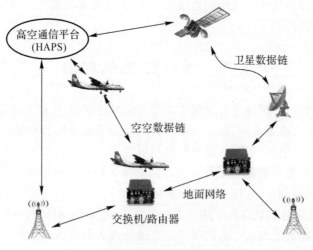

图 4.39　航空宽带通信系统网络结构

4.4.2　基于地面基站无线信号覆盖网络

在主要航线航路下方建设基站,通过基站天线发射无线信号覆盖航线航路,为这条航线上的航班提供无线宽带服务。这种方法能很好地解决无线信号覆盖问题,但花费较大,经济效益不高。

以北京到西安的航线为例,航线长度约为 1 000 km,基站的辐射长度为 5 km,每个基站的造价成本约为 100 万元,基本需要建设 200 个基站,再加上基站间的通信线路、无线网络接入控制器以及操作维护中心的建设费用等,费用基本估计需要 7 亿元以上。

4.4.3　卫星中继无线信号覆盖网络

这是以移动卫星为中继点构建航空无线宽带覆盖网络,通过空-空、空-地数据链传输无线宽带通信数据,如图 4.40 所示。这种航空无线宽带通信接入网络建设比较简单,卫星中继无线信号覆盖网络升级建设成本低,只要在飞机上安装小型机内分布接入网络即可,如图 4.41 所示。但这种方式信号传输成本高、带宽低、信号时延大,难以满足宽带通信要求。

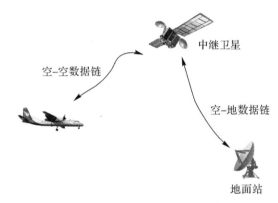

图 4.40　移动卫星中继航空无线宽带通信系统

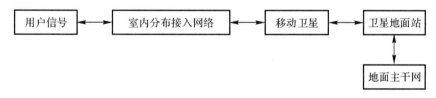

图 4.41　信号传输流程

另外,卫星距离地面遥远、易受太空电磁环境影响,极易造成信号延迟、干扰及损耗。

4.4.4　高空平台通信系统网络

高空平台站(High Attitude Platform Station,HAPS)是一个位于 20~50 km 高空、相对地球保持准静止的信号站。其位于大气层的平流层。这里空气稀薄,但气流比较稳定,风切变比较小,是比较理想的布置高空悬停通信平台的空域。

高空平台站需要有用于平衡平流层风力的推进器,以保持其位置的固定;要自备能源系统,使该站上的通信系统能满足长时间工作的要求;应有良好的检测控制系统,使其能保持位姿固定,并可以灵活、简单地放飞及回收。高空平台站分重于空气和轻于空气2大类。

(1)(Heavier Than Air,HTA)平台。HTA 是重于空气的、需要借助外加动力悬浮于高空的通信平台。该类平台就是用飞机来实现的。常说的预警机就属于这一类。此类平台可以用来从事军事通信、收集情报、空中作战指挥等。也可以把这类空中通信平台移植于航空无线宽带通信,让它为航空宽带通信服务。例如,美国公司研制了一种名为 Halo 的飞机,用于航空通信服务,飞机在其通信覆盖区域上空约十几千米高度的空域作圆周飞行,由3架飞机轮流交替工作,每架飞机可以工作8 h,可以保证昼夜无间断的通信。

(2)(Lighter Than Air,LTA)平台。LTA 是轻于空气的平台,通常是以热气球或飞艇为载体的通信平台。但气球和飞艇易随风飘流,需要设法使其在平流层中固定位置较长时间悬停或按一定规律巡航,将是较为理想的高空通信平台。近年来,随着科学技术的进步,这种轻型高空通信平台呈现出良好的发展前景,如图4.42所示。

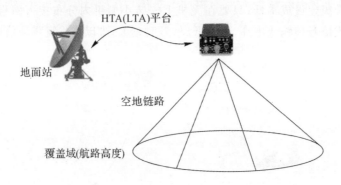

图 4.42 基于 HAPS 技术的航空无线宽带通信系统示意图

高空平台通信系统的信号覆盖范围广、信号传输损耗小,一个平台就能覆盖很大的范围。HAPS 平台建设成本也较低。但是,其面临着很多技术问题,如高空平台位置的固定、能源的供给等问题。

4.5 机载信息网络安全技术

概括来讲,机载信息网络就是一个以飞行的飞机作为主要网络节点,并集合其他如卫星等空中平台,构建的空中网络,它通过无线信号开展信息报文传输和通信业务。随着电子和通信软硬件技术的不断发展,机载信息处理和传输的速度越来越快,传输实时性和可靠性不断完善和提高,整个航空系统通过信息网络进行信息资源共享,极大地提高了飞机系统信息感知的能力和飞行安全保障能力,飞机系统的自动化和智能化程度达到前所未有的高度。

随着信息传输量的几何增长,以及公众对飞行安全的要求越来越高,机载信息安全问题越来越得到大家的重视,然而机载信息网络安全技术的研究还处于起步阶段。飞行器特殊的运行场景,决定了机载信息网络极易受到干扰和截获,开展机载信息网络安全相关知识的普及和深入研究具有非常重要的意义。

4.5.1　机载信息网络安全风险分析

对机载信息网络的安全性风险分析,首先需要明确其被威胁对象,即网络传输和存储的信息:飞行器三维坐标、姿态等飞行参数,飞行器周边态势信息、飞行任务/作战任务信息,等等,以及上述机载信息传输的载体,空中、地面和卫星网络。

(1)无线传输所带来的传输安全与节点风险。机载信息网络是一个开放且存在各种干扰的无线环境,存在被截获、窃听和改写等多种风险。而无线信道带宽有限,认证交互信息少,信息保障难度大。

(2)网络拓扑动态,网络信任和维护问题突出。如前所述,飞行器是机载信息网络的核心和主要表征,整个飞行器网络中的飞机节点频繁进入和离开,这导致节点数、网络拓扑结构随时产生变化,易受到外部攻击。

(3)网间互联互通和资源共享要求安全隔离。整个机载信息网络包含卫星网络、机载平台、地面网络,以及机载内部复杂网络,各网间需要信息传输和信息共享。外部入侵者很容易通过各种攻击手段获取网络信息,实施干扰,植入恶意代码,从而控制关键网络系统,达到瘫网控网的目的。

4.5.2　机载信息网络安全保障体系

针对现有机载信息网络,根据其网络动态性、移动性和分布式特点,可以设计机载信息网络安全保障体系架构,如图 4.43 所示。

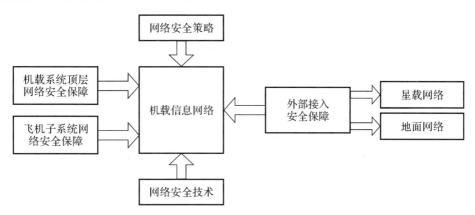

图 4.43　机载信息网络安全保障体系架构

鉴于机载设备功能实现的场景,机载信息网络安全性保障研究主要关注空中部分,包括上述图中机载系统顶层、子系统和接入安全保障、网络安全策略等,以保证机载信息网络和其他网络间相互通信的安全性。

图 4.43 中的核心部分——机载信息网络具有相对稳定的链路,为整个网络平台的正常运行提供稳定可靠的接入、通信和路由功能;而机载子网的传输能力和处理能力较低,在进行路由保护和数据传输保护时,应考虑网络开销和存储资源问题;外部接入安全保障主要防止外部非法侵入机载网络,提供网络隔离和边界防护;网络安全技术提供基础支撑以保障上层功能实施为目的,提供密码算法、权限分配和验证等功能;网络安全策略对密钥等安全参数进行安全

保密管理。

机载网络由物理层、自组网链路层、自组网网络层、传输层、应用层等五层组成。具体安全防护功能如下：

(1)物理层。机载网络易遭到干扰攻击,造成数据丢失或失效。物理层可采取攻击检测判别方法判别干扰攻击,分析干扰类型,采用更换信道频率的方式进行防护。物理层威胁还包括物理破坏,造成机载节点损毁,可采用硬件保护、数据自毁、敏感信息加密等方式有效防止信息泄露。

(2)自组网链路层。链路层需要保护数据帧的完整性、可用性、机密性,并提供安全访问控制。链路层传输可对网管协议数据增加冗余信息来纠正数据,加强入侵检测,保证正常节点间可靠通信。

(3)自组网网络层。机载网络对网络传输时延要求高,网络层安全保护主要包括添加消息认证字段和时间戳,保证数据完整性。还可以采用加密方式确保数据在传输过程中不泄露。

(4)传输层。通过跨域认证和入侵检测保障传输层的安全防护。

(5)应用层。加强数据库访问控制,对机载网络数据资源访问进行实体授权,提供不同安全级别的数据资源保护。

(6)跨层网络安全管理。跨层网络安全管理需要融合安全态势感知、密钥管理、入侵检测、认证等技术,将各层安全防护机制有机融合,加强层间协同保障能力,采用安全态势监测预警,构建高效统一的机载网络信息保障系统。

4.5.3 机载信息网络安全的关键技术

(1)认证机制。认证机制在机载信息网络的访问控制和数据安全保护中起着重要作用。基于公钥的身份认证机制系统复杂,证书传输和管理过程会占用各种资源,对于资源紧缺的机载信息网络来讲并不适宜。基于身份的认证机制不需要证书,减小了通信开销,但会带来强制密钥托管问题。基于无证书密码体制的认证机制,保持了基于身份认证的优点,并从根本上解决密钥托管问题,更为适合机载网络环境的需求。

(2)安全策略管理机制。机载信息网络在执行不同任务时,安全需求各不相同,采用面向任务的动态安全策略,根据任务属性调整安全策略,可以保障不同任务场景的信息安全保密强度需求。

面向任务的安全策略根据任务和网络规划需求,分析并产生对应的任务属性、环境属性、操作属性和主体属性。根据属性确定任务执行过程中的信息状态,以及任务过程中相应信息状态下对信息可用性、完整性、真实性和保密特性的需求。将此信息安全需求输入到安全策略服务器,从预定安全策略库中提炼安全策略并开展安全策略评估。所形成的安全策略再加载到机载信息网络中。

(3)数据传输加密。

1)虚拟专用网络(Virtual Private Network,VPN)。Internet 安全协议是开放标准的框架结构,它通过使用加密安全服务以确保在网络中进行保密且安全的通信。VPN 在网络层上进行认证和加密,通过在 VPN 两端建立隧道关口,保证数据传输过程的安全性。

2)安全外壳。安全外壳是由国际互联网工程任务组(the Internet Engineering Task Force,IETF)的网络工作小组所制定,并建立在应用层和传输层上的安全协议,用于远程登录和给其他网络服务提供安全性,支持基于口令和基于公共密钥的安全验证。该方法具有大量可扩展的冗余能力,另外其传输的数据是经过压缩。目前常见的应用实现有远程复制、远程登录与安全文件传输等。

3)文件加密。文件加密是在操作系统层对写入的数据进行加密。常见的加密算法有Bloswfish、高级加密标准(Advanced Encryption Standard,AES),三重数据加密标准(Triple Data Encryption Standard,3DES)和国际数据加密算法(International Data Encryption Algorithm,IDEA)等。

(4)防火墙。防火墙可以用来保护机载信息网络安全,能够阻止非授权访问、IP 地址欺骗、蠕虫病毒、流氓插件、重路由等。防火墙根据规则限制数据的传输,并能够防范网络攻击。防火墙一般可以分为包过滤防火墙和应用代理防火墙。

4.5.4　适航考虑

在适航过程中,飞机机载信息网络首先需要考虑 FAA - AC25.1309 强制性要求,审定主要依托 ARP4754 的审定过程。因此,机载信息网络研制开放过程应严格按照 DO - 178B 和 DO - 254 标准要求。

通过符合性验证过程和结论向局方表明系统的安全性,且地面网络的连接不会威胁到飞行安全。因此系统设计和开发过程应尽量采用开放的标准方法,以保证后续取证过程的顺利进行。

思　考　题

1.TCP/IP 协议中有几种地址? 各代表什么?

2.AFDX 网络是怎样实现的? 采用了什么方法? 解决了什么问题?

3.AFDX 网络怎样实现虚链路、流量整形、完整性检查和冗余管理?

4.飞行器无线网络的实现方法有哪些?

5.Link - 11 的工作模式有哪些? 解决了什么问题?

6.从应用领域看,数据链是如何分类的?

7.什么是消息标准?

第 5 章　综合模块化航空电子系统

随着人们对民用飞机的安全性、飞行品质、舒适性等要求的不断提高,民机制造商将大量新技术用于飞机,其中航空电子技术占有重要地位和份额。

早年,民用飞机航空电子系统的主要形式是以外场可更换组件(Line Replaceable Unit, LRU)为基本单元的联合式系统结构。LRU 是一种采用标准的外形和接口,能够实现某种功能的软硬件综合独立体。

计算机技术的进步,强大的微处理器技术,集成电路容量的不断增加和成本的不断降低,以及先进的信号处理、软件开发和以网络为中心的数字通信技术,为航电系统的综合提供了技术支持,给航空电子系统带来一场变革,综合模块化航空电子系统(Integrated Modular Avionics, IMA)应运而生。IMA 的出现,使航空电子系统从单功能子系统的松散组合,变成物理上和功能上都综合的信息密集体,而且综合程度越来越高,系统规模越来越大。IMA 不仅能提高计算能力和系统性能,还能减少飞机系统与设备的数量、重量、体积和功耗。

B777 飞机是第一个采用 IMA 的民用飞机,并以此形成 ARINC 651 标准,即综合模块化航空电子系统设计指南,A380 和 B787 也都采用了综合模块化航空电子技术。因此,IMA 技术体现了当今民用飞机航空电子技术的先进水平。

围绕 IMA 的开发、综合以及认证的任务,美国航空无线电技术委员会(Radio Technical Commission for Aeronautics, RTCA)制定了指导性文件,例如综合模块化航空电子系统开发指南与认证考虑(RTCA DO - 297)、机载电子硬件设计保障指南(RTCA DO - 254)等。在 RTCA DO - 297 中,给出了对综合模块化航空电子系统的描述。

5.1　航电系统体系结构的发展

航电系统体系结构的发展演变经过了 4 个阶段,即分布模拟式、分布数字式、联合数字式和综合模块化,如图 5.1 所示。

(1)分布模拟式体系结构。该结构的特征是,航电子系统为一组独立的或局部解决方案,每个子系统独立设计与实现,且分别进行认证。子系统设备通过硬件电缆相互连接,这导致大量的飞机布线。系统的功能在硬件电路和互连的基础上实现,因此这样的系统很难改进。电缆线路与电源、传感器信号以及系统状态信号等密切相连,每个子系统都有各自的控制和显示。采用这种体系结构的典型飞机包括 B707、BAC 1 - 11、DC - 9 以及早期的 B737。

(2)分布数字式体系结构。随着数字计算设备的成熟,数字计算机取代了早期模拟设备。最初的数字式航空电子系统结构没有太大改变,主要是用数据总线技术取代模拟计算机之间的通信。计算速度和精度的提高、计算性能的稳定,使数字计算机在飞机控制系统得到越来越广泛的应用,已超出传统航空电子系统的范围。采用这种体系结构的典型飞机包括 B737、B757 和 B767 系列,A300、A320 和 A330 系列,以及一些商用喷气式飞机。

（3）联合数字式体系结构。在该体系结构中，通常采用 LRU 为基本单元来实现某种功能，如图 5.2 所示。从 20 世纪 60 年代的模拟航空电子系统到 90 年代的先进数字航空电子系统，均采用这种结构。

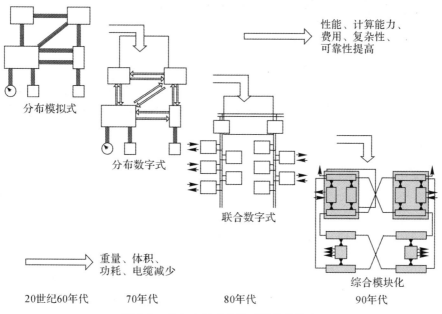

图 5.1　航空电子系统体系结构的演变

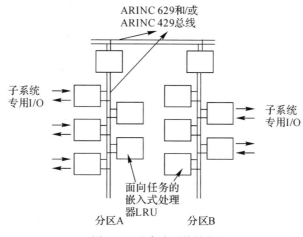

图 5.2　联合式系统结构

　　联合式体系结构考虑到整个航空电子系统功能是相互关联和相互依存的，通用的设计方法使不同系统之间的信息能够共享。相关的系统被划分到一个区域，分区内设备之间的数据交换通过本地数据总线网络完成，并通过区域与区域间的高层级互联，实现区域间的信息传输。此体系结构还被应用到飞机其他系统，如燃油系统、起落架系统和其他飞机管理系统中。

　　（4）综合模块化体系结构。与面向任务的分布式（联合式）计算不同，IMA 采用外场可更换模块（Line Replaceable Module，LRM）为基本单元，实现系统高度的物理综合和功能综合。

IMA 由一系列硬件计算模块组成通用集中式计算资源,应用软件独立于 IMA 硬件平台,由子系统开发商设计和认证。

5.2 IMA 的体系结构及分区操作

5.2.1 IMA 的体系结构

各种机载计算机是各航电子系统的核心部件,它们在功能、结构、软件组成上都是相似的,也是被共享和重用的可能性最大、能实现互操作的资源,因此目前综合模块化平台的部件主要是机载计算机资源。

1.IMA 的结构组成

IMA 不是专门的、分布式的(联合式的)、面向任务的计算,而是一种由一组通用硬件计算模块组成的通用集中计算资源,以前专用任务计算机的应用软件,现在托管在通用核心计算资源中的通用处理器上。IMA 系统旨在提供:

(1)健壮的分区应用软件,以进行通用处理;

(2)公共的基础结构;

(3)分布式系统总线;

(4)通过远程数据集中器(Remote Data Concentrator,RDC)/远程接口组件(Remote Interface Unit,RIU)和公共计算资源之间网络的专用 I/O 路由。

综合模块化结构实际上是将多个联合数字式结构的 I/O 设备和处理器集成在一起,形成一个分布式实时计算机网络,共享计算、通信和 I/O 资源,支持不同安全性等级的航电功能程序,这些程序等效于联合式结构中的航电子系统。此外,这些航电功能也可以有专属的传感器、作动器和其他设备,如图 5.3 所示。

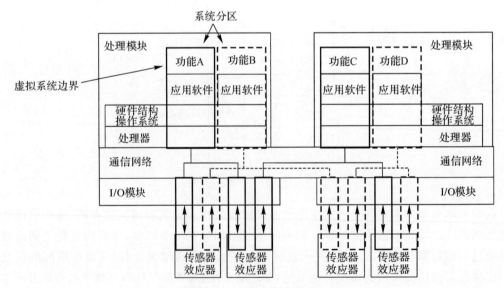

图 5.3 IMA 的体系结构

IMA 不仅将以前的 LRU 功能映射到新的、更小的模块或 LRM 上,而且将多个功能映射到一个或多个 LRM 上,并允许系统重新配置,以便在一个处理器或 LRM 发生故障时使用备用处理能力。这种集成有许多明显的优势,如节省体积和重量,共享资源(如电源),跨越多个功能模块。

总之,IMA 是一组灵活的、可重用的、可交互操作的共享硬件和软件资源,当把这些资源综合在一起时,可以构建一个平台,该平台能提供各种服务来执行宿主在平台的功能应用,并对这些服务按照安全和性能需求进行设计和验证。IMA 系统还有能连接飞机其他系统和用户(如,飞行机组、维护人员等)的接口。飞机功能的分配被纳入 IMA 系统架构中来考虑,以确保都能满足可用性、完整性和安全性的要求。

2.与联合式结构的对比

在联合式结构中,信息获取和处理环节分属不同的子系统,由子系统内部的传感器、处理器实现。各个子系统利用信息处理结果控制子系统内部的传感器和作动器,实现子系统的功能,同时将信息处理结果通过外部总线进行传输,实现与系统中其他子系统的数据交互,如图 5.4 所示。

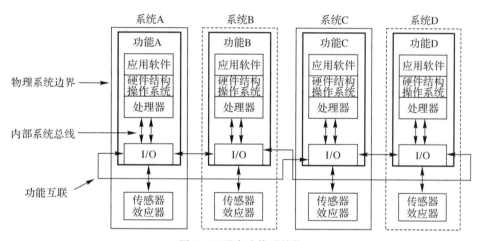

图 5.4　联合式体系结构

在联合式结构中,综合化更多地体现为系统层面的综合,包括以下三部分:

(1)系统结构的综合:各个子系统通过统一的外部总线互连,在系统的统一调度和控制下,实现有序的数据传输。

(2)系统数据的综合:各个子系统将内部处理后的结果数据通过外部总线输出,同时通过外部总线接收其他子系统的数据,进而对数据进行综合处理,实现子系统的功能。

(3)显示控制的综合:能够实现航电系统信息的集中显示和命令的综合控制。

与联合式结构相比,综合模块化结构的应用软件等效于联合数字式结构中的航电子系统。在 IMA 结构中,分不出各个子系统的界线,也分不出大气计算机、导航计算机等处理器以及独立的传感器,取而代之的是综合核心处理器、综合的射频单元和光电单元。IMA 在系统级的统一调度和控制下,通过应用软件在共享的资源中实现各种功能。

3.IMA 平台的关键特性

由上述内容可知,IMA 系统的两个主要构件块就是平台与宿主应用,该平台包含的软硬

件组件是公共的,并由宿主应用共享。IMA 平台的关键特性包括以下几个方面:

(1)平台资源可由多个应用共享。综合就意味着要共享资源,通过利用分区和平台提供的其他保护能力等,IMA 平台能够驻留多个应用。

(2)IMA 平台能提供共享资源的健壮分区隔离。当需要时,该特性能确保驻留的应用获得共享的平台资源,且这些资源是受到保护的。IMA 平台资源管理确保只有已规定的,有预期用途、交互和接口等的资源可由平台和应用共享。

(3)IMA 平台只允许驻留的应用通过规定的接口同其他的应用进行互联。

对于平台和驻留应用之间的变化来说,这一特性是必需的,其目的是使 IMA 平台的修改对驻留应用带来的影响最小,以及应用的更改对平台的影响最小。

该平台还提供应用程序接口(Application Program Interface,API),以便各应用来访问平台的服务和资源。

(4)共享的 IMA 平台资源是可配置的。为了支持驻留的应用对资源的需求,IMA 平台的资源可以根据需要进行配置。

5.2.2 分区操作系统

随着机载电子系统综合化、模块化的发展,分区操作系统(Partitioning Operating System,POS)成为航空计算机的主流操作系统。一个分区对应一个航电功能应用程序,分区操作系统将多个子系统的应用程序以分区的形式运行在同一个处理器上,每个分区具有独立的操作系统和资源,这种结构保证了分区间的空间隔离。

ARINC 653 规范是美国航空电子工程委员会制定的软件实时操作系统标准,它定义了 IMA 架构下实时操作系统的行为逻辑和面向应用程序提供的接口规范。在该规范中,实时操作系统将硬件资源划分为时间和空间相互独立的资源分区,应用程序加载于这些时空独立的资源分区之上。

空间分区是指在物理内存中分别为每个分区程序分配一段专有的空间,以保证其免受其他与之共享物理资源的分区的不利干扰。时间分区是指为每个分区程序分别分配一段时间窗,以保证每个程序使用 CPU 不超过预定的时间。资源分区的时空独立特征可以控制某个分区的错误不扩散到其他分区,同时提升应用的可移植性。

分区是 ARINC 653 规范的一个核心概念,它实现了应用程序的时空隔离。用户实现的一个应用程序是一组计算任务的集合,加载于一个资源分区之上。这些计算任务在分区内进行本地调度,与其他分区内的任务调度相互独立,若干个时间资源分区之间进行分区间调度以共享处理器的计算时间资源。对于实时操作系统,系统可调度是指系统中所有的实时任务都能够在规定的时间内完成计算。ARINC 653 规范规定,调度采用分区内调度和分区间调度的两级调度方案,实时分区操作系统具有强实时约束,计算任务的超时完成被认为是错误。

图 5.5 所示为遵循 ARINC 653 接口规范的航电实时操作系统的典型体系结构。

在该体系结构中,每个分区内的分区操作系统通过相应的 API(比如 APEX、API、POSIX API、VxWorks API 等)支持应用程序,并通过系统接口与模块化操作系统(Modular Operating System,MOS)进行通信。

分区操作系统采用严格的时隙轮转调度机制,完成分区时间调度,保证分区间的时间隔离,如图 5.6 所示。

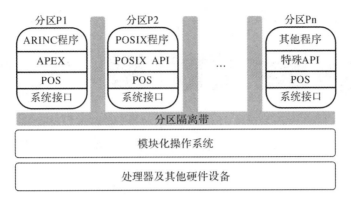

图 5.5　航电实时操作系统的典型体系结构

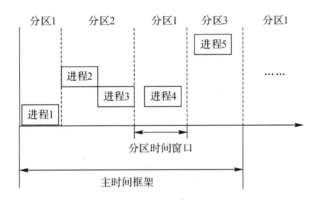

图 5.6　基于时间调度表的分区调度

　　每个分区拥有特定的周期,分区在一个周期内拥有一定的时间片,每个时间片被称作一个时间窗口。加载于分区上的应用程序只能在该分区的时间窗口内执行计算任务。ARINC 653 系统采用离线配置的主时间窗口框架进行分区间调度。主时间窗口框架详细规定了每个分区所属的时间窗口的起始时间和持续时间。主时间窗口框架的长度是所有分区周期的最小公倍数,系统按照主时间窗口框架,按周期进行分区间调度。

　　分区内的任务采用传统的优先级抢占式调度,高优先级的计算任务可以抢占低优先级计算任务的计算资源。分区内的任务以该任务就绪后的下一个分区周期的第一个时间窗口的开始为零时刻。分区内调度和传统嵌入式实时系统的调度机制相同,使得已有的位于传统航电系统计算节点上的应用可以迁移到 IMA 系统的分区之上。

5.2.3　IMA 体系结构的发展

　　从 20 世纪 90 年代初提出 IMA 的概念,IMA 体系结构的演变经历了以下几个阶段(见图 5.7)。

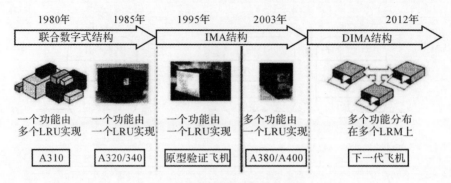

图 5.7　综合航电系统的发展

　　第一阶段主要是物理综合。主要采用了模块化综合航电系统设计技术,由集成商提供功能软件,通过模块化将传统的 LRU 设计成为 LRM,实现系统模块的物理综合,即在同一机箱内实现模块间的综合,另外,采用专用的底板总线,封闭的机架和机箱结构,如图 5.8 所示。典型代表是 B777 的飞机信息管理系统。

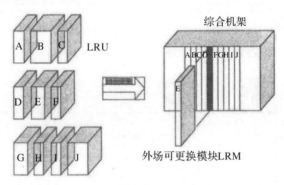

图 5.8　综合模块化示意图

　　第二阶段主要是物理综合和部分功能综合。主要采用模块化综合航电系统结构,由集成商和专业模块供应商提供功能软件,并进行部分功能综合,采用串行底板总线和部分开放式机箱结构,应用程序安装或驻留在标准底板。典型的产品有霍尼韦尔的 Primus Epic 系统、柯林斯公司的 Proline 等。

　　第三阶段主要是物理综合和功能综合。系统综合范围更大,综合层次更深。采用开放式体系架构以及统一的机载数据网络交换技术,I/O 统一布局和综合信息管理,系统资源高度共享。独立提供开放式体系结构模块和应用程序,应用程序在实时操作系统的支持下,按开放标准在应用程序执行器上运行,多个应用程序可能驻留在单个模块。典型的产品有 GE 公司的 Genesis 平台和泰雷兹公司的 IMA 系统。

　　第四阶段,是将联合式数字结构和 IMA 结构优点集成的分布式(Distributed)综合模块化航空电子(DIMA)结构,如图 5.9 所示。DIMA 仍然采用标准化模块进行数据处理,但是把这些计算资源按照功能和物理位置进行分割,并放置到与输入输出较近的区域,再通过一个具有容错功能的通信系统把它们连接起来。通过通信系统,远程数据集中单元可以和与之相邻的处理单元交换输入输出数据。

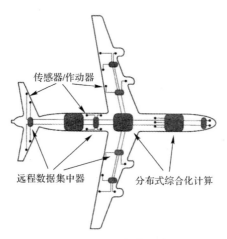

图 5.9 DIMA 架构示意图

由于该架构具备了层次化结构,因此布线及系统复杂性就可以降低了,这是因为并不是系统中的每个主机都需要彼此直接相连。此外,因为系统中的每个功能之间都可以共享数据,所以系统中的每个处理单元都可以被用来驻留功能,功能和处理单元不必固定对应关系。这样就降低了对总处理能力的需求,也降低了硬件单元数量。因此 DIMA 架构降低了重量、体积和系统复杂性,但需要一个容错、高速的通信系统来连接各个模块。该体系已成为现代先进民机航空电子体系架构的发展方向。

5.3 IMA 的实现实例

5.3.1 波音 777 飞机信息管理系统

B777 是第一代 IMA 实现。由霍尼韦尔公司提供的双通道飞机信息管理系统(Airplane Information Management System,AIMS),其硬件和软件集成的综合模块化体系结构意义是巨大的。

1. AIMS 系统功能模块

AIMS 为以下 7 个系统收集、计算并管理数据,它们是:主显示系统(Primary Display System,PDS)、中央维护计算系统(Central Maintenance System,CMCS)、飞机状态监控系统(Airplane Condition Monitoring System,ACMS)、飞行数据记录器系统(Flight Data Recorder System,FDRS)、数据通信管理系统(Data Communication Management System,DCMS)、飞行管理计算系统(Flight Management Compting System,FMCS)和推力管理计算系统(Thrust Management Computing System,TMCS)。AIMS 含有与这些系统相对应的软件功能,此外,还有一个数据转换网关功能(Data Coversion Gateway Function,DCGF)。如图 5.10 所示。

AIMS 系统主要由安装在电子舱的左、右两个长条形机箱组成,每个机箱都可以装入 11 个模块。左、右机箱内各装有两类模块,即输入/输出模块(Input Output Module,IOM)(4 个),核心处理器模块(Central Processing Module,CPM)(4 个),并预留了扩展插槽,用于升级扩展。机箱背板上还有给 IOM 和 CPM 分配电源的电源汇流条(4 条)以及分配数据的背板数据总线(4 条),各模块通过后部的输入接头、输出接头和数据接头与机箱相连。AIMS 的各个模块及功能如图 5.11 所示。

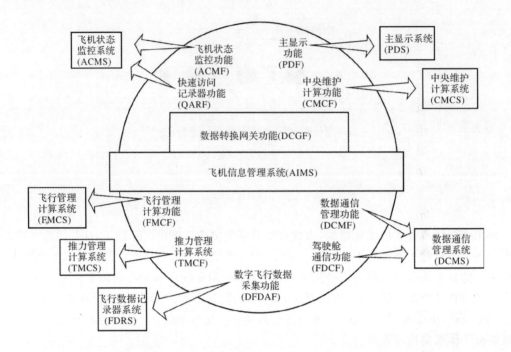

图 5.10　AIMS 功能组成

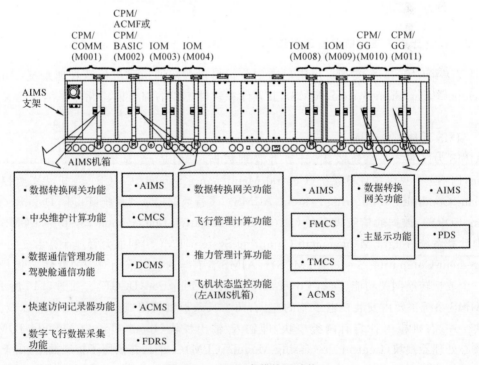

图 5.11　AIMS 各模块及功能

IOM 的作用是在 CPM 的各种软件功能与外部信号源之间转换数据。CPM 的作用是为其他几种电子系统做计算,CPM 内所含的软件都称为功能,如推力管理计算功能等。CPM 内的各种功能相对独立,共处于同一模块,在同一个 CPM 中各软件功能共用相同的硬件资源。CPM 也分为 4 种:CPM/COMM(通信)、CPM/GG(图形产生器)、CPM/ACMF(飞机状态监控功能)(只在左机箱中)、CPM/BASIC(基本型)(只在右机箱中)。

AIMS 背板的 ARINC659 总线使用时间和空间确定性控制技术,总线上所有定时信息和消息包含每个终端在内存表中的位置,消息在两条带有时钟的总线上同步传输。

数据转换网关(DCG)是一种独特的功能,它可在各种类型的链路之间传递总线信号,以减少总线和接口卡的数量。来自各数据总线、模拟线路和离散连接的信号除有意设置的余度外,只进入系统一次,并在背板上向 AIMS 中的不同功能进行分配。

2.AIMS 与其他系统的接口

AIMS 与飞机上许多 LRU、传感器、开关、指示器相连,接收由它们传来的数据或发送数据到这些部件,如图 5.12 所示。

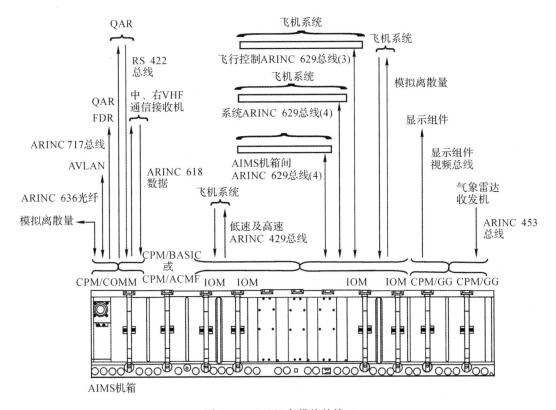

图 5.12　AIMS 各模块的接口

AIMS 机箱的接口类型有许多种,这些接口使 AIMS 能够将许多飞机系统的信息集中处理。数据的格式多种多样,各种数据线通过机箱背板上的插孔与 AIMS 相连。AIMS 的数据转换网关功能可以提供不同标准的总线之间的数据格式转换,例如 ARINC 429 标准总线数据格式转换为 ARINC 629 标准的格式等,使不同标准总线之间的数据得以传输。

3. AIMS 背板数据总线

AIMS 机箱背板总线，即 ARINC 659 总线，也叫 SAFEbus,定义了 IMA 机箱中 LRM 之间的数据通信标准,是一个在总线传输时间上和存储空间上具有高容错性和高完整性的底板总线。SAFEbus 采用两条数据线并行传送数据,总线时钟为 30 MHz,吞吐量接近 60 Mb/s。

(1)总线结构。SAFEbus 是双总线对组成的双-双余度配置。SAFEbus 包括两条自校验总线(SCB)对 A 和 B,每条自校验总线对又由 X 和 Y 两条总线构成,它们传送的信息是相同的。每一个 LRM 有 2 个总线接口单元(Bus Interface Unit,BIU),分别为 BIUx 和 BIUy,每一个 BIU 接收所有 4 条总线,每一条总线有独立的收发机,因此每一个 LRM 中有 4 个收发机。AX 和 BX 是一对,从 LRM 的 X 总线接口引出;AY 和 BY 是一对,从 Y 总线接口引出,如图 5.13 所示。

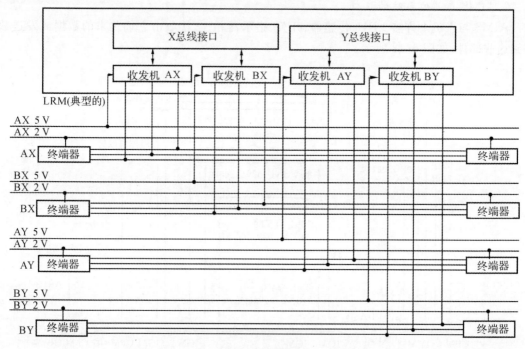

图 5.13　AIMS 机箱背板数据总线结构

一条串行总线包括 3 条信号线,其中两条是数据线,一条是时钟线。串行总线尽头是终端器,它也在 3 条信号线的末尾,由终端电源背板总线供电。每个 LRM 内的收发机从背板数据总线收发数据,收发机的电源来自收发机电源背板总线。如果终端器断电或收发机与串行总线短路,这条总线上的所有通信都会中断。

LRM 同时在四条串行总线上发送数据,并将 AX、BX 上与 AY、BY 上的数据进行比较。这样,两对总线间就起到了错误检测、隔离和抑制的作用。当一条或多条串行背板数据总线出错时间超过 1s 时,就会有"AIMS"状态信息显示出来。由于有 4 个信号对用于差错检测,因此它的容错好于传统的双余度,而复杂性小于传统的四余度。

(2)总线接口逻辑。SAFEbus 接口逻辑电路主要由 BIU ASIC(专用集成电路)、表存储器、模块内部存储器和背板收发机组成,如图 5.14 所示。

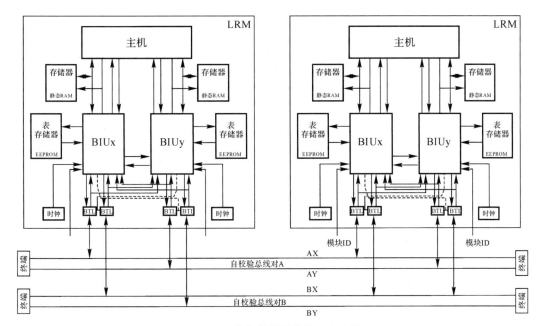

图 5.14　背板数据总线接口和连接

SAFEbus 的协议由表存储器中的一系列命令驱动,每一条命令对应着总线上的一条单独的消息。该命令指示 BIU 应该发送、接收或者忽略此条消息。通过这个协议层传送的信息被嵌入在表存储器中,每一个消息的源和目的地址都包含在表存储器中而不是通过总线传送,这样,既节约了地址字段耗用的带宽,也消除了可能的地址传输错误。除了消息间隙和同步消息,所有的时钟周期都包含数据,因此,一条速率为 60 Mb/s 的 SAFEbus,其净吞吐能力高于54 Mb/s。

总线时间被划分为一系列的窗口,每个窗口可以包含一个数据消息、同步信息或空闲,消息的长度为 32~8 192 b,整个总线传送调度被组织在由各窗口长度之和建立的恒定长度的周期或帧中。

使用两条 SCB 可以在单条 SCB 出现瞬时错误时立即纠正,这样,即使在出现故障的情况下,机箱内的各种功能也仍然可用。因此,如果一条 SCB 失效,该机箱仍然正常运行。但是如果第二条 SCB 也失效,那么该机箱就不能工作了。

(3)总线数据编码。SAFEbus 的每条总线都包含两条数据线和一条时钟线,所有收发都是 2 b 并行传送的,即被发送数据每 2 位一组,较低位在 Data0 上发送,较高位在 Data1 上发送,如图 5.15 所示。

为了提高错误检测率,四条总线上的数据分别用四种不同的方法编码。AX 总线上是正常数据电平(逻辑 1 为高电平),BX 总线上数据翻转(逻辑 1 为低电平),AY 总线上为正常数据与 010101…异或,BY 总线上是正常数据与 101010…异或,也是 AY 总线的翻转。

这种编码方案可以同时检测影响到几条总线的短路或瞬时混乱,也允许快速检查由 BIU 故障引起的总线冲突。如果一对 BIU 故障,却试图同时与另外一对 BIU 一起发送数据,那么一旦 BIU 对传送的数据不同,就会出现非法的编码。这种编码方式的另一个优点就是,功率消耗与被传送的数据无关,因为总是两条总线为高电平,而另外两总线为低电平。由于功率消耗是恒定的,所以不需专门为最坏情况数据模式设计供电。

上述编码还有很多好处。4 条线的平均直流和交流功率对所有数据模式都是常数,这对电源设计有利,并避免了可能的数据模式灵敏的故障。A 和 B 总线信号反向既具有差分驱动特性,又具有良好的电磁兼容性。如果同时在多数线上发生长"1"或"0"字符串,使一条线发生 DC 电平漂移,所产生的抖动差错能被立刻检测。线开路、短路等也很容易被检测。

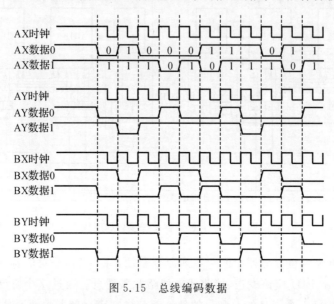

图 5.15　总线编码数据

(4)消息结构。SAFEbus 的协议是由表驱动的,消息中只含有数据而不包括地址和控制信息。SAFEbus 有两种数据消息类型:基本型和主/后备型(Master/Shadow)。基本消息用于单个源和单个或多个目的情况,可以加大数据传输效率;主/后备消息支持冗余或者非周期数据传输,用于有多个备用源和单个或多个目的情况。

基本消息的结构如图 5.16 所示。每条消息由一串最多 256 个 32 b 的数据字后面紧跟一个可编程消息间隙(长度为 2~9 b)组成。

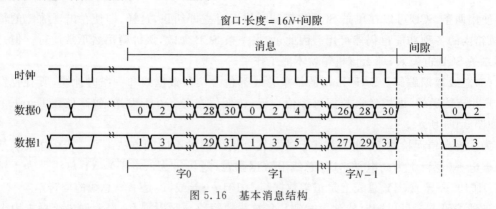

图 5.16　基本消息结构

5.3.2　B787/A380 的 IMA 体系结构

A380 和 B787 飞机的 IMA 体系结构如图 5.17 所示。

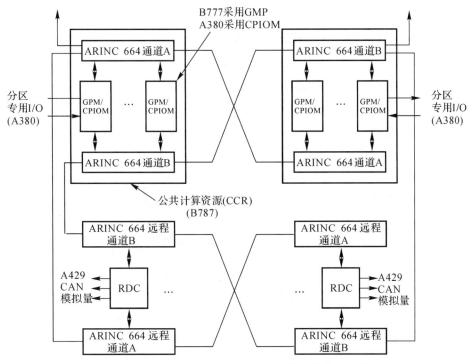

图 5.17　A380 和 B787 飞机的综合模块化体系结构

空客公司在 A380 中将 IMA 体系结构引入到大型民用运输机中,它将中央处理器输入/输出模块(Central Processing Imput/Output Module,CPIOM)作为其公共核心处理单元。CPIOM 是一个 LRU,是扩展了专用分区 I/O 接口的通用处理器板卡,每个分区通过一对网络交换机连接到 ARINC664 - P7 网络。A380 有一些用于 I/O 子系统专门分区的远程数据集中器(Romote Data Processing,RDC),通常是这些子系统供应商提供的。

波音在 B787 上采取了略有不同的方法,即公共核心计算单元是一个通用处理模块(General Processing Module,GPM),而将 I/O 接口放在了 RDC 中,最大程度减少飞机布线,方便连接。RDC 与中央处理核心计算单元的数字通信按 ARINC 664 - P7 网络协议进行。

1. 空客 A380 的航电系统体系结构

空客公司在 A380 上推出了与以往概念不同的航电系统,这个体系结构的基础是双余度的全双工数据交换网络 AFDX,如图 5.18 所示。

该结构由 8 对与机载航电系统密切相关的 AFDX 交换机组成,双余度的交换机在整个飞机左/右两边分布。

A380 航电系统每个分区的功能由一组 CPIOM 实现,其结构如图 5.19 所示。

它包括通用处理功能和一组 I/O 接口功能。操作系统和应用软件保存在非易失性存储器中,并上传到 RAM 内存。配置和维护数据长期保存在非易失性 RAM(NVRAM)存储器中,I/O 设备与 CPU 系统内总线的接口是外围组件互连(Peripheral Component Interconnect,PCI)总线,端系统 ARINC664 - P7 网络接口由 PCI 接口转换卡提供。

A380 体系结构总共有 7 种不同类型 22 个 CPIOM,其中央计算核心是公共的,每个CPIOM 由 I/O 和系统将要实现的功能所确定。

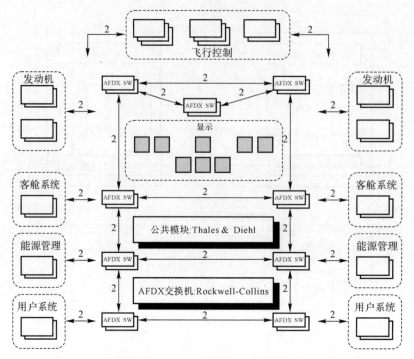

图 5.18　A380 航电系统架构

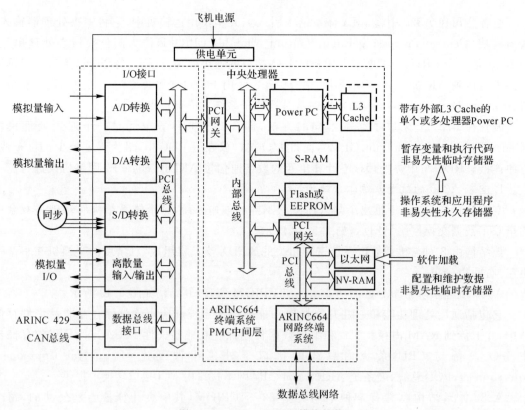

图 5.19　A380 CPIOM 模块结构

2. 波音 B787 的 IMA 体系结构

B787 也使用 ARINC 664 定义的 100Mb/s 的 AFDX 技术。然而其体系结构与空客是不同的,它使用两个紧密耦合的公共计算资源机箱,并通过 RDC 实现分布式 I/O 接口,如图 5.20 所示。

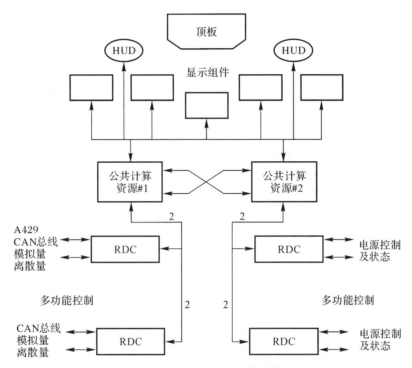

图 5.20　B787 航电系统结构

与 A380 使用 16 个 AFDX 网络交换机的分布式系统理念类似,B787 使用通用计算资源(Common Computing Resource,CCR)作为系统通用计算的核心,2 个 CCR 机箱与 6 个 ARINC 664 网络远程交换机、21 个 RDC、光纤总线和电气汇流条一起,构成通用计算系统(Common Computing System,CCS)。B787 的 IMA 机箱组成如图 5.21 所示。

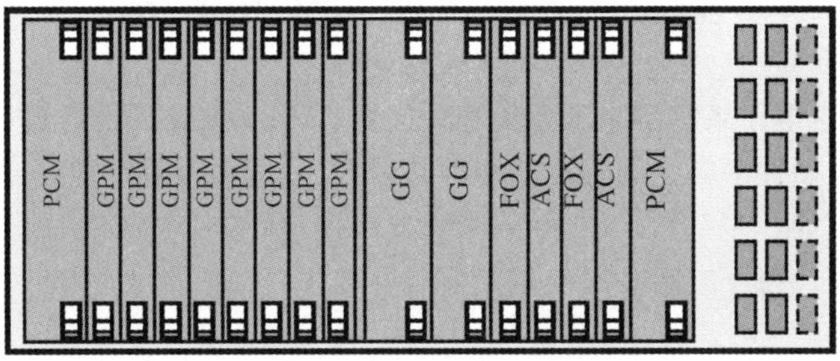

图 5.21　B787 IMA 机箱的组成

每个机箱有 16 个 LRM,具体包括:2 个电源调理模块(Power Conditioning Module,PCM),8 个通用处理器模块(General Processor Module,GPM),2 个图形产生器模块(Graphics Generator,GG)(GG 是主显示系统的一部分),2 个 ARINC 664 网络机箱交换机

（ARINC 664 Network Cabinet Switche，ACS），2 个光纤转换器模块（Fiber Optic Translator，FOX）。

GPM 是独立的计算平台，其核心软件和驻留的应用程序提供了健壮的分区环境和基础结构，包括基于 ARINC 653 标准的 I/O 服务、非易失性文件存储等。计算资源的时间窗口、周期、内存分配和 I/O 需求通过配置文件传输给核心软件，所有这些配置通过分区机制强制执行。RDC 的本地接口包括 ARINC 429、CAN 总线、模拟和离散信号，实现航电系统和飞机系统的接口，如图 5.22 所示。

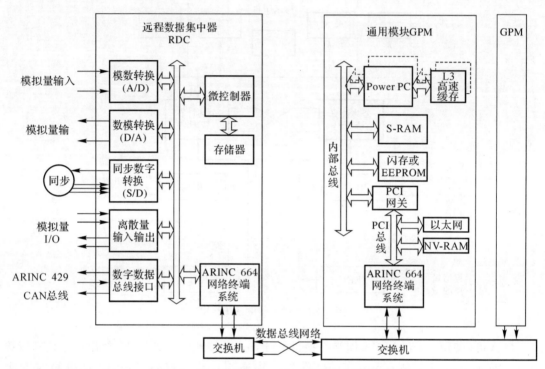

图 5.22　B787 飞机 GPM＋RDC 的 IMA 体系结构

5.4　系统蓝图与重构技术

综合模块化航空电子系统带来了系统配置问题。IMA 硬件平台的通用性、软件动态加载等特性，使得软件与硬件平台之间存在着多种映射方式，这种映射过程需要综合考虑一系列的系统需求及限制，例如：

（1）实时性问题。每个应用必须满足其实时性要求，因此，映射过程中必须考虑到硬件处理平台的能力。

（2）内存问题。每个处理平台内存都有限，因此映射过程中必须考虑到应用内存需求与实际处理平台内存之间的关系。

（3）通信问题。应用之间相互通信，必须考虑到物理平台能够提供的实际通信带宽。

同时，由于任务模块的切换、软硬件故障，尤其是故障的不确定性导致的系统重新配置，重新映射的过程具有很大的多样性及不确定性。随着系统规模的不断增大，这种映射过程变得越来越复杂。因此,有必要寻找一些简化的处理方法,蓝图技术就是处理此类问题的简化方法。

蓝图是对航空电子系统配置进行描述的软件,使系统总体的更改可以受控地、自动/半自动地传输到目标系统,可以对航空电子系统的整个生命周期各阶段提供配置依据,以便跟踪系统的特性。蓝图还提供在加载应用软件阶段可以离线访问的数据库,供运行中访问,以便在线执行故障处理、配置/重构和通信管理。

使用蓝图能够简化 IMA 系统设计的复杂性,允许对相同的硬件模块、软件模块及应用进行裁剪,以适应不同的模式、角色及平台需要,允许从一个预定的配置状态方便地转移到另一个配置状态,支持系统的重构。蓝图是 IMA 系统设计的关键之一,但其本身设计过程相当复杂。

5.4.1 系统蓝图

蓝图的作用是产生系统所需的配置信息,以配置 IMA 系统完成特定的系统功能。蓝图的产生过程如图 5.23 所示。

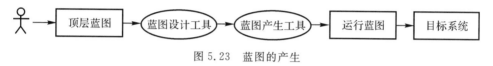

图 5.23 蓝图的产生

系统工程师通过蓝图设计工具设计顶层蓝图,并通过蓝图产生工具产生系统所需的运行蓝图,运行蓝图安装在目标系统中,指示系统如何配置以完成特定的系统功能。

顶层蓝图包括应用蓝图、硬件蓝图和重构决策蓝图。应用蓝图描述每个应用的软件构件构成和虚拟通道(Virtual Channel,VC)连接关系,如对运行时间的要求、对处理能力和内存的需求、对通信带宽的需求、对实时性的需求等。每个应用程序对应一个应用蓝图。每个应用蓝图都包括应用的名称、父和子应用程序的名称、任务执行的时限、处理器性能要求、存储器要求和通信要求等信息。硬件蓝图描述系统中每种硬件模块的类型、功能、内存、通信能力、处理器种类及运算速度等。重构决策蓝图主要用于存储系统任务模式变化或系统内部故障导致的系统重构策略,并指导系统控制管理功能执行相应的动作,完成系统重构。

运行蓝图是蓝图产生工具的输出。运行蓝图是系统的软件蓝图、硬件蓝图和配置蓝图在映射规则和优化算法作用下的结果,如图 5.24 所示。

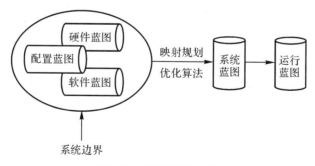

图 5.24 运行蓝图的产生

运行蓝图是系统蓝图的动态可加载版本,描述了通用系统管理所需要的信息,包括可用的硬件资源、即将运行的应用程序或系统进程、软件进程的虚拟通道信息、路由单元开关设置、功能区或软件进程在硬件模块上的映射、所有可上报的故障、应对所有故障的行为列表以及与变更配置相对应的行为列表等。运行蓝图包括一系列的指令及数据信息构成的"行动列表",其安装在实际目标系统中,指示系统管理对象如何完成对系统的配置管理。运行蓝图为系统配置或重构提供了资源信息,为故障管理提供了策略依据,是组织系统硬件、软件和配置信息的一种有效手段。

蓝图由蓝图设计工具设计,该工具输入高层蓝图信息,并根据预定的规则将应用映射到实际系统中。在设计蓝图时,应充分考虑系统的设计策略及系统的软硬件资源特性。蓝图产生工具相当复杂,通常将这个过程进行简化,将其分解成一系列小的步骤,每个步骤由独立的工具支撑。根据系统蓝图特点,可将蓝图产生工具分为系统应用及硬件蓝图产生工具、重构决策蓝图产生工具。Zeligsoft CX、GME、Stateflow 等工具为复杂系统建模及蓝图设计提供了功能强大的可视化环境。

5.4.2 配置和重构

1.配置和重构的概念

航电系统硬件的通用性使得系统具有很高的灵活性,可根据可用资源及功能需求,使用不同的映射或配置方式。系统在配置方式之间的转移过程称为重构。重构是在对整个系统体系结构和功能任务深刻认识的基础上,通过完善的系统逻辑来实现资源的高度共享,从而提升系统可靠性的一门综合技术。配置和重构行为由系统控制管理,配置和重构信息保存在蓝图中。

使系统发生配置和重构的因素如图 5.25 所示。

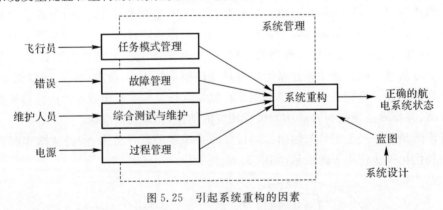

图 5.25 引起系统重构的因素

引起系统重构的因素包括飞行员改变工作模式、维护人员对系统进行测试和维护、系统上电和断电、系统硬件和/或软件故障等,重构后航电系统处于正确的状态。通过系统重构技术,可以最优化系统资源配置,从而最优化系统基本可靠性及任务可靠性设计。

上述重构因素在不同程度、不同范围内影响系统功能与资源间的映射方式,映射方式不同就决定了配置和重构有多种类型。按照不同的划分方式,重构可以有以下分类。

(1)按照配置的形式,重构可以分为逻辑配置和物理配置。逻辑配置指关于功能、进程和连接关系的一种逻辑映射。物理配置是指将逻辑配置的情况映射到具体的物理硬件上,也就是逻辑配置在物理硬件上的实现形式。每个逻辑配置中有可能存在多个物理配置,当部件发生故障时,故障管理系统将标识故障部件并访问蓝图系统,获取与该部件相关的逻辑配置,然后停止当前配置,执行新配置。

(2)按照热初始化时配置范围的大小,重构分为部分重构和全局重构。部分重构只改变系统的一部分而不影响其他部分。全局重构将改变整个系统。重构的目的都是尽可能地限制所影响的范围。虽然在某些条件下,全局重构是必需的,但是全局重构一定要慎重。

(3)按照所处的层次,重构可以分功能区重构和资源部件重构。功能区是功能应用组件紧密结合的一个逻辑组合,而资源部件则是具体物理硬件的组合。一个功能区将涵盖应用功能的一个特定方面,如果在某个特定任务阶段并不需要这部分功能,则可以执行重构过程,将其配置改变为其他功能的逻辑配置。如果在某个逻辑配置下没有足够的资源来完成所需的功能,蓝图系统中应该存在一个或多个该逻辑配置的降级版本,以使用较少的资源来降级执行所需的功能。

航电系统层的配置可以看作是功能区配置的超集,位于配置层次的最高层。可能存在多个重构跨越不同的功能区的情况,需要做出相关定义来考虑配置的协调处理。目前,配置和重构是静态完成的,应考虑所有可能的系统事件,这样在运行阶段可能出现的所有情况才能在系统设计阶段被考虑和分析,不允许系统处于可能发生而不可预测的状态。

2. 系统重构决策

系统重构采用策略驱动型,由一系列的系统重构决策策略控制。这些策略对不同的状态下采取的行为进行了规定,从而确保系统按照规定的方式运行。这些策略通常在系统运行之前预先规范好。对于具有"智能型"的系统,这些策略可根据需要实时"学习"、更新。但对于高安全的综合模块化航电系统,则必须完全按预定的策略进行规范,并对各种策略进行覆盖性测试,从而保证系统在可控的情况下运行。

重构决策策略规定了在给定的条件下对系统资源进行分析,并根据分析结果产生对应的行动列表,重构决策策略可用服务原语表示:

〈Action List〉 based on 〈analysis Results〉 when 〈condition〉

例 1 当某重要功能 A 信号处理硬件模块发生故障时,对系统当前信号处理资源进行分析,发现非重要功能 B 有信号处理资源,可通过强占非重要功能 B 的信号处理资源重构该重要功能 A,则重构决策策略可表述如下:

Action list:

 〈1. 通知重要功能 A 由于硬件故障,终止运行;

 2. 终止非重要功能 B,释放其信号处理硬件模块资源;

 3. 将该信号处理硬件模块资源划为重要功能 A 所有;

 4. 重新装配重要功能 A,并启动运行;

 }

Based on analysis

 〈1. 该信号处理硬件模块资源属于重要功能 A 所有;

 2. 当前系统存在非重要功能 B,有信号处理硬件模块资源;

 }

When

〈某信号处理硬件模块资源发生故障〉

例 2　当某重要功能 A 信号处理硬件模块发生故障时,对系统当前信号处理资源进行分析,发现系统当前已无可用信号处理资源,向上层系统汇报无法重构该重要功能 A,则重构决策策略可表述如下:

Action list

　　{1.通知重要功能 A 由于硬件故障,终止运行;

　　2.向上层系统汇报无法重构该重要功能 A;

　　}

Based on analysis

　　{1.该信号处理硬件模块资源属于重要功能 A 所有;

　　2.当前系统无可用信号处理硬件模块资源;

　　}

When

　　〈某信号处理硬件模块资源发生故障〉

随着系统规模的不断增加,这种系统重构决策规则也将越来越复杂,尤其是对开放式、可成长综合模块化系统而言更是如此。当新的功能或资源加入到系统时,将导致系统重构决策策略发生变化,如何快速地使用这种变化,如何将这种变化产生的影响降低到最小,是系统重构决策蓝图设计技术研究的重点。针对这一问题,采用一种基于 State flow 的系统重构决策蓝图设计技术。

3.配置和重构的实现过程

系统配置和重构不仅涉及硬件的配置和重构,还表现在进程、线程等软件的配置和重构方面。硬件的配置和重构可能发生在一个航电机架的通用功能模块之间,也可能发生在两个航电机架的通用功能模块之间,还可能发生在通用功能模块内部的微处理器之间等。通常情况下,软件的配置与重构可根据系统任务需要独立实现,也可能是由于硬件的配置和重构导致其上运行软件发生重构。本小节通过案例分析,具体描述配置和重构的实现过程。

例 1　图 5.26 描述了一个简化的包含两个航电机柜的航电系统模型,每个机柜包含 6 个通用功能模块,两个机柜构成了双余度系统。在每一个机柜中,通用功能模块 CFM1 和 CFM2 运行同样的实例,CFM3/REP2 作为 CFM3/REP1 的备份。该实例描述了 CFM3/REP1 发生故障后,系统启用 CFM3/REP2 备份重构的过程。

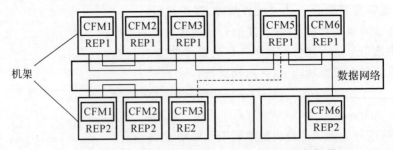

图 5.26　航空电子系统重构案例(RFP1、REP2:机架标号)

在本例中,可以搭建一个简单的功能区 IA－1,仅 CFM3/REP2 和 CFM3/REP1 属于功能区 IA-1,每一个通用功能模块运行两个应用程序,即应用程序 App1 和应用程序 App2,如图 5.27所示。

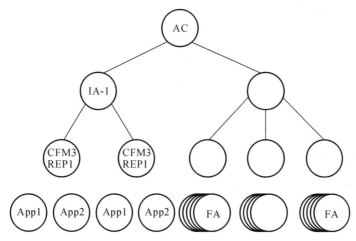

图 5.27 功能区分配

在 CFM3/REP1 发生硬件故障后,CFM3/REPI 的故障被功能区 IA-1 的系统管理监测到,然后通过对备用模块 CFM3/REP2 的使用,实现系统的重构。

对于功能区 IA-1 的重构过程,可以采用串行配置和并行配置两种方式。在串行配置方式下,首先 IA-GSM 向 CFM3/REP1 发送停止配置命令,CFM3/REP1 接收到命令后,停止当前应用程序的执行,销毁虚拟信道以及应用程序进程。在 CFM3/REP1 完成操作后,向 IA-GSM发送配置停止完成报告,IA-GSM 接收到 CFM3/REP1 的报告后通知 CFM3/REP2 加载配置信息。CFM3/REP2 接收到指令后开始加载配置处理,包括创建进程、创建虚拟信道、关联虚拟信道和应用程序以及传输链接的关系等。在 CFM3/REP2 完成配置后,通知 IA-CSM 配置加载完成,IA-GSM 向 CFM3/REP2 发出运行配置命令到此,功能区 IA-1 完成了从状态 1 到状态 2 的切换。在并行配置方式下,与串行配置不同的是,IA-GSM 可以通知 CFM3/REP1 和 CFM3/REP2 同时执行配置改变的状态切换,使两个模块同时进行重构。

例 2 航电系统的通用功能模块(CFM)上具有多个处理部件(PE),每个部件上又有若干个处理器,如图 5.28 所示。

通用功能模块 CFM2 上的处理部件 PE4 的处理器 P1(CFM2-PE4-P1)运行进程 2;通用功能模块 CFM1 的处理部件 PE3 的处理器 P2(CFM1-PE3-P2)运行进程 1,进程 1 与进程 2 之间存在通信关系。

通用功能模块 CFM2 上的处理部件 PE3 的处理器 P1(CFM2-PFE3-P1)是 CFM2-PE4 的备份,处于通电状态(空载运行)。在 CFM2-PEA-P1 发生故障后,系统将其上运行的进程 2 重构至 CFM2-PE3-P1 上,继续完成进程 1 和 2 之间的通信。

周期自检(CBIT)探测到 CFM2-PE4-P1 故障后,通用系统管理程序将根据运行蓝图中的信息重构航空电子系统,关键重构过程如下:

(1)停止 CFM2-PE4-P1 的配置:停止 CFM2-PE4-P1 上运行的进程 2;将进程 2 的所有线程从虚拟通道 VC1 上卸载;将虚拟通道 VC1 从传输连接 TC1 上卸载;删除虚拟通道

VC1、进程2。

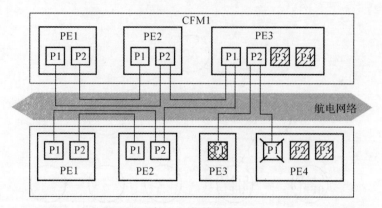

图5.28　航空电子系统重构案例2

注:CFM—通用功能模块;PE—处理部件;P—处理器;Z—空闲备用处理器;X—备份处理器

(2)配置 CFM2-PE3-P1 创建进程2、虚拟通道 VC1;将进程2挂载到虚拟通道 VC1 上;将虚拟通道 VC1 挂载到传输连接 TC1 上。

(3)运行 CFM2-PE3-P1。

思　考　题

1.航电系统体系结构的演变经历了哪几个阶段?

2.由联合式体系结构到 IMA 体系结构,技术进步主要体现在哪些方面?

3.B777 飞机的 AIMS 是怎样实现的? 其技术特征是什么?

4.为什么要采用分区操作系统? 其技术特点是什么?

5.A380 和 B787 的 IMA 体系结构是怎样的?

6.蓝图有什么作用? 它是怎样产生的?

第 6 章 飞行管理系统

飞行管理系统(Flight Management System,FMS)是一个综合多个机载电子系统的计算机系统,是大型飞机数字化电子系统的核心。FMS是当代民航先进飞机上所采用的一种集导航、引导、控制、显示、性能优化与综合管理于一体的机载系统,它使用现代数字技术,通过组织、协调和综合机上多个电子系统的功能与作用,以最佳性能为机组提供飞行管理。飞机上安装 FMS 后,能够实现自动飞行,飞机操作的自动化程度也会提高。因此,基本的领航技术已经很少使用,大多数情况下只在起飞和降落阶段的几分钟内使用,机组成员从飞行员转换为系统的管理者。

FMS 能够生成飞行计划,并在整个飞行过程中协助驾驶员完成从起飞到着陆的各项任务,保证该飞行计划的实施,实现飞行任务的全面自动管理和协调。它可以帮助飞机节省燃油,提高运行效率,增强飞行安全,保障飞行品质,减轻飞行员的工作负担,从而带来综合效益。

一个典型的 FMS 不仅能够根据飞机和发动机性能、起飞着陆机场状况、航路设施能力、航路气象条件及其装载情况生成具体的全剖面飞行计划,而且能够实现其他多种功能,例如通过主飞行显示系统显示和指示有关飞行信息,通过无线电通信与导航系统获得通信、空中交通和无线电导航数据,通过飞行操纵系统控制飞机的姿态,通过自动油门系统调节发动机功率,通过中央数据采集系统收集、记录和综合处理数据,通过空地数据链系统收发航行数据,通过机上告警系统提供系统监控和告警等功能。

承担飞行管理的功能称为飞行管理功能(Flight Management Function,FMF),承担飞行管理计算的计算机称为飞行管理计算机(Flight Management Computer,FMC),并将具有飞行管理计算机和控制显示装置的组合称为飞行管理计算机系统(Flight Management Computer System,FMCS)。当不具体地指称功能软件或硬件时,通常称之为飞行管理系统(FMS)。

6.1　FMS 的功能与结构组成

6.1.1　飞行管理系统的功能

FMS 的典型工作是实施导航和飞行性能的双重管理,实施途径为制定飞行计划,输出形式是飞机水平和垂直引导所需指令。飞行引导通过与自动控制系统交联来实现,并通过与显示控制系统的交联,为飞行机组人员提供系统控制和自身运行的状态信息以及人-机交互的渠道。FMS 能提供飞行的时间、距离、速度、经济剖面和高度的预测,这可减小飞行员工作量,提高效率,省掉许多以前通常由飞行员执行的操作。

飞行管理系统可以执行以下任务:提供飞行导航和飞机飞行轨迹的横向及纵向控制,监测飞机飞行包线,并计算每一飞行阶段的最优速度,同时在整个飞行包线内确保最小速度和最大速度都有一定的安全裕度;自动控制发动机推力以控制飞机速度;辅助飞行员进行飞行计划,如有必要可修正飞行计划以应对情况变化。

FMS能提供从起飞到进近着陆的最优水平飞行轨迹和垂直飞行剖面。飞机可以在FMS的控制下,以最佳的飞行路径、最佳的飞行剖面、最省燃油的方式,从起飞机场飞到目的地机场。这种优化体现在FMS的导航、性能计算、引导和显示等功能之中。

1.飞行计划

FMS提供飞行计划能力,并在飞行前建立燃油需求,在飞行中监视、修改和产生可选择的飞行计划。飞行计划可以通过控制显示组件(Control Display Unit,CDU)人工输入,选择出发/目的城市,选择一个已经通过数据链上传的或从磁盘加载的飞行计划,或者选择一个之前存储在导航数据库中的飞行计划(公司航线)。

飞行机组人员可以在飞行前和飞行中途检查和修改飞行计划,飞行机组人员在确认和接受修改之后,对飞行计划的修改才变为现行飞行计划的一部分,飞行人员也能够在飞行计划的修改生效前取消修改。

FMS显示相关飞行计划信息,包含指定的航线中最优或需要的飞行计划。在构建飞行计划时,应考虑飞机运营总重、当前和预测的气象条件、控制交通管制的限制和其他计划数据。

飞行计划中提供了从导航数据库中选择适当航路点的方法,此信息将保留在导航数据库中的暂存区。

2.空中导航

导航就是有目的地、安全有效地引导飞机从一地到另一地的横向飞行控制过程。导航要从起飞机场开始,根据目的地来选择航线,确定飞机当时的位置,飞机从一个位置向另一个位置前进的方向,飞机离地面某一点的距离、速度或时间,以及进行导航台自动调谐管理等。从根本上来说,导航就是给飞行员提供飞机飞行中的位置、方向、距离和速度等导航参量,完成飞机横向剖面的飞行管理,引导飞机按照预定航线飞达目的地。

FMS把早期的惯性导航、无线电导航和大气数据系统功能结合在一起,提供一个综合导航功能。飞机在起飞以前只要把飞机当时所处的经纬度输入FMC中,整个系统即开始工作。飞机起飞以后,无线电导航系统开始工作,并和惯性基准系统(Inertial Reference System,IRS)的信号相结合,一直到飞机降落到跑道上。整个飞行阶段都由FMC进行计算、操纵,并在显示设备上给飞行员指明飞机当时所处的准确位置、飞行速度和飞行高度等飞行动态数据。

导航功能的数据管理和计算主要包括下列几方面:

(1)导航数据库管理。导航数据库由用户用数据库装载机装入计算机的存储器中,数据库管理程序包含接收计算机内各电路运行要求、调用寻址和调用数据等。

(2)位置计算。计算机执行操作程序,确定飞机当时的精确位置是其非常重要的功能,它将飞机无线电导航接收机所接收到的地面无线电信号,与IRS产生的信号进行综合计算,以获得高的准确性。无线电导航接收机包含测距机(Distance Measuring Equipment,DME)和甚高频全向信标系统(Very High Frequency Omni-Directional Range,VOR)接收机,以及在飞机进近着陆时使用的仪表着陆系统(Instrument Landing System,ILS)接收机等,它们同时向计算机输送各自接收到的信号。

(3)速度计算。FMC速度计算指主要使用由IRS来的南北、东西速度分量进行地速和风速计算。这是由IRS内的三个轴向加速度计对三个轴向进行积分而获得的。FMC计算合成速度,再与由大气数据计算机(Air Data Computer,ADC)来的空速结合起来进行风速计算。

（4）高度计算。对 IRS 立轴加速度计的飞机垂直加速度进行两次积分,就得到基本的飞机高度数据,再由从 ADC 输来的气压信号对这个数据进行修正。未经气压修正的高度称为原始高度,经修正后的高度称为气压修正高度。若 IRS 无法提供高度数据,那么计算机的自动补缺方式是选择相应的 ADC 数据。

（5）导航设备的选择和调谐。导航数据库内储存着各导航台数据,在飞机当时位置附近的 20 个导航台清单中,选择 2 个最佳导航台,并对这 2 个选定的导航台进行自动调谐,以获得这 2 个导航台的无线电导航位置数据。若无法获得 2 个合适的 DME 导航台,则选择离飞机当时位置最近的 DME/VOR 导航台的距离和方位数据,然后把飞机上的无线电导航接收机的接收频率调到选定的地面导航台的工作频率上。

3.引导功能

飞机沿预选航迹飞行时,受扰动或导航不确定性引起偏离预选航迹后,引导功能可以计算航迹偏差,并产生操纵指令,对飞机导航进一步控制,使飞机沿着所选的飞行剖面飞行。

引导部分储存有实施航路的横向和纵向航段剖面数据,它计算飞机应该所在的位置,并将其和飞机实际的位置进行比较,根据它们之间的误差产生出操纵指令加到 FMS 的执行机构上。引导功能是 FMS 对飞机自动飞行进行控制的关键部分,它和飞机的自动驾驶系统和自动油门系统关联在一起。

引导分为水平(横向)引导 LNAV 和垂直(纵向)引导 VNAV 两种,通常都包括从起飞到着陆的全过程。LNAV 和 VNAV 分别完成水平和垂直剖面的航迹管理,垂直导航习惯上属于性能管理范畴。LNAV 和 VNAV 在 ND 上的显示如图 6.1 所示。

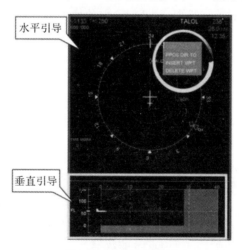

图 6.1　引导功能显示

水平引导是按照一定的控制律,对水平面内实际航迹与预选航迹的偏差进行控制。当水平引导功能接通时,FMC 提供航向控制指令,控制飞机沿预选航路飞行。在 LNAV 方式下,FMC 的导航功能与飞行指引仪和自动驾驶仪相耦合。

垂直引导是按照一定的控制律,对垂直面内实际航迹与预选航迹的偏差进行控制。当垂直引导功能接通时,FMC 提供速度和升降速度控制指令,控制飞机沿预选的纵向路径飞行。在 VNAV 方式下,FMC 的性能与飞行控制系统及自动油门相耦合。

4. 性能管理

FMS 的性能管理部分用于实现飞机的纵向剖面飞行管理,亦即飞机飞行的高度、速度、爬升和下降的速率等。FMS 与自动操纵系统交联协作,计算航迹和控制命令,同时也要满足旅客的舒适性需求。

飞机沿着预定航线飞行,飞行的纵向剖面参数,如飞行速度和高度等是决定飞机飞行经济成本的重要参数。飞机起飞后,飞机爬高速率、以多长时间爬到预定的高度、飞机的巡航高度、飞行的速度、能否分段爬到更高的巡航高度、什么时候开始下降、下降速率为多少等,关系到飞机飞这一段预定航线所需飞行时间、需耗用多少燃油的问题。

典型的性能管理的方式包括经济方式、速度方式、剖面方式和各类极限状态下的性能方式,例如最大速度、最小速度、最小油耗等。FMS 利用诸如飞机类型、重量、发动机特性和性能特性、风向风速、空气温度及飞机状态(如空速、马赫数、高度等)等信息,实现飞行计划特定指标的优化。

飞行员在数字飞行控制系统(Digital Flight Control System,DFCS)控制板上按压"VNAV"电门后,飞机的纵向剖面就可由 FMC 控制。飞行员若在 DFCS 控制板或 CDU 上选择了一些参数,FMC 即根据选择数据计算其飞行的纵向剖面,这个纵向剖面满足飞行员选择参数的要求。飞行员若没有选择特定的参数要求,FMC 就根据飞行员在 CDU 上输入的飞行成本指数,计算最佳纵向飞行剖面参数。这些参数通过 FMC 的 CDU 和电子飞行仪表系统(Electronic Flight Instrument System,EFIS)功能电路,分别在 CDU 和 EFIS 上显示。将一些参数输入到 FMC 导航处理机的引导功能部分,产生引导指令输到自动驾驶系统和自动油门系统,操纵飞机沿计算的纵向剖面飞行。

FMC 性能处理机部分的工作需要:由 FMC 内的性能数据库提供基准数据,外部传感器送来一些信号数据,也要求飞行员在 CDU 上输入必要的数据和参数限制值等,这些都是进行性能计算的依据。

5. 显示功能

在装有 EFIS 的飞机上,FMC 输出信号在主飞行显示器(Primary Flight Display,PFD)[或电子姿态指引仪(Electronic Attitude Director Indicator,EADI)]和导航显示器(Navigation Display,ND)[或电子水平手器(Electronic Horizontal Situation Indicator,EHSI)]上显示。PFD 主要显示飞机的俯仰、横滚姿态,航向道、下滑道偏离情况,速度偏离,决断高度和无线电高度,以及地速等信息。

FMS 选择、计算和发送显示数据到 EFIS 的字符发生器上。由 FMC 向 EFIS 字符发生器输送的数据来自两方面:一个是由 FMC 外部信号源来的数据,是 FMC 首先接收的;另一个是由 FMC 内部的软件功能产生后输送到 EFIS 的数据。

来自 FMC 外部的信号有 IRS 送来的飞机航向和加速度信号,以及在 EFIS 控制板上输入的显示方式控制信号。

FMC 内部有 3 项功能向 EFIS 提供数据,它们分别是导航功能、引导功能和 CDU 功能。导航功能向 EFIS 功能块输送的数据有飞机当时的位置、磁航迹、速度、飞行路径角、地速、高度、风向、风速以及导航设备对导航台的调谐频率等。引导功能的缓冲存储器向 EFIS 输送飞行计划数据,如实施的航路段、还没有实施的航路段以及修正的航路段等。引导功能电路送来要求的航迹、程序转弯、等待航线、航迹偏离和飞行纵向误差等。FMC 的 CDU 模块向 EFIS

输送飞行员在 CDU 上所选择的地图中心参考位置、边道航线、页面识别、选定的固定参考点和航路与参考点的各位置方位线，以便在 EHSI 上显示飞行员所选定的航线数据。

EFIS 接收到这些从 FMC 外部数据源或内部功能电路送来的数据后，它内部的电路进行检索、计算和编排，产生出符合要求、分为动态和背景两种格式的数据输出。

6.四维管理

四维管理是性能管理的高级形式，即系统通过控制速度，实现某一或某些航路点的所需到达时间的管理。系统应持续地评估进程并以最优的手段修改或应用必要的修正。控制应从途中巡航开始（也可更早），并延续到下降阶段中的指定控制航路点（通常为疏导定位点、下降低点或跑道）。

FMS 内部具有存储导航和飞机性能的数据库。FMS 使用从内部数据库存储器存储的，或从外部飞行数据存储单元的数据，利用系统计算和传输需要的数据，控制飞机的四维位置。

总之，飞机在 FMS 的控制下，可以实现全自动导航，并可以以最佳的飞行路径、最佳的飞行剖面和最省油的飞行方式完成从起飞到进近着陆的整个飞行过程。

6.1.2　导航和性能数据库

FMS 存储器内存储有数据库，这些数据是 FMS 正常发挥功能所不能缺少的。FMS 的数据库主要可以分为导航数据库和性能数据库两类。飞机导航方面的数据称为导航数据库，根据国际民航组织的规定，导航数据库需要每隔 28 天更换一次。与飞机性能有关的各种参数组成性能数据库，这些数据是固定不变的，不能进行更改，但不同机型的性能数据库不同。

1.导航数据库

导航数据库是为了使飞机从起飞到着陆整个过程都具备自动导航能力而设计的，它存放了整个区域的导航信息。

该数据库内的数据可以分成两大类。一类是对各航空公司都适用的标准数据，它由世界范围的机场、导航台等有关数据组成。导航数据库用于根据飞机当时位置进行导航计算以及导航台自动调谐管理等。由于航空公司本身无法采集全球导航数据的原始资料，一般都与美国杰普逊（Jeppeson）航图发行公司签订合同，由杰普逊公司定期提供，航空公司可以根据本公司飞机飞行区域适当选定所需数据。另一类导航数据是一种特定数据，是仅与航空公司飞行航线的航路结构有关的数据。这两类数据由导航数据库制造中心汇集后，首先按 ARINC424 格式进行编码，然后送入特定的计算机进行处理，再制成磁带或其他形式的媒质，包装后分发到航空公司进行数据更新。

导航数据库主要由以下几方面的资料组成：

（1）无线电导航系统。

1）导航系统类别：导航台可分为 DME 地面站台，VOR 和 DME 装在一起的 VOR/DME 台，其 VOR 的频率也可用特高频（Ultral High Frequency，UHF）的塔康台。

2）位置：导航台在地球上的位置，用经纬度来表示。

3）频率：各导航台的使用频率。

4）标高：各导航台所在位置的海拔高度。

5）识标：各导航台以 3 个英文字母作为各自的识别标志。

6）等级：导航台分为低级、高级和终端级。

（2）机场和跑道。

1）机场标志符，海拔高度，经纬度位置。

2）登机门参考位置：机场候机楼各登机门处的经纬度位置，这个位置在飞机起飞前提供给飞行员，用于起始 IRS。

3）仪表着陆系统 ILS 设备：设备运行等级。

4）跑道：包括长度、朝向、海拔、纬度、经度。每条跑道有从两个方位进出的方位数值，如跑道的一个方位为 35°，那么另一个方位为 215°。

（3）空中航路及公司航路。航路分为高空、低空航路和机场附近的终端航路等。航路数据包括标志符、序号、航路类型、高度、航向、航段距离和航路点说明等。

公司航路是航空公司负责飞行的固定航线数据，由飞机用户规定，包括起飞机场、目的地机场、航线数、类型、巡航高度和成本指数。

（4）终端区域程序包含有标准仪表离场和标准仪表进场程序，过渡和进近程序，各程序的飞机航向、距离、高度等。

（5）ILS 进近包含有 ILS 设备频率和识标、穿越高度、复飞程序以及距离等数据。

导航数据库内的数据除导航台和机场所在地的标高不大可能改变以外，其他数据都有可能在经历一段时间以后有所变化，如导航台频率更改、更新或增添新的导航台、机场跑道延伸、候机楼改建、扩大后增加登机门等，尤其公司航路有可能有较频繁的变动，因而国际民航组织规定导航数据库要定时进行更新。

2. 性能数据库

性能数据库包含对飞机纵向导航进行性能计算所需的有关数据。性能数据库可分为两类，一类是详细的该型飞机的空气动力模型，另一类是飞机发动机的性能数据模型。

飞机空气动力模型有飞机的偏航阻力和批准的飞机操作极限值，它们是最大角度爬高、最大速率爬高、最大速度、最大马赫数、一个限制包络线以及一些根据飞机和发动机型号而来的固定参数，如远航程马赫数、单发停车飞行巡航马赫数、进近速度、机翼面积和翼展，经济爬高速度、经济巡航马赫数以及襟翼放下时的规定速度等。

发动机数据模型包含飞机爬高和巡航中单发停车连续飞行时的额定推力值，在各不同高度和不同速度下的额定推力值的修正，发动机压力比（Engine Pressure Ratio，EPR）或 N1 转速限制值，推力和燃油流量关系参数，发动机在客舱、驾驶舱空调系统工作以及各防冰系统工作时的引气量等。这些数据用于发动机燃油流量计算和调节、推力计算和调节、EPR 或 N1 转速限制和目标值的计算，也用于空调和防冰引气时对发动机推力进行修正。

上述两方面的性能数据基本上是固有值，这些数据是在飞机机身和发动机设计好后就已确定的，通常是不更改的。但其中的飞机阻力系数和发动机燃油流量系数随飞机、发动机的使用会有一些变动，维护人员可通过 FMC 的 CDU 对其进行修正。

6.1.3　飞行管理系统的结构组成

FMS 一般由传感器子系统、处理子系统、执行子系统和显示子系统构成，如图6.2所示。

（1）处理子系统。处理子系统即 FMCS，主要包括 FMC 和 CDU，是飞行管理系统的核心。通常将 FMCS 比作 FMS 的大脑。

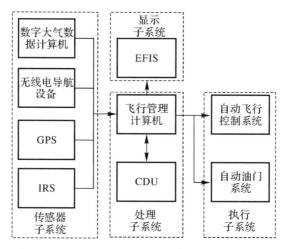

图 6.2　FMS 的组成模块

FMC 一般安装在飞机的电气电子设备舱的设备架上。根据需要,有的飞机上安装一台;而在有的飞机上装有两台,其中一台主用,一台备用。CDU 都安装在驾驶舱靠近正、副驾驶员的中央操纵台的前方,便于操作使用。CDU 一般在飞机上安装两台,分别供正、副驾驶员操纵使用,也可根据用户的要求安装一台或三台。

（2）传感器子系统。传感器子系统向 FMS 提供飞机的位置、姿态等数据信息。通常有 IRS、数字大气数据计算机（Digital Air Data Computer,DADC）、全球卫星定位系统（Global Positioning System,GPS）和无线电导航设备（如 VOR/DME,ILS 等）。

GPS 是目前可以给出最精确位置信息的定位系统。IRS 可以给出原始数据,如对飞机飞行至关重要的姿态和航向,这一点 GPS 做不到。因此,FMS 需综合多种导航设备的信息,获得飞机的位置等信息。

（3）执行子系统。自动飞行控制系统（Automatic Flight Control System,AFCS）和自动油门系统（Auto Throttle,A/T）是飞行管理系统的执行机构,通常将执行系统比作 FMS 的四肢。AFCS 对自动驾驶仪（Auto Pilot,A/P）、飞行指引系统（Flight Director,F/D）、安定面配平、自动油门等提供综合控制。

（4）显示子系统。显示子系统即电子飞行仪表系统（Electronic Flight Instrument System,EFIS）,主要负责显示飞行信息,其中包括来自 FMCS 的实时信息,如姿态、速度、航向、位置和预定飞行路径及航迹等。

6.2　飞行管理计算机系统

FMCS 由 FMC 或飞行管理计算功能 FMCF 和 CDU 组成,并与很多系统相交联。

6.2.1　系统构成、功能和 CDU

FMC 使用来自飞机传感器和存储在 FMC 中的数据作为飞机的导航、性能和引导进行计算。FMC 接收来自大气数据系统、惯性基准系统、GPS 以及无线电导航系统的信息数据,再检查和利用飞行机组输入的飞行计划信息、飞机系统数据以及 FMC 导航数据库和性能数据库来计算飞机的导航和性能目标值,对飞行计划进行管理,以及提供在 EFIS 上显示的信息数据。

1.FMC 的结构及功能模块

图 6.3 所示为民航飞机上安装的一种 FMC。在它的前面板上有故障灯、测试电门、测试正在进行灯、累计工作时间计时表等。在计算机后盖板上装有两个插座,用于连接电源和其他部件传输数据等。

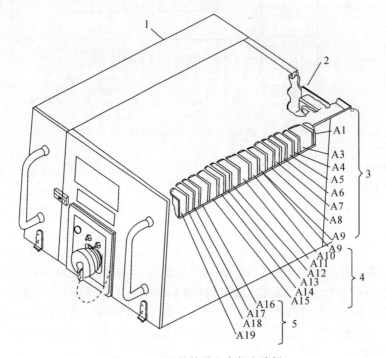

图 6.3　FMC 的外形和内部电路板

1—电源；　2—电池组件；　3—输入/输出处理机；　4—导航处理机；　5—性能处理机

该 FMC 由三台微处理机和电源组件组成。三台微处理机分别是导航、性能、输入/输出处理机。这三台处理机共有 19 块电路板,其中 A1～A8 为输入/输出处理机,A9～A15 为导航处理机,A16～A19 为性能处理机。三台微处理机各自的组成模块和内部通信如图 6.4 所示。

(1)导航处理机部分由导航微处理器和它的存储器组成,它执行与导航计算、横向和纵向操作指令计算及 CDU 管理等有关的功能。导航微处理器控制和协调所有导航部分元件的工作,它在系统的各部分有秩序地传输导航信息。

(2)性能处理机部分也由性能处理器和存储器构成,完成大部分与性能计算有关的功能,即垂直操纵引导(跟踪目标速度)和飞行包络保护。它的基本构造与导航处理部分相同,只是它的存储器的容量较小。

(3)输入/输出处理机部分除有处理器、各种存储器外,还有混合输入/输出装置、ARINC 控制器、ARINC 接口、离散信号接口等组件。输入/输出处理机有规则地在计算机和飞机各设备之间传输信息。

3 台微处理器在结构上是相互独立的,所以一个部件丧失功能不会影响其他部件的工作。

计算机内部采用 ARINC 600 进行数据通信,各计算部件之间的通信是通过公共存储器和内部处理器中断进行的。

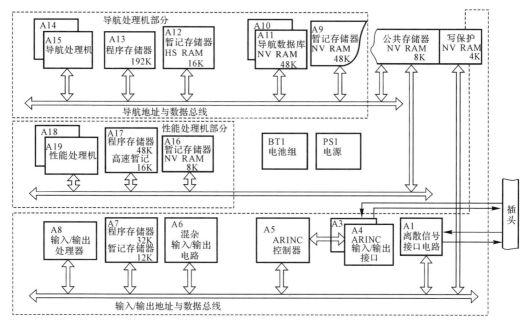

图 6.4　FMC 三台处理机的功能模块和内部通信

FMC 能同时处理 28 条 ARINC 429 输入数据和 14 条 ARINC 429 输出数据,所有的输出都是相对独立的,一部分的故障不会影响其他部分的输出。

FMC 根据输入的各种数字和离散数据,以及来自性能数据库和导航数据库的数据,进行性能数据、导航数据、引导数据处理和计算,然后用 ARINC 429 向相应的系统发出指令。

FMC 计算机内装有自检设备。FMC 的自检分为工作监控和电源接通自检两种。正常工作时,不管在空中还是地面,一直不断对设备进行自测试,并对 FMC,CDU 以及与 FMC 接口的各种传感器系统和部件进行连续监控。FMCS 自检和监控功能包括电源接通检查、飞行中监控、自检故障记录、自测试等部分。

2.飞行管理计算功能

在综合模块化航空电子系统中,FMC 被集成到 IMA 中,成为 IMA 的一个功能,即 FMCF,或称为 FMF。

在 B777 飞机上,FMCF 在 AIMS 系统中,放置在 CPM/Basic 和 CPM/ACMF 模块,参阅图 5.11。

在 B787 飞机上,FMF 包含在通用核心系统(Commom Core System,CCS),并放置在通用计算资源(Commom Computing Resource,CCR)机箱内,参阅图 5.21。FMF 被分为飞行管理和导航 2 个部分,除了导航、引导、性能管理、飞行计划这些基本功能以外,还包括一部分通信功能。

2 个 CCR 机箱共有 3 个 FMF 软件,其中 2 个位于左 CCR 机箱,1 个位于右 CCR 机箱。每个 FMF 都有 3 个工作模式:主(Master),热备份(Hot spare),备用 Backup。正常工作情况下,Master 给显示、自动驾驶和无线电系统提供所有的信号。Hot spare 与 Master 共享飞行计划和飞机状态数据,但不发送数给显示和其他系统。如果 Master FMF 失效,则 Hot spare 成为 Master,Backup FMF 接收简化的飞行计划和相关数据。如果两个 FMF 都失效了,Backup 接管所有工作,这时会进行软件复位,以防止永久失效。

3.CDU

CDU 是 FMCF 的主要控制和显示接口。飞行机组使用 CDU 来输入飞行计划数据和性能数据,手动调谐导航无线电,访问维护页面,也可以使用 CDU 对 FMCS 和其它系统进行测试。

CDU 前面板上装有多种的按键和一些信号灯。在任一个键电门被压后,该信号先被编码,然后送到 FMC 去。按照功能,按键可分为几种类型,如图 6.5 所示。

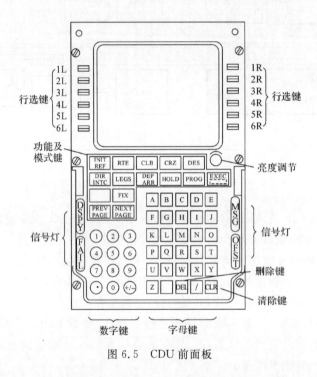

图 6.5　CDU 前面板

(1)行选键:显示器左、右两侧各有 6 个,主要作用是对数据区域的信息、数据进行管理。

(2)功能及模式键:它们是飞行操纵中使用得最多的一类键。利用这些键可使操作者做飞行计划,一旦起始各飞行方式后,可使用它们来再现飞行各阶段的飞行方式、选择各种飞行参数,并可修改预先选定的飞行计划。

(3)字母键和数字键:供操作者向系统输入数据。例如,输入起始 LNAV 和 VNAV 的所需参数和识标,对飞行计划进行修改,选择定位参考点,选定边道航线、等待航线等。

除了按键,前面板两边各有两个信号灯,右边的"MSG"是信息灯,当 CDU 上显示信息时,该白色信息灯亮,以引起操作者的注意,左边的"FAIL"是 FMC 失效灯。

6.2.2　飞行管理计算机与其他系统的交联

FMC 与飞机上的许多系统都产生交联,如图 6.6 所示。

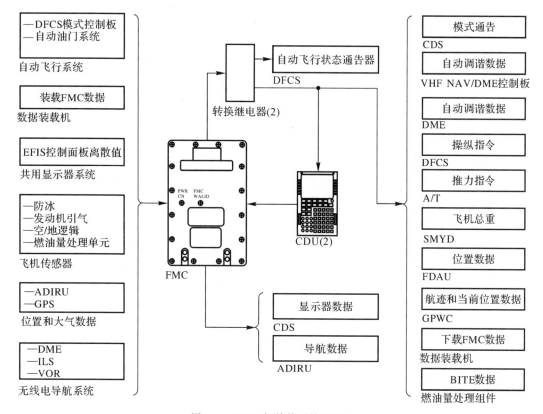

图 6.6　FMC 与其他系统的交联

1. 输入部分

(1) 传感设备。

1) DME/VOR。DME 向 FMC 提供飞机到某一地面台之间的距离数据,VOR 向 FMC 提供方位和航向道偏离信号。

2) IRS。IRS 是飞机上测量姿态和定位的主要设备。通过 ARINC 429 总线,IRS 给 FMC 提供当前位置、航向、姿态、速度、高度、地速和垂直速度等信息。

3) DADC。DADC 通过 ARINC 429 总线给 FMC 提供高度、空速、马赫数和大气温度信息。

4) 燃油油量总和器。油量总和器把各燃油油箱油量表的油量相加起来,得到飞机总燃油量,该信号被转换为数字信号输到 FMC 中。FMC 用此信号预报到达各航路点和目的地机场的剩余燃油量。当现有燃油不够飞到目的地机场时,会向飞行员发出警告信号。

5) GPS。GPS 天线从数个卫星接收位置和时间数据,然后计算出飞机的当前位置和时刻。GPS 和其他导航系统向 FMC 发送数据,FMC 将这些数据融合后给出飞机的准确位置和时间信息。

6) 几种离散量信号。飞机发动机防冰、机翼防冰和发动机引气系统向 FMC 输送这些系统工作情况的信号。FMC 使用这些系统工作情况的信号对发动机目标推力、发动机推力限制或 N1 转速的限制等数据进行修正计算。

另外,FMC 的一些工作,仅限于飞机在地面或空中进行,如导航数据库的更新必须在地面实现,而无线电导航位置修正只有在空中实现。分辨飞机在空中还是在地面,是从起落架减震柱上的空地微动电门控制的空地继电器获得的。

(2)控制组件。

1)CDU。CDU 是 FMCS 的主要组成部分,它实现了操作员和 FMCS 之间的人-机对话。在 CDU 上可以对飞机进行初始化、制订飞行计划、输入性能数据,根据要求检索显示各种页面的信息。

2)DFCS 模式控制板。通过 ARINC 429 总线,DFCS 给 FMC 输入 LNAV、VNAV 衔接模式选择,高度数据的选择及襟翼位置信息。

3)甚高频无线电导航控制板。该控制板上有一个自动/人工调谐选择电门,如 DME/VOR 频率及 VHF 导航接收机的调谐是由 FMC 自动进行,还是人工调谐,就通过这个电门选择。

4)EFIS 控制板。FMCS 通过 EFIS 显示导航图,控制板上的"距离"电门决定显示的范围。显示 FMC 信号的方式有"计划(PLAN)"和"地图(MAP)"。

另外,装有两台 FMC 的飞机上,用左、右仪表源选择板上的 FMC 选择电门来选择是用左还是用右 FMC 的数据作为导航数据源,也决定用哪一个 FMC 为自己一边的 CDU 提供显示。

2.输出部分

FMC 接收到输入设备的信号后,就进行各种形式的分析运算,得出精确的结果,再由控制信号去操纵机构执行 FMC 的各种指令,或输到各种指示仪表、显示屏幕、通告牌等指示各种数据,显示各种数值和信息。

(1)执行部件。

1)DFCS。DFCS 是 FMS 四大组成系统之一,其本身也是 FMCS 的一个执行系统。FMC 向飞行控制计算机(Flight Control Computer,FCC)输出各种操纵指令,有目标高度、目标空速、目标马赫数、目标升降速度、倾斜指令等。FCC 根据这些输入数据进行综合运算,产生飞机爬高、下降、倾斜转弯等操纵指令,驾驶飞机按要求的航向和高度层飞行。

2)自动油门系统(Auto Throttle,A/T)。FMC 向 A/T 计算机输送飞机爬高、巡航和复飞的发动机推力或 N1 转速限制值、飞机全重、FMC 要求高度和假设空气温度等信号。A/T 计算机根据这些数据产生油门位置指令,把油门杆置于正确位置以产生要求的飞机推力。

3)惯性基准组件(Inertial Reference Unit,IRU)。IRU 在起始校准时,通过 FMC 接收来自 CDU 的飞机当时位置的经、纬度数值;"姿态"方式时,也接收 CDU 的飞机航向数值,作为起始数据。

(2)显示装置。

1)CDU。CDU 也是 FMC 的一个输出显示设备,可以进行 FMC BITE 测试,显示自检信息、故障情况等。

2)EFIS。FMC 输出有关飞行计划的飞行航路、飞机航向、航路点、导航台、机场、跑道、风向、风速等信息,它们以地图的形式呈现在 EFIS 的 EADI 和 EHSI 的显示屏幕上,飞行员可直观地通过该显示了解整个飞机飞行的详细动态情况。

3)马赫/空速表。马赫/空速表是 ADC 的显示仪表,在它上面显示飞机的空速、飞行的时速(海里/小时)。

4)发动机 N1 转速表。FMC 通过数模转换器在 N1 转速表上显示计算的 N1 目标转速。

5)发动机显示和机组警告系统(Engine Indicating and Crew Alerting System,EICAS)。FMCS 在 EICAS 上显示数值和各种文字信息,若 VNAV 已衔接,则 FMC 计算的发动机目标推力,以红色数字在 EICAS 的 EPR 上显示。

另外,还有飞行员在 CDU 起飞基准页面上输入的外界假设温度,各系统飞行状态信息,以及 FMC 故障警告信息。

6)飞行方式告示牌和信息故障灯。FMC 在飞行方式告示牌上向飞行员显示当时发动机所执行的推力限制或 N1 限制方式,如起飞、复飞、爬高、降低推力和降低 N1 限制等。FMC 也向告示牌上的信息和故障灯提供离散信号,一旦出现警戒信息或出现故障,两个信号灯亮。

6.3　FMC 自检及双系统工作原理

6.3.1　自检功能及原理

目前,飞机上安装的计算机设备都具有内装测试设备(Built In Test Equipment,BITE),即自检设备,FMC 也不例外,FMC 的 BITE 功能是 FMCS 的重要功能之一。

1.BITE 简介

BITE 功能对 FMC 和 CDU 进行连续监控,以防止系统工作不正常时输出错误信号,危及飞机飞行安全。一旦自检电路发现系统故障,除关闭本机的工作外,还立刻以离散信号方式通知飞机其他系统,告知 FMCS 已经失效,故障部件上的失效指示器显示故障信号。与此同时,在双通道的 FMCS 中,重新组合为双 CDU 单 FMC 系统或单 CDU 双 FMC 系统继续工作。此外,FMCS 的 BITE 还对与 FMC 接口的各传感器和部件进行连续的监控,甚至还能在 FMCS 的 CDU 上对一些接口系统进行自检,以协助操作人员对系统进行故障寻找和故障隔离。BITE 内的故障存储器能把 10 次飞行中的系统自检结果记录下来,在维护检修时向检修机务人员显示。

飞机在地面上时,BITE 功能还能按照维护人员的要求执行自测试任务。它不但能测试 FMCS 系统,还能对 AFCS、A/T 系统和 IRS 等系统的部件进行人-机对话式的功能检查。这些系统自检包括系统当前状态、飞行故障记录检查、接口检查、地面功能测试、传感器信号检查等,总共有几十类测试项目、上百个页面显示。在进行这些测试时,FMCS 的 CDU 就是一个综合控制和显示设备。在有些测试页面上,除显示一般故障状态外,还可通过输入代码,检查有关故障情况的详细工程数据。通过检索各有关的测试页面,维护人员可以很简便地发现故障所在部件,这样大大缩短了寻找故障时间,节约了维护成本。

BITE 对 FMCS 的监控和测试对象包含两大部分。一部分是对计算机硬件设备的检查、监控,包括对存储器、ARINC 429 发送和接收机的检查,对 FMC 程序销钉准确性的检查,对输入/输出控制器、接口通信系统、传感器的检查等。另一部分是对计算机软件的检查,这方面有微处理机指令检查、软件定时监控、数据库软件比较检查等。

FMCS 是一个综合、复杂、功能多的计算机系统,若某一部分工作由于外界条件或其他原因不能实施,FMCS 并不关断,除故障部分外,其余正常部分仍能工作,只有当出现的故障使整个 FMC 或 CDU 不能工作时,才真正关断这些部件。因此系统的故障显示比较复杂。

2.自检监控功能

FMCS 自检和监控功能包括电源接通自检、飞行中监控、自检故障记录、自测试等部分,如图 6.7 所示。

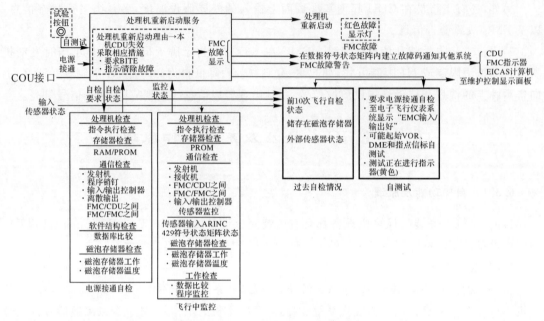

图 6.7　FMCS 自检和监控功能模块

(1)电源接通自检。电源接通自检是在电源刚接到 FMC 时立刻启动的自检,以确定 FMC 能正常投入工作。此外,当电源中断时间大于 200 ms,或按压 FMC 前面板上的"启动测试"电门时,也能由处理机重新启动服务电路,发出一个电源接通自检的要求,接着启动自检。

电源接通自检包括处理器、存储器、通信检查、数据库软件比较检查等。

处理器检查要执行全部有效微处理器指令,将经过计算得的和值与在寄存器和存储器里的预定和值进行比较检查。

存储器检查包括两个方面:一是检查存储器壳体内温度是否超过 85℃;二是可靠性检查,用一个单独的 16 位总和检查器测试 PROM,将其结果与预先给定的和值进行比较,通过以后,才允许微处理器检索存储器。

通信检查项目比较多。数据发送机测试检查 ARINC 429 发送机;程序销钉检查,负责检验当时飞机和发动机型号、性能选择的销钉实际输入信号是否与在性能数据库内储存的程序销钉数值一致;输入/输出控制器检查:把输入数据送到输入/输出控制器,使之执行数据测试,将其结果与已知的数值进行比较;FMC/CDU 接口测试:由 FMC 向 CDU 发出一个执行模拟键操作的交联测试;FMC/FMC 接口测试在双 FMC 系统中进行,两台 FMC 通过内部系统总线比较程序销钉、数据库、软件等,要求两台 FMC 完全一致。

数据库软件比较检查是电源接通自检项目中的最后一种检验,也只有在双 FMC 系统中才进行。一台 FMC 接收来自另一台 FMC 发送的导航数据库识别数据,与它自己的数据库识别数据进行比较。此外,对两台 FMC 的操作程序软件也进行比较,以确保两边装载的软件是一致的。

（2）飞行中监控。飞行中监控是 FMC 在正常工作中连续不停地进行的。此功能作为 FMC 的后台任务来完成，并不影响 FMC 软件的正常工作。飞行中监控除了执行在前面叙述的电源接通自检所要完成的检查任务外，还要执行其他一些附加的监控检查项目。在通信检查中，除了上述说明的检查项目外，还要进行数据接收试验，若测试接收机探测不到任何信号，就认为一个传感器出了故障。所增加的传感器监控是对传感器工作状态进行检查，它对所有传感器输入信号进行检测，方法是在数据传输线上检查 ARINC 429 符号状态矩阵。

工作检查是用一个硬件计时器在 0～1.024 s 时间内进行计数。在软件中有操作码，至少要在每 1.024 s 内使搏动监控器，即"看门狗"电路复原到零位。若监控器计数超过 1.024 s 时而没有复原逻辑，它就送出一个软件故障信号到监控自检电路。但这时并不立即向外部电路送出一个 FMC 故障信号，而先经过处理器重新启动测试，再正式判断是否有故障。

工作检查的另一个项目是数据比较测试，这也是在 FMC 工作中连续不停地进行的检查。这个测试仅在装有两台 FMC 的双 FMC 系统内进行，主、从 FMC 对计算的飞机当时位置、制导缓冲器总和检查和键盘操作程序号码进行交叉比较，以判断主、从两台 FMC 工作是否准确一致。

处理器重新启动测试是在某项测试失败或监控器探测到任何故障时进行的，它只是重复进行电源接通测试。若在 5 min 内重新启动测试进行了两次，处理器重新启动测试电路就确定 FMC 出现故障，立即把 FMC 锁定，并使 FMC 前面板上的红色故障显示器亮。同时，它向 FMC 外发送一个 FMC 故障离散信号，使在 CDU 面板左下角的故障（FAIL）显示器亮，驾驶舱飞行员警告显示 FMC 注意灯亮。若飞机上安装了 EICAS，则在 EICAS 的上显示屏幕上显示"FMC 故障"信息。若 EHSI 正在与 FMC 配合工作，此时在 EHSI 上显示变为空白，有"MAP"字母显示在屏幕中央。这种状态会一直持续，直到把 FMC 供电电源切断，经过 15 s 以后，再重新接通。这时 FMC 又重新开始电源接通自检，若能通过，则 FMC 仍然再次正常工作。

（3）自检故障记录。自检故障记录把飞机每一次飞行中 FMC 自检状态储存在 FMC 的硬盘半导体或磁泡存储器里。这种存储器是非易失性的，它可以保留以前 10 次飞行中的 FMC 自检状态。飞机在每一次飞行结束后，把前面第 11 次的飞行状态记录首先洗掉，然后把当次飞行的 FMC 最新自检情况记入。除上述 FMC 自检和监控信息记录以外，还可把外部传感器情况记录下来，以帮助地面维护人员进行故障隔离和查找。

FMC 本身自检的记录有指令执行、程序存储器、ARINC 429 发送和接收机、程序销钉、输入/输出控制器、离散输出、FMC/FMC 数据比较、存储器温度和工作以及程序监控等测试的通过或失败状态。外部传感器 IRS、DME、VOR、ADC、燃油流量、燃油总量、ILS、时钟、TMC、EHSI、AFCS、MCP、CDU、内部总线、数据库装载机等，它们发送的 ARINC 429 数据的符号状态矩阵是在正常状态、测试状态还是故障状态，以及外部传感器是实际故障还是无计算数据，等等，也都储存在非易失性存储器里。

在安装有维护控制显示面板（Maintenance Control Display Panal, MCDP）的波音 757/767 等飞机上，在 FMC 存储器里储存的故障状态能发送到 MCDP 去，但只有在飞行中引起的 FMC 故障及使横向导航和纵向导航脱开的问题，才能在飞机落地以后以规定格式发送到 MCDP。

（4）自测试。FMC 面板上有一个自测试按钮，用它可以启动 FMC 的自测试，自测试也是

FMC 的 BITE 功能的一个组成部分。按压该自测试按钮后,首先启动电源接通 BITE,在自测试过程中,输出必要的显示信息。在自测试过程中,也可能会引起与 FMC 有联系的无线电设备 VOR、DME 和信标接收机的自测试。

假定在左 FMC 面板上按压了测试按钮,首先,左 FMC 面板上黄色的测试进行灯和红色的故障灯一起亮 20 s;若在 EFIS 控制板上选择了"地图"或"计划"方式,左 EHSI 上的显示图像固定不变,且在屏幕的中央出现测试信息。

若测试成功,则出现"FMC 输入/输出测试通过"。若测试失败,则显示"FMC 输入/输出测试失败"的信息,左 CDU 显示也被固定,在 20s 的测试时间内不能进行任何操纵来更改。右 CDU 显示不受影响,但它的便笺行上会出现"单 FMC 工作"的警戒信息,操作者可在其上检索维护页面的"FMC 传感器状态"第二页,该页上第二项到第四项 FMC、FMC/CDU、L-BUS 的显示变为测试信息,如图 6.8 所示。

```
R  FMC  SENSOR   STATUS 2/2
LRU           LEFT    CTR    OK
EFIS/CP       ---     ---    OK
FMC           TEST    ---    OK
FMC/CDU       FAIL    ---    OK
L-BUS         TEST    ---

<INDEX
SINGLE FMC OPERATION
```

图 6.8 非测试一侧 CDU 传感器状态页

第二行 FMC 状态和第四行内部总线两项的左边显示"测试",而第三行 FMC 和 CDU 一项所显示的"失效"也是正常的测试显示。由于 FMC 处于测试状态,它和左 CDU 的联系处于失效状态,不要误认为是故障指示。

6.3.2 双系统工件原理

1.双系统工作过程

FMCS 系统一般是由两台 FMC 和两台 CDU 组成,即称为双 CDU/双 FMC 系统。一般正驾驶一侧的 CDU 和左 FMC 组成一个系统,且该 FMCS 在运行中起主要作用,称为主 FMCS;而副驾驶一侧的 CDU 和右 FMC 起从属作用,称为从 FMCS。

主和从 FMCS 系统分别独立工作,各自进行数据计算和控制,但它们之间互相又有联系。它们在作用上并不分主、从关系,只有在进行数据比较、处理 CDU 请求、故障关断等一些工作时,才区分为主和从的关系,这样安排增加了系统的可靠性。

双系统的正常结构如图 6.9 所示。两台 FMC 和两台 CDU 分别组成左、右(主、从)两套 FMCS。只要驾驶舱内的 FMC 仪表选择电门在正常位置,左 FMC 除与左 CDU 直接联系外,还与左、中 FCC(飞行控制计算机)、左 EFIS 字符产生器和 TMC(推理管理计算机)通过数据总线联系。右 FMC 和右 FCC、右 EFIS 字符发生器通过总线联系。此外,两台 FMC 之间也通过内部总线联系在一起。

CDU 不但与自己一侧的 FMC 互相交联,也向另一侧的 FMC 输送信息。如此安排使得在任一个 CDU 上起始的请求,可以先在主 FMC 处理,然后由从 FMC 处理。两台 FMC 都完成处理以后,才能接收 CDU 上起始的下一个请求。

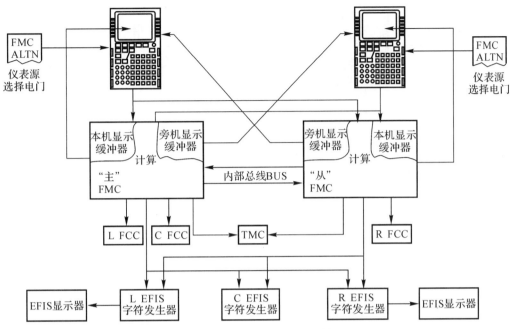

图 6.9　双 CDU/双 FMC 系统

处理结果不但会在被操作的 CDU 上显示,若另一台 CDU 也正显示同一个页面,该 CDU 上同样会显示其处理结果。两台 FMC 也分别有数据总线与另一侧的 CDU 联系,但当左、右两个 FMC 仪表源选择电门在正常位置时,这两条总线虽有数据传输,但并不被使用。

双 FMC 系统中,两台 FMC 之间通过内部总线联系起来。在处理任一 CDU 起始的请求时,先由主 FMC 处理,主 FMC 通过内部总线再通知从 FMC 进行处理。

当电源刚接通时,两台 FMC 要通过总线进行一些软件比较,它们是操作程序、性能数据库、程序销钉结构以及导航数据库等项目的比较。此外,双 FMC 系统正常工作期间,两台 FMC 还通过内部总线对各自计算的各项数据进行比较,以确保两台 FMC 之间计算结果始终相同。数据比较的项目有飞行计划、制导误差和制导指令、飞机当时经纬度位置和 FMC 计算速度等。

2. 双系统工作时的故障检测和重组

如果检测到两台 FMC 的某项数值的差值超过了允许范围,那么,不论哪台 FMC 在计算上出现问题,主 FMC 就要对从 FMC 进行重新同步。若在 35 s 的重新同步时间里,同步不成功,则主 FMC 就把从 FMC 关断,出现从 FMC 的故障显示,此时整个系统就只有一台 FMC 工作,双系统已欠缺不全。若要转为双 CDU/单 FMC 工作系统,必须在失效 FMC 一侧按压 FMC 仪表源选择电门,使之处于"转换"位。这样,仍然在工作的 FMC 与另一侧的 CDU 实现了正常的联系,如图 6.10 所示。

这样,在任一 CDU 上起始的请求都只在剩下工作的 FMC 内被处理,而该 FMC 输出数据到两个 CDU 上用于信息显示。此外,这台 FMC 向左、中 FCC 和 TMC 输出数据,还同时向左、中、右 3 个 EFIS 的字符发生器输送信号。此时,在左、右 EFIS 和 EHSI 及左右 CDU 上显示的数据都来自一台 FMC。

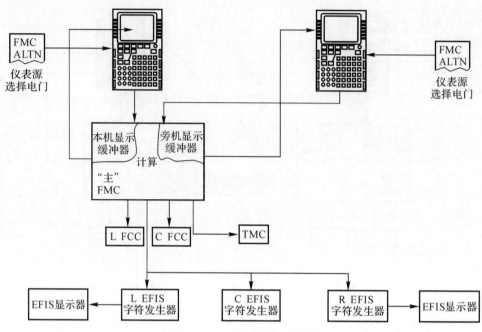

图 6.10 双 CDU/单 FMC 系统

在 B 757、B 767 等有 EFIS 与 FMCS 联合工作的飞机上,若是原有双系统工作的 FMCS,因为某种原因变成双 CDU/单 FMC 或单 CDU/单 FMC 系统,仅有一台 FMC 仍在正常工作,有一个特殊情况可能会发生。如果由于某种原因在正、副驾驶任一侧按下了 FMC 仪表源选择电门,由一台 FMC 向两侧的 EHSI 输出显示信息,若在两侧的 EHSI 控制板上所选择的 EHSI 地图显示的距离不一致,有效 FMC 一侧的 EHSI 上会以在这一侧的控制板上所选择的显示距离正常显示,而由于 FMC 不能输出另一种显示距离的数据,失效 FMC 一侧的 EHSI 不能正常显示,会在显示屏幕上出现"地图距离不一致"的信息。这是由于单 FMC 工作时,在两个 EFIS 控制板上选择了不同显示距离时出现的现象。在这种情况下,只要把两个 EFIS 控制板上选择的距离调整成一致,即可使 EHSI 恢复正常显示。

FMC 和 CDU 之间在正常情况下主要是在同侧之间建立联系。各自的 FMC 都向它一侧的 CDU 以 1 Hz 的频率发送一个特殊的 BITE 询问字,由 CDU 向 FMC 做出响应。假若该 CDU 处于电源关断状态或有故障,不能向 FMC 发送回答信号,FMC 就认为该 CDU 出现故障。此时剩下的 CDU 与两侧的 FMC 进行联系,组成一个单 CDU/双 FMC 系统,如图 6.11 所示。

两台 FMC 的工作仍像正常双系统工作时一样,但失效 CDU 一侧的 FMC 并没有数据输出到 CDU 上去显示。除非仍在工作的 CDU 一侧按压仪表源选择电门,失效 CDU 一侧的 FMC 才能输出数据到该正常工作的 CDU 上进行显示。但两台 FMC 仍然按正常安排分别向与之相联的 FCC 和 TMC 输出操纵指令等。

在系统正常工作中,判断 FMC 和 CDU 是否有故障的检测方法如下:

在两个 FMC 之间平时总是通过内部数据总线互相传递信息,当某台 FMC 收不到来自另

一台 FMC 的实时飞机位置数据时,就确定那台 FMC 已经失效。CDU 故障的检测是由 FMC
每秒一次向 CDU 发出 BITE 自检询问字,当 CDU 工作正常时,会对 FMC 的 BITE 询问字做
出回答,若 FMC 接收不到来自 CDU 的应答,那么 FMC 就确定该 CDU 失效。

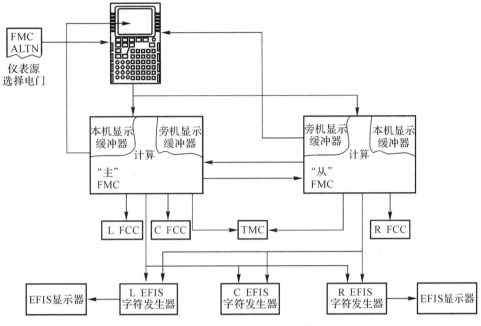

图 6.11　单 CDU/双 FMC 系统

　　这样检测有个问题,即不仅 FMC 和 CDU 本身失效,而且内部数据总线因断路、短路或其
他原因,也可能使 FMC 之间互相接收不到飞机当时的位置信号,FMC 接收不到对 BITE 自检
字的回答。在这种情况下,也同样把它们当作 FMC 或 CDU 故障来处理,由系统重新安排组
成单 FMC 或单 CDU 结构。一旦发生了此类故障就要求机务人员采取措施,准确判断,及时
找出故障所在位置。

思　考　题

　　1.飞行管理系统的功能是什么?
　　2.导航数据库的作用是什么? 其主要由哪几方面的资料组成? 性能数据库可分为哪几
部分?
　　3.飞行管理系统由哪几部分构成?
　　4.传统的飞行管理计算机由哪三台微处理机组成? 其各自作用是什么?
　　5.飞行管理计算机需要与飞机上哪些系统交联? 为什么?
　　6.FMCS 自检和监控功能包括哪几方面? 其作用分别是什么?
　　7.飞行管理计算机出现故障后是怎样处理的?

第 7 章 综合显控信息系统

飞机驾驶舱是各种飞行信息汇总的中心,也是飞行员发出各种控制命令的中心。驾驶舱综合显示与控制系统承担着航电系统人-机交互的任务,它将机载传感器和各系统的信息数据以可视化的方式显示给飞行员和机组人员,为他们提供通信和导航信息、飞行指引信息,接收并显示飞机各系统参数、状态信息和故障信息等,使飞行员能够及时了解飞行状态,以便安全地驾驶飞机。同时,采用触敏、功能按键等方式,实现飞行员对航电系统的控制输入,完成语音、手动控制等信息的处理与综合,生成图形显示界面。

数字化技术、大尺寸高分辨率的彩色显示器和高度自动化极大地丰富并改善了当代飞机的驾驶舱。

7.1 驾驶舱显控系统的功能及发展

1. 综合显控系统的功能

显示与控制系统是航电系统的显示控制和管理中心,对于民用飞机,其功能主要包括以下几方面:

(1)综合显示:包括图形、数字地图以及图像和视频的处理和显示,如飞机参数显示、通信和导航信息显示、发动机参数显示以及其他飞机系统状态信息显示等。

(2)显示系统综合管理:提供驾驶舱人-机接口,对机组人员所需机上数据资源进行集中管理,包括驾驶舱显示控制,如显示画面选择、图形/图像叠加显示等,进行飞行模式选择、管理通信和导航等。

(3)飞行航路规划:包括飞行过程管理及飞行计划管理,如起飞、巡航、进近、着陆等,并可以根据飞行任务需求、气象或地理情况,进行飞行计划调整或修改,如航线/航路点选择、编辑、确认及执行等。

(4)为飞机提供通信和导航功能、仪表着陆功能,实现无线电传感器的初始化、频率管理、信息处理等功能。

(5)数据传输及数据记录控制:负责整个系统的软件加载、数据库加载/卸载,以及飞机状态参数、发动机参数和故障信息记录。

(6)系统告警:根据采集的飞机自身状态信号、发动机信号、飞行员输入信息等,完成控制确认、系统检测和告警等功能,主要包括灯光告警和语音告警。

对于军机,显控系统的具体功能主要有以下 3 项:

(1)航电系统的管理与控制:包括确定航电系统及各子系统的操作状态,管理航电系统的模式控制,对子系统进行特殊功能控制,对航电系统自检进行控制,进行航电系统备份控制和传感器随动控制,控制和管理数据总线的通信。飞行员可以通过显示与控制系统单独启动或成组启动航电各子系统。

（2）航电系统与飞行员接口的管理。飞行员通过显示与控制系统中各开关、旋钮和按键输入自己的要求，实现对航电系统的控制与管理，再从相关显示器的显示画面和控制面板的信号灯指示中得到各种信息。

（3）视频信息的处理与控制。显示与控制系统管理和处理来自各视频源的视频信息，飞行员可以根据需要，选择记录一台显示器或同时记录若干台显示器或座舱视频摄像机上的内容，也可根据操作模式和飞行中出现的特殊事件来自动选择要记录的信息。

2. 综合显控系统的发展

驾驶舱显控系统从早期的电磁时代发展到现在的光电时代，今后将发展为由更多先进技术支持的下一代综合显控系统。

（1）电磁时代：机电显示。早期驾驶舱由大量分散的圆盘机械仪表构成，如图 7.1 所示。大部分机械仪表只能指示一个传感器的参数，只有少数的仪器可以指示多个传感器的输出值，例如水平状态指示器。后来也逐渐开始采用专用的阴极射线管（Cathode Ray Tube，CRT）显示器，但它只能显示简单的页面。

(a)　　　　　　　　　　　　　　(b)

图 7.1　早期飞机的驾驶舱
(a)民机；　(b)军机

（2）光电时代：玻璃驾驶舱显示。随着显示与控制技术的发展，在现代民用航空中，传统的圆盘机械仪表已被电子仪表所代替，发展成为第一代"玻璃驾驶舱"，并广泛采用显示器、控制器以及自动控制为一体的技术。

采用玻璃驾驶舱的典型的飞机有 B757/B767、A310 及 MD88 等。显示系统大量采用多个 CRT 显示器，用以显示空速及高度等主要的飞行信息。系统中还采用专门的地图显示器，并与飞行管理系统相交联，飞行员可从地图显示器上看到飞机计划航迹以及相关的航路点等导航信息，这些信息预先规划并存储在计算机里。系统引进了综合告警系统，并在中央 CRT 显示器上显示发动机状态、燃油等信息。

第二代玻璃驾驶舱显示与控制系统广泛采用大尺寸显示器，并逐步采用液晶显示器代替 CRT 显示器，如图 7.2 所示。

所有主飞行信息综合显示布置在驾驶舱主仪表板的显示器上，驾驶员可以通过菜单、手动控制等不同方式来访问与管理信息，大大提高了飞行员的人-机工效。

第三代玻璃驾驶舱包括 B787、A380 等飞机驾驶舱，代表了未来驾驶舱人-机接口的重要变化，如图 7.3 所示。

图 7.2　第二代玻璃驾驶舱

(a)　　　　　　　　　　　　　　　　(b)

图 7.3　B 787 飞机驾驶舱

(a)民机；　(b)军机

3. 下一代驾驶舱综合显控系统

下一代驾驶舱很有可能利用逐渐出现的显示技术、触摸屏、触觉反馈、三维图像与声音、主动噪声抑制技术、手势识别和集成生物传感器，驾驶舱应该会更加安全、简单，更加容易训练和实现单人-机组。泰雷兹的驾驶舱设想采用带有触摸功能的大尺寸三维显示器，背部微型投影仪、可弯曲直视屏幕、触摸屏、直接语音命令、广角彩色平视仪（Head Up Display,HUD）、头戴显示器、更高的图形质量和图像处理出现在驾驶舱内都会成为可能。

如果气象和可视环境恶劣，在目视气象条件下进行正常飞行操纵会非常困难，目前的技术条件提供了多种克服低能见度操作困难的解决方案，一种方案就是为机组人员提供增强视景参考。增强视景系统（Enhanced Vision Systems,EVS）利用被动成像传感器，如前视红外线、低亮度图像增强设备或类似毫米波雷达的主动成像传感器等，为机组成员提供外部场景的增强图像或源自传感器的图像。EVS 采用传感器来"查看"飞行路径周围的环境，为飞行员"看见"提供必要的平视视觉信息，减轻了能见度下降对飞行操纵的影响，允许经过训练的飞行员在常规的Ⅰ类机场执行非精确进近操作。EVS 的显示如图 7.4 所示。

合成视景系统（Synthetic Vision Systems,SVS）采用计算机图像生成方法，在驾驶舱前方显示外部地形场景的合成图像，为跑道位置和其他目标提供辅助合成视景。图像来源于飞机姿态、高精度的导航地形数据库、障碍和相关的景观，SVS 能够提供涵盖飞行环境、危险地形、障碍物机场特征，以及精确导航指引等增强直观图景。

而组合视景系统（Combined Vision Systems,CVS）是将 EVS 和 SVS 有层次的、按照一定的关系显示在一个显示器上，如图 7.5 所示。

图 7.4　罗克韦尔科林斯 EVS 3000 图像

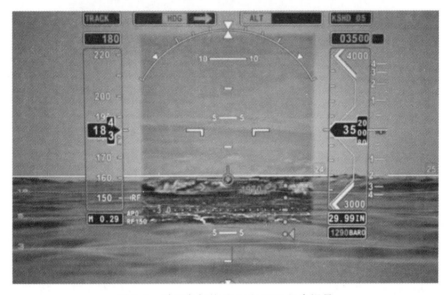

图 7.5　霍尼韦尔的 SVS 和 EVS 组合视景

7.2　综合显示信息系统的结构与组成

7.2.1　典型民机综合显控系统

1. 显示信息的类别

按照不同的功用,显示信息可以分为以下几种类型:

(1)飞机自身姿态信息。显示飞机的运动状态,供飞行员感知、控制和维持飞机的飞行能力,主要包括飞机姿态,如转弯、俯仰、侧滑、地平等。

(2)导航信息。主要指飞机相对于其环境的信息,主要包括空速、高度、升降速度、加速度、空中位置、方位、大气温度等。

(3)发动机状态信息。主要包括的发动机参数有推力、转速、排气温度、燃油油量等。

(4)飞机系统状态信息。用于检查或反映飞机和各个系统附件的工作状态,包括飞机操纵系统中的滑油压力、起落架和襟翼位置,以及其它各系统的工作参数。

2.驾驶舱综合显控系统布局

典型民机驾驶舱显示控制系统主要由顶板、遮光板、操纵台、主仪表板组成,如图 7.6 所示。

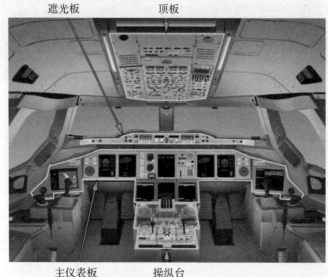

图 7.6　民机驾驶舱显控系统基本布局

顶板上有很多系统的操纵开关,主要用于飞行前的各项检查,以及在飞行中执行应急或异常程序;遮光板用于飞行引导和短期飞行管理。操纵台包括通常在常规飞机中用到的控制装置,例如无线电通信、襟翼收放、刹车、发动机控制等,还包括多功能控制显示组件(Multipurpose Control Display Units,MCDU),它是飞行管理及引导系统的人-机接口。

主仪表板通过 EFIS 和备用仪表显示飞行信息,通过飞机电子中央监视(Electronic Centralized Aircraft Monitoring,ECAM)(空客飞机),或发动机指示和机组警告系统(Engine Indicating and Crew Alerting System,EICAS)(波音飞机)来显示系统信息。

3.显控系统的结构组成

下面以 A380 驾驶舱控制和显示系统(Control and Display System,CDS)为例进行说明。CDS 管理飞行和系统信息的显示,通过 8 个显示器进行系统监控和飞机环境视频监控,典型布局如图 7.7 所示。

这 8 个显示器为:2 个主飞行显示器(Primary Flight Display,PFD),2 个导航显示器(Navigation Display,ND),1 个发动机/警告显示器(Engine/Warning Display,EWD),1 个系统显示(System Display,SD),2 个多功能显示器(Multi-Function Display,MFD)。

CDS 包括 EFIS 和 ECAM 系统,这些显示器通过航电系统通信网络(Avionics Data Communication Network,ADCN)获取其他飞机系统的数据,然后产生合适的显示信息。每个显示器可以支持不同的显示格式,并且在一个或多个显示器失效的情况下能够重新配置。

EFIS 显示飞行参数和导航数据,EFIS 包括 PFD 和 ND,如图 7.8 和图 7.9 所示。

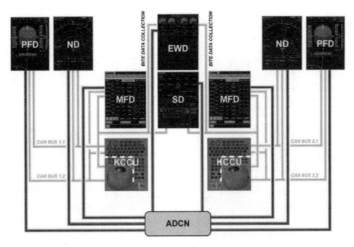

图 7.7　A380 飞机驾驶舱 CDS 系统布局

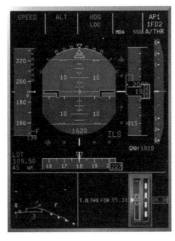

图 7.8　PFD 显示

图 7.9　ND 显示

　　PFD 提供主飞行姿态、飞行指引和自动驾驶模式报告,提供的基本信息包括空速、高度、迎角、自动驾驶控制、气压计和 ILS 指示器等。ND 给出了飞机相对于空域、导航台的位置显示,提供航向、航迹、真空速、地速、当前使用导航台呼号和频率、飞行计划航路、气象雷达成像等信息。

　　ECAM 显示器在 EWD 上显示发动机信息,在 SD 上显示飞机系统简图信息,如图 7.10 和图 7.11 所示。ECAM 还从飞行警告系统(Flight Warning System,FWS)获取显示数据,FWS 计算警告并管理 ECAM 的显示。ECAM 提供正常和异常程序的信息。在正常操作中,ECAM 提供必要的信息来帮助飞行人员操作和监视飞机系统。在异常操作中,ECAM 帮助飞行人员管理系统故障和飞机异常配置,此类信息除了在 EWD、SD 上显示外,还显示在两个 PFD 的下方区域。

　　两个 MFD 是人-机接口,用于控制和显示这些系统来的数据:飞行管理系统,空中交通管制,监视,自动飞行系统的飞行控制组件备份功能。

图 7.10　EWD 显示

图 7.11　SD 显示

7.2.2　典型军机综合显控系统

1. 座舱显控系统的组成

座舱显控系统主要由显示控制处理机、显示器、控制器、视频摄像机、视频磁带记录仪等组成。

显示控制处理机负责显示系统与机上其他电子设备(如火控计算机、雷达、惯性导航系统、大气数据计算机、无线电通信设备、飞行控制系统、发动机电子调节系统等机载设备)的信号交联,接收飞机的导航、作战信息,进行显示图形或图像处理,把控制器输入的命令或操作状态发送到有关的机载设备。

显示器一般包括一台平视显示器和若干下视显示器,对于头盔显示系统还有头盔显示器。显示器用于把显控处理机处理以后的图形(或图像)在屏幕上进行显示。飞机具体型号不同,显示器的台数有较大差异。显示器在座舱内的布局如图 7.12 所示。

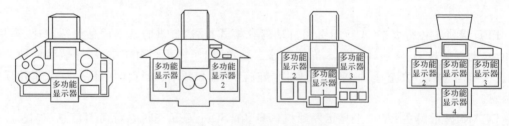

图 7.12　座舱内显示器布局

所有的显示器都在显示控制处理机的统一管理和控制下,通过多路传输数据总线传输信息,按功能不同显示不同的信息。平视显示器主要用于显示飞行高度、速度、航向、姿态等数据,以及已选择的武器投放方式中的瞄准点、导航模式中的飞行引导和目标标定。左边的多功能显示器主要显示外挂管理数据,中心位置的多功能显示器显示雷达数据,右边的多功能显示器显示水平状态。各显示器之间留有余度,当某台显示器发生故障时,其显示格式可以转换到另一台显示器上。

　　控制器一般包括正前方控制面板、航电启动板和握杆操纵控制器等部分,设有装定数据的按键及改变显示亮度和对比度的旋钮,为驾驶员提供人-机接口。

　　视频摄像机摄录平视显示器显示画面和风挡玻璃外面的前视场景。视频磁带记录仪记录整个视频系统产生的图像,其中包括视频摄像机、雷达、前视红外、激光吊舱等设备产生的视频信号,以及由显示处理机产生的显示图像信号。

　　2.显控系统结构形式

　　按照上述几个主要部分之间的不同组合方式,座舱显控系统可以分为下面三种类型。

　　1)单总线单显示处理机型,如图 7.13 所示。它由一条多路传输数据总线(1553B 总线)、一台显示控制处理机和一台显示器构成,显示控制处理机挂接在 1553B 总线上。座舱电视摄像机通过显示控制处理机向显示器和视频磁带记录仪输出视频信号,视频磁带记录仪记录的视频信号可以通过地面视频重放设备,必要时将空中记录的画面进行重放。控制板通过显示控制处理机内部总线采集操纵信息,以及对其他机载电子设备发布命令。

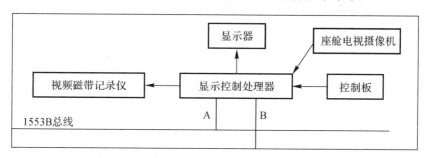

图 7.13　单总线单显示处理机型显控系统结构图

　　(2)单总线双显示处理机型,如图 7.14 所示。系统采用两台结构完全相同的显示控制处理机。平时只有一台显示控制处理机处于工作状态,另一台处于热备份状态,热备份中的显示控制处理机会自动接替工作。一旦处于工作状态的显示控制处理机出现故障,热备份中的显示控制处理机会自动接替工作。

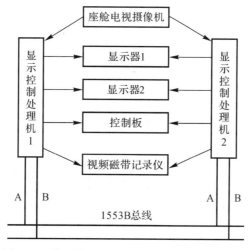

图 7.14　单总线双显示处理机型显控系统结构图

一条多路数据传输总线由 A、B 两个通道组成。两台下视显示器由两台显示控制处理机驱动。显示器 1 和显示器 2 可以显示不同的画面,也可以互相构成余度。座舱电视摄像机同时向两台显示控制处理机提供全电视信号。视频磁带记录仪随时记录工作中的显示控制处理机产生的图像信号,控制板也随时与两台显示控制处理机保持通信联系。

(3)双总线双显示控制处理机型,如图 7.15 所示。它与单总线双显示控制处理机型的差别主要反映在多路传输数据总线的结构上,其余部分如显示器、视频磁带记录仪、控制板等部件可以根据飞机需要增加或减少。两台显示控制处理机中分别有两个 1553B 总线控制器,每个总线控制器包含 A、B 两个通道,这样就可以同两条 1553B 总线进行数据通信。

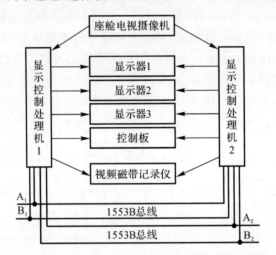

图 7.15　双总线双显示控制处理机型显控系统结构图

7.3　综合显示信息系统的信息处理

驾驶舱信息显示技术属于信息显示范畴,主要是将看不见的电信号转化成各种声/光信号,向人们提供声音、文字、图形和图像等信息。

7.3.1　显示信息处理

1.显示信息系统的组成模块

显示信息系统主要由数据采集单元、数据处理与图形生成单元和显示器等部分组成,如图 7.16 所示。

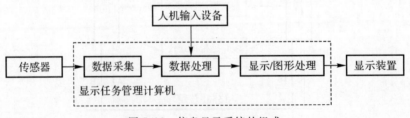

图 7.16　信息显示系统的组成

数据采集单元负责接收各种传感器信息和来自其他机载系统要进行显示的数据,包括来自航电系统处理机的参数和控制命令,例如来自机载雷达、红外光电传感器、摄像机等的视频图像,来自机载大容量存储器的地图文件、导航规划等信息,并选择最合适的数据源,执行数据完整性检查。

数据处理模块是整个多功能显示器的管理与控制中心,同时将各种输入数据(或视频)组织加工整理成视频信号传送给显示器,用于确定显示工作模式和显示的组成部分,将数据信息转换成图形数据和指令。

显示/图形处理模块将视频源经过编码、变换等电路处理,以一定的时序驱动显示器显示,并构造字符和图形,包括各种字体和字号显示的字母和数字字符,专用字符,指针和图标,各种宽度和类型的线条,各种宽度和类型的圆、椭圆和弧线,阴影的填充,外视频的叠加处理,并将其发送给显示器。

2. 显示信息系统的分类

根据信息处理模块所处单元的不同,显示信息处理系统可以分为非智能显示、半智能显示、全智能显示,如图 7.17 所示。

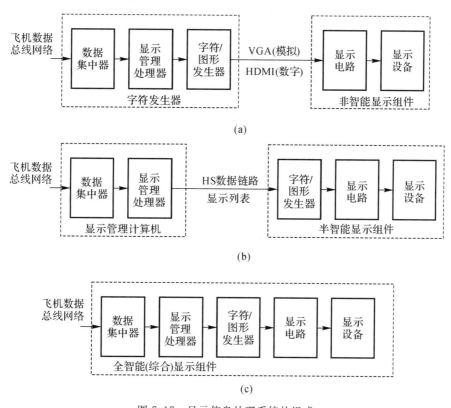

图 7.17　显示信息处理系统的组成

(a)非智能显示结构;　(b)半智能显示结构;　(c)全智能显示结构

(1)非智能显示结构。非智能显示结构的显示单元仅包括支持和驱动显示器本身所必需的电子器件,这相当于视频显示装置或台式计算机中的显示器。在早期基于 CRT 的 EFIS 中,在字符发生器(Symbol Generator,SG)和显示单元之间的接口是复杂的模拟信号,用来描述 CRT 面板上的混合笔画加上点阵图像。现在,数字式显示装置的接口可能采用模拟视频图形阵列(Video Graphics Array,VGA)或数字高清晰多媒体接口(High Definition Multimedia Interface,HDMI)标准的高带宽视频链路来传输未经压缩的红、绿和蓝像素数据。

早期安装在 B757 和 B767 飞机上的电子飞行仪表系统为带有分布式数字系统的非智能显示器,由 PFD 和 ND 组成。

(2)半智能显示结构。半智能显示结构解决了显示单元所需的特殊专用高带宽 A/D 接口的问题。SG 置于显示单元的内部,显示管理计算机采用通用图像语言,如 OpenGL 来组合和编辑图像,形成一个"显示列表"指令,由显示器内的 SG 来执行。带宽要求为 100～300 Mb/s,并且能够适应航空航天类的数字数据总线。

A330 和 A340 飞机的 EFIS 和 ECAM 结构采用半智能显示单元。

(3)全智能显示结构。综合化的全智能显示结构,其所有的显示元件和应用软件本身都包含在显示单元内部,数据带宽的需求显著降低。

B777 飞机 AIMS 是带有智能显示单元的综合化模块航空电子系统结构。

3.高性能航图信息处理

随着各种信息传感器越来越广泛的应用,驾驶舱显示系统所需要处理的数据也已经到达海量规模。传统的基于 CPU 的大规模数据处理,由于计算与存储能力跟不上数据规模与复杂度的增长需求,从而引起数据与指令缺失,造成存储延迟、分支误操作和指令相关性造成的资源延迟,使大规模数据处理的计算效率降低。传统单核 CPU 效能都已接近极限,于是处理器巨头近年来都将发展方向转为多核产品的开发。但由于存储机制和内存的限制,处理核数目的提升对于超级计算机来说,并不能带来性能的大幅度提升,反而可能导致效率的大幅度下降。

CPU 的发展已经遇到了瓶颈,而计算机图形处理器(Graphics Processing Unit,GPU)通用计算的出现是提高大规模数据处理效率的突破口。

高性能航空图形处理技术解决方案从实现方式上可分为 GPU、图形 IP 核,集成了图形图像功能的 DSP 和自主研发 DSP＋FPGA。从功能上分类,显卡方案可分为支持二维加速、支持二维或三维加速三种类型。

7.3.2　告警信息处理

作为航电系统的功能模块之一,警告系统对飞机上多个系统进行监控,并在系统非正常状态下,根据所监控和发生故障的危险程度不同,发出不同级别的警告,对飞行安全起着非常重要的作用。

告警信息处理模块主要实现飞机紧急事件确认、告警分类管理以及输出告警触发信息三个功能。飞机紧急事件确认需要依据航电系统各个组成部分的输出信息进行综合处理,排除虚警,然后进行分类处理。告警分类管理是按照一定的原则和标准,对确认后的紧急事件进行分类和等级归类。

随着飞机电子设备的不断升级,飞机的警告系统也发生了很大的变化。从早期飞机上的警告灯、警示牌、信号器等警告方式过渡到综合警告系统。这些先进的综合警告系统不仅可以监控飞机系统不正常的工作状况,及时报告故障信息,同时还向飞行员发出更为全面、直观的警告信息。

1. 告警信息类别

可能触发警告的情况很多,告警信息的表现形式也有多种。按照不同的分类方法,告警信息可以分为不同的类别,依据不同飞机的设计要求,告警有不同的分类处理标准和方法等级归类。

(1)按照触发告警的信息来源和作用可分为以下几类。

1)飞行安全告警。当飞机受到空中威胁时,以告警方式通报飞行员,例如近地警告、空中交通警告、失速警告等。

2)系统故障信息告警。机载系统或设备出现故障或损坏,导致系统或设备性能降低,甚至停止工作,将影响飞行任务的完成,甚至危及飞机安全,需以告警方式及时通告飞行员,例如发动机停车、燃油系统故障、液压系统故障等。

(2)按照告警提示信息的不同划分,可分为听觉告警、视觉告警、触觉告警。告警提示是针对飞行员感受设计的,通过航电系统的其他功能模块、驾驶舱仪表、灯光等装置实现。

1)听觉告警,包括语音和声音。语音有不安全的起飞/着陆,客舱压力低,超速,火警,自动驾驶断开,选择呼叫提醒;声音有警铃,连续的或间断的喇叭声。

2)视觉告警,包括警告灯和警告信息显示。

3)触觉告警,包括失速抖杆器。

2. 告警信息等级

警告情况不同,等级不同,触发的信息也不同。

有三种类型的故障,即独立故障(independent failure),主故障(primary failure),二次故障(secondary failure),如图 7.18 所示。

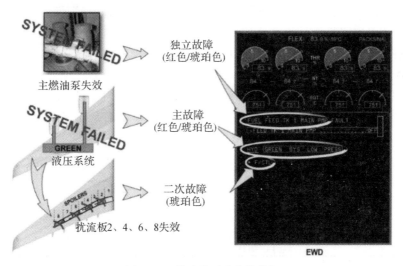

图 7.18　故障类型及告警等级

独立故障只影响独立的系统或设备,不影响其他的,例如主燃油泵故障。主故障会导致其他系统或设备失效,例如液压系统故障。二次故障由主故障所导致,例如扰流板失效。

通常情况下,根据所需机组人员采取纠正措施的重要性和紧急程度,告警信息分为 1~3 级。

3 级是告警的最高等级。该等级告警出现时,表明已经出现了危及飞行安全的紧急情况,需要机组人员立即采取有效措施。以下情况会出现 3 级警告：①飞机处于危险或限制飞行状态，如失速或超速；②失效系统会影响飞行安全，如发动机/APU 着火，客舱释压等；③重要系统故障，如双液压系统失效，电传操纵失效。

这类警告会伴有连续谐音警告或特殊声音警告，在 ECAM 上有相关警告信息，用红色字体显示，在遮光板上的"MASTER WARNING"灯会出现红色闪烁。

2 级警告出现时，将会影响飞行任务的完成或导致系统（设备）性能降低，需要立刻引起机组注意，不需要立即采取措施，但机组需要决定多久必须采取措施。这类警告常伴有单谐音警告，琥珀色"MASTER CAUTION"灯亮，ECAM 上会出现警告信息。这类故障一般不会影响飞行安全。

1 级警告表明一些故障导致某系统部分失效，从而使系统余度降低，整体性能下降，以此提醒飞行员重视飞机上某些系统（设备）的工作和性能状态。例如，左侧或右侧油箱泵失效，但两个泵并没有都失效。该级警告不会触发警告灯或警告音响。

3. 驾驶舱效应（Flight Deck Effect，FDE）

飞机驾驶舱前面板的显示器构成综合显示系统，可以显示来自飞机众多系统的飞行、导航和发动机方面的故障指示。这些指示包括 PFD 的故障报告、ND 上显示的故障旗、EICAS 主显示屏上的信息，这些指示统称为 FDE。当一个系统或子系统失效或故障，引起的问题影响到飞机的适航性，就会产生 FDE。FDE 的显示为 8 位故障代码和故障描述。

FDE 主要是为了警告机组人员，提醒其采取适当的措施。有的 FDE 需要机组人员立即采取措施，例如返航或备降；有的 FDE 出现并不会影响到当前的飞行，但是抵达目的机场后需要立即维修，而该维修会引起下次航班的延误或取消；有的 FDE 则既不需要在飞行中采取相应措施，也不需要落地后立即维修，而是可以在其出现几天后采取维修行动。

地面机务人员在飞机放行前要对 FDE 进行分析和检查，出现 FDE 后，通常是根据航空公司的最低设备清单（Minimum Equipment List，MEL），采取不同的维修策略。

4. 警告系统的组成及功能

在不同型号的飞机上使用的警告系统部件、输入信号以及所监控的对象有所不同。警告系统一般由电源组件、飞机系统信号收集组件、警告计算机、警告信息显示器、警告灯和警告音响装置等组成，如图 7.19 所示。

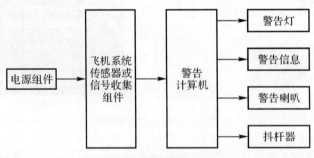

图 7.19 警告系统组成

电源组件满足警告系统工作多种规格的用电需要。警告系统电源多为双套，确保警告信号发出。在不同机型的飞机上，用于不同系统的警告信号来源不同，有的使用飞机系统的传感器和计算机，有的使用飞机信息管理系统等，监控飞机系统并将飞机系统的故障信息发送给警告系统。警告计算机收集、监控来自飞机系统传感器或计算机的信息,对上述数据进行计算、处理,确认紧急事件、告警分类管理后,生成相应的警告信息,告警信息处理模块输出告警触发信息。警告装置包括警告灯、警告喇叭、警告信息显示器、失速抖杆器。出现警告时,灯亮,可按压灯罩复位。

警告系统都有自己的测试装置。在驾驶舱顶板测试面板或 CDU 及音响警告系统的计算机前面板上实施测试,观察测试结果。

思 考 题

1.综合显控系统的功能包括哪几个方面?

2.下一代驾驶舱综合显示系统有哪些概念? 向什么方向发展?

3.典型民机综合显示系统是怎样构成的? 为什么这样构成?

4.信息显示过程包括哪几个模块? 各起什么作用?

5.告警信息可以分为哪几个类别? 分为哪几个等级? 什么是驾驶舱效应?

第8章 机载信息系统

机载信息系统(Onboard Information System,OIS)是实现机载信息网络和空地网络的通信和管理,并为相连的各个网络提供信息服务的航电系统,它使每架飞机成为天-地网络的一个节点,在飞机内部以及地面和飞机之间建立起高效、丰富的信息通路。OIS不仅为驾驶舱飞行操作、机载系统维护、客舱通信娱乐等方面提供帮助,而且将机载网络与地面网络通过机场无线网络进行链接,改变了机载信息与地面网络信息相互交换的方式,并进一步实现了集成化和智能化,提高了系统的运行效率,以及飞行机组和地勤人员的工作效率,降低了劳动强度,提高了飞机的经济性和舒适性。

OIS起源于电子飞行包(Electronic Flight Bag,EFB)技术,EFB是一种电子信息管理设备,起初是为了满足"无纸化驾驶舱"的需求,帮助飞行员使用更少的纸张,更容易、有效地执行飞行管理任务,用它还能避免因纸制材料更新不及时所造成的航班延误。

2007年,空客公司在A380客机上安装了OIS,标志着世界上首个真正意义的OIS诞生。目前在国际上仅有最新的A380和A350上才安装有OIS,B787飞机没有专门的OIS,该系统由EFB和中央信息系统两部分组成。后续机型都把OIS作为必装系统。

OIS已成为民用客机先进性的标志之一,成为提高飞机市场竞争力和商业盈利能力的重要设备。新一代飞机上与OIS交联的系统大量使用ARINC 664总线,并且与地面支持系统通过WiFi或4G进行无线通信。

8.1 EFB及OIS概述

8.1.1 EFB的功能及类别

最早的EFB主要是将原有的纸质飞行包转换为电子文档的飞行包,安装在便携式计算机里,与飞机之间不产生任何信息交互,这称为第一代EFB。随着EFB大量新应用的产生,EFB与飞机其他系统之间产生了交换数据的需要,诞生了第二代EFB,并根据实际需要产生了异构,出现了SMART类EFB等。

1. EFB的功能

EFB是一种驾驶员飞行助理工具,利用庞大的信息数据库,以电子形式存储和发布航空出版物,包括飞行手册、导航图、飞机机组操作手册等,几乎允许在世界任何地方、任何时候进行数据访问、编辑和更新。

EFB具备强大的计算能力,无论在何种天气状况下或在何种跑道上,都可以迅速计算出飞机理想的巡航速度和商载重量,节省燃油成本。

EFB最新功能还有动态显示终端图,基于实时天气信息的航路选择功能。它还可与视频监视系统配合,为机组人员提供驾驶舱与客舱全视角监视,这提高了驾驶舱和飞机的安全性。

在新航行系统中,EFB 是一类重要的机载设备。

EFB 不是只有显示终端设备,整个系统由机载 EFB、机场(航路)无线/有线数据通信网络、地面内容管理与发布系统、航空公司内容管理系统组成。EFB 的数据更新、内容管理等功能依赖于无线/有线数据通信网络、内容管理与发布系统等的支持。

EFB 提供典型的功能包括以下几项:

(1)机场移动地图:提供高分辨率的机场和飞机位置叠加图。机场数据库与 GPS 系统为机场地面环境和布局提供了高度逼真和详细的显示。

(2)电子图表:提供清晰、简洁的机场图和程序,并专门为个别航空公司/运营商或飞机类型等提供单独定制。

(3)电子文档:提供回放大范围飞行记录的可能性,包括人员操作、程序或相关信息。

(4)机载性能:带有查表、性能改变或限制功能的机载数据库,能够提供飞机的状态或者配置说明,关注飞机的重要性能并进行处理。

(5)电子日志:它与机载技术故障日志协同工作,包括子模块、系统性能和飞机性能的记录操作日志。

(6)电子飞行文件夹:采用数字形式记录特定飞行阶段内所有简报信息,包括航空情报、天气或其他重要信息。

(7)视频监控:允许机组成员回看和显示飞机外部或内部视频传感器数据。

2.EFB 的硬件和软件类别

按照功能和运行方式,EFB 硬件和软件都可以分为 3 类。

(1)硬件类别。

1 类:便携类的 1 级 EFB,这是最低等级,如标准商用货架产品、笔记本电脑,或手持电子设备,如 iPad。

2 类:可以是货架产品也可以是定制设备,其安装、供电和数据连接由飞机提供,需要获得适航当局的批准才允许使用。

3 类:为标准的机载设备,硬件需要符合 DO-160E 的部分条款,软件需要符合 DO-178B 的条款,是飞机安装的一个固定部分。

对于 1 类 EFB,仅可由机组人员带离飞机后,使用机场内的 GSM、GPRS 或红外、蓝牙等通信方式,或通过人工使用 USB 移动存储设备与地面系统实现数据的交互。

对于 2 类 EFB,机组可在停机位使用 Gatelink 或 WiFi 与地面系统进行大量的数据交互,也可将 EFB 应用终端带离飞机,使用机场内的 GSM、GPRS 或红外、蓝牙等通信方式,或通过人工使用 USB 移动存储设备与地面系统实现数据的交互。

3 类 EFB 不可拆卸,机组可在停机位使用 Gatelink 或 WiFi 与地面系统进行大量的数据交互。

(2)软件类别。

A 类:静态应用,例如文件阅读器(PDF、HTML、XML 格式),飞行机组操作手册以及其他文件。

B 类:电子进场图。

C 类:可以作为多功能显示器,C 类软件需要获得适航许可,例如软件认证需要符合 DO-178B 的条款,而且只能运行在 3 类 EFB。

8.1.2　OIS 功能组成及关键技术

1. OIS 的功能

OIS 主要功能包括两个方面:一是实现机载网络间的通信,包括提供通信的基础设备和硬件接口,并提供网络通信管理功能;二是飞机着陆后,实现机载网络与地面网络间的通信,包括通信的基础设备,并提供网络通信管理功能。

OIS 由一系列的电子文档和应用程序组成,对于飞行员,这些电子文档和应用程序代替了以往大量的传统纸质文档和航图等资料,使他们更容易获取飞行操作所需的信息。OIS 的构成有级别较低的软件和第三方软件,提供数据存储、软件驻留和通用计算功能。OIS 可以提供以下几类工具:飞行操作支持工具、客舱操作支持工具、维护操作支持工具、乘客/飞行机组和客舱机组人员服务支持工具。

OIS 能够把飞机的飞行日志数据快速地提供给航空公司,使航空公司根据数据分析得出优化的飞行路线、时刻表等。同时能够提供给维护人员完整、全面的飞机数据,减少维护过程所耗费的时间,帮助航空公司建立高效的维护计划,减少因延误或停飞造成的损失。这些都将降低航空公司的运营成本,从而增加航空公司的收益。

从 2013 年开始,美国航空停止发放飞行手册和导航图的纸质版,OIS 可以兼容 EFB。如今,A380 或 B787 飞机的飞行员只需一个轻薄的移动平板电脑或者一张存储卡,将其接入飞机的信息系统,即可通过显示器实现文件的快速查询、航图查询、飞机状况的实时监控、座舱视频监控和空域的实时显示,能够及时调整航路以提高空域利用率,滑行时显示机场跑道上每一架飞机的位置、方位和速度,及时给出处置建议。

地面维护人员可以在办公室里通过高速无线 WiFi 对飞机各系统进行诊断,飞机厂家和发动机厂家则通过互联网对万米高空飞行的飞机状况进行远程实时监控,航空公司总裁在自己办公室就可以一目了然地了解自己机队的实时飞行状况。乘客在机舱中即可享受和地面相同的网上冲浪,将自己的电脑接入机舱的显示屏,欣赏自己喜好的电影或购物;停留在机场的乘客可以通过手机上网随时了解自己的航班是否延误、飞机状况、机场空域的情况等信息,缓解延误带来的焦虑心情。

2. OIS 的系统组成

根据美国航空运输协会的分类标准,OIS 包括飞机通用信息系统、驾驶舱信息系统、维护信息系统、客舱信息系统以及其他信息系统。而且,对信息系统、维护系统、记录系统还进行了不同程度的综合,进一步减重、减耗,提高系统的可靠性、维护性,提高资源利用率,降低研发费用。

飞机通用信息系统主要是为本系统提供信息转换、信息传输、信息安全认证、信息储存、第三方软件驻留、基于网络的驾驶舱打印服务等。驾驶舱信息系统主要为飞行机组提供显示、控制及应用服务,包括电子航图、机组操作手册、机组维修手册等文件服务、飞机性能计算、在线气象、电子日志等。维护信息系统主要为维护系统、记录系统提供应用驻留、信息安全快速传输的服务平台。客舱信息系统主要为客舱系统的乘务员及旅客提供信息定制服务、所需其他系统的图像、参数信息等。

随着 OIS 本身功能的不断扩展及图像处理技术的发展和应用,产生了众多视频监视方面的子系统,即其他系信息系统,包括滑行监视系统,起落架监视系统,客舱监视系统,货仓监视系统等。这类信息系统能够增强飞行员对飞机多个区域的态势感知能力,从而提高飞行安全。

3. OIS 的架构

OIS 的主要组成架构及设备包括以下几项。

(1)机载网络。机载网络将飞机上分布在不同位置的各个系统和设备连接起来,如驾驶舱系统、客舱系统、燃油系统、发动机等,以实现通信和服务的目的。机载网络可分为多个区域,每个区域中集合了多个相关的系统或设备,以实现对机载网络所能提供的信息服务的分析。由于飞机的机型存在差异,所以内部的区域结构也存在不同点。机载网络主要由下面几个主要区域构成:

1)飞机控制区域。该区域是飞机的中心机构,负责飞机的基本操作和安全保证。该区域非常重要,所以其质量安全系数高、资金成本高。为了节省资金,其使用年限基本比较长,后期更新换代慢。

2)航空公司信息服务区域。飞机内部需要信息技术,以满足机内乘客和工作人员的基本需求,为此,信息服务区域应运而生。该区域提供的服务主要有机载数据加载、维护访问、客舱机组信息访问、网络管理、网络操作服务等。

3)乘客信息娱乐服务区域。随着城市基本娱乐需求的快速提高,作为娱乐信息的主要提供者,该区域将面临更高的挑战。目前该区域的基本发展趋势是为乘客提供形式多样、方便快捷的娱乐形式,例如流媒体、微信等。

4)乘客自携设备区域。随着信息技术的提高,当今飞机乘客的电子设备形式多样,电子设备带上飞机的现象是无法避免的。此区域内电子设备可以互相连接,也可以通过连接飞机网络。

(2)网络互联设备。为了实现信息数据的搜集和输出利用,OIS 需要相应的互联网设备辅助工作,来进行信息系统内部各设备的互联。根据接口要求可以用不同的设备实现:

1)航电接口设备:实现 AFDX、ARINC 429 与以太网协议的互相转换。

2)以太网路由器:实现以太网之间的互联。

3)无线接口设备:实现以太网与无线网络的互联。

(3)系统内部设备。机载信息服务功能的实现需要相应的接口和辅助设备,同时系统也是由内部的操作软件及硬件设备组建而成的。系统内部设备主要包括:

1)服务器:为低级别软件和第三方软件提供驻留、数据存储和通用计算平台。

2)以太网交换机:主要负责不同设备和系统之间的连接。

4. OIS 网络与地面网络的交联

飞机上的 OIS 与地面网络互联的架构如图 8.1 所示。

飞机网络部分包括飞机网络、飞机无线子系统和飞机数据加/卸载子系统等。其中飞机网络提供基本的网络、信息和安全服务;飞机无线子系统提供飞机的无线连接能力;数据加/卸载子系统提供基于以太网的数据加/卸载功能。

数据无线加/卸载系统主要面向维护人员使用,在飞机进入机场后,飞机通过飞机无线子系统接入机场无线局域网中,再进一步连接到航空公司网络,通过数据加/卸载子系统实现数据加卸载功能。

地面网络部分包括机场网络、航空公司网络、互联网络、机场无线子系统和航空公司数据加/卸载子系统等。其中机场网络、航空公司和互联网络提供基本的网络、信息和安全服务。

互联网络用来连接机场网络和航空公司网络,由网络服务提供商提供,可以是 Intranet(内联网)、专线或 Internet(互联网)。机场无线子系统提供机场的无线能力。航空公司数据加/卸载子系统提供基于以太网的数据加卸载功能,这里包括了维护人员的维护设备。

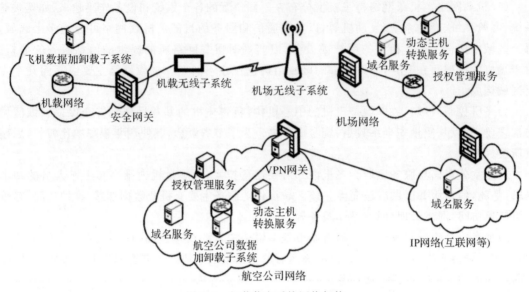

图 8.1　机载信息系统网络架构

5. OIS 关键技术

OIS 所涉及的关键技术主要包括以下几项。

(1)多网络互通互联技术。飞机数据网络的互联包括航电核心网络、客舱网络和信息系统网络的互联,涉及 ARINC 429、ARINC 629、ARINC 664/AFDX、CAN、以太网等多种通信标准,光纤、铜线与无线等多种传输介质。飞机与地面网络的互联,主要是将飞机与航空公司、机场、飞机供应商连接起来。根据飞机所处的飞行阶段,使用的通信技术涉及 HF、VHF、卫星通信(Satellite Communications,SATCOM)、Wi-Fi、蜂窝等多种无线通信技术。

(2)全阶段高带宽实时通信技术。目前 OIS 功能相对独立,将来会承担与飞机外部支持环境保持全阶段高带宽实时通信的任务。此通信技术是指飞机在整个飞行阶段(起飞、巡航、降落、滑行、停泊等)都能够与地面进行高带宽实时通信,就像手机一样,可以到处漫游,使用 WiFi、4G,而不受位置的限制。

此技术会带来各方面技术的革新和变化。以地面维修为例,维修人员可以在飞机飞行时,实时地对飞机各设备进行监视,实施故障诊断和预测分析,制定维修计划,准备更换备件,减少因为维修造成的航班推迟。

(3)飞机信息安保技术。使用信息技术的互联网主机或设备一直面临着信息安保威胁。飞机信息安保技术,就是保护飞机不受信息安保威胁的技术。IT 界的通用信息安保技术经过多年的发展,已经逐步形成体系,如常见的防火墙、入侵检测、防病毒、VPN 技术等,飞机信息安保技术就是研究如何将这些技术应用于飞机这类嵌入式系统的技术。

(4)信息系统适航技术。适航当局在信息系统的审定过程中,首先关心的是信息系统安保功能,保证飞行安全不受威胁。其次,飞机在运营过程中涉及很多信息,一旦泄漏,并不会对飞机安全造成什么影响，但是会对航空公司、乘客等产生不利影响，如油量信息、乘客身份、乘客医疗信息等，这也是信息系统的适航目标。如何保证信息系统达到这个目标，如何评估其是否达到了这个目标，是一个难题，供应商需要研究大量安保相关的技术和标准，通过各种方式证明所采用的安保技术可以满足当局的目标。

（5）高性能开放式机载计算机技术。信息系统具有高性能，才能满足信息服务的大规模计算要求；具有开放性，才能满足信息服务多样化、开发成本低、开发周期短的需求。机载设备的基本要求和对信息系统的高性能开放性要求存在一定的矛盾，如何高效地处理这个矛盾是信息系统的一项关键技术。

对于硬件，开放性主要体现在硬件设计在满足飞机安全性要求的基础上，尽量考虑其通用性，设计时应当尽量使用通用标准。对于软件，开放性主要体现在使用通用的操作系统、软件标准和框架，方便软件的移植，让更多专业的第三方内容供应商介入飞机信息系统软件开发工作中，扩大软件供应商范围，降低软件开发成本。

（6）机载大容量存储技术。

目前飞机信息系统的存储需求是几十吉字节，未来可能发展为几百吉字节、几太字节，甚至是几千太字节。随着存储规模的扩大，可以参考 IT 界广泛应用的存储阵列技术、网络附着存储技术、光纤存储网络技术等分布式存储技术。

8.2 机载信息系统实例

8.2.1 A380 飞机机载信息系统

A380 飞机的 OIS 被认为是一个 3 类 EFB。OIS 安装在网络服务器系统（Network Server System，NSS）上，NSS 是 OIS 的中枢神经系统，从各种类型的传感器和信息源集成信息。

OIS 应用程序宿主在 NSS 的三个子网络域［航空电子（AVIONICS）域，飞行操作（FLT - OPS）域，通信和客舱域］上，如图 8.2 所示。

1. 航空电子域

航空电子域提供以下功能或工具：

（1）支持维护操作的工具，如电子日志、机载维护系统（Onboard Maintenance System，OMS）以及虚拟数字飞机状态监视系统记录器（Virtual Digital Aircraft condition monitoring system Recorder，VDAR）。

（2）通过虚拟快速存取记录器（Virtual Quick Access Recorder，VQAR）来记录飞机参数。

（3）与飞行、维护和客舱操作有关的电子文件，例如最低设备清单（Minimum Equipment List，MEL）、配置偏离列表（Configuration Deviation List，CDL）以及乘务员操作手册（Cabin Crew Operating Manual，CCOM）。

（4）管理飞机与航空公司运营控制（Airline Operational Control，AOC）中心之间的通信。

（5）专用于加油操作的维修工具。

2. 飞行操作域

飞行操作域为飞行员提供与纸质飞行操作库相关的功能以及签派功能，涵盖了飞行员安全操作所需的主要功能。飞行操作域包括 EFB 的一部分应用，主要有：起飞、飞行和着陆性能计算,重量和平衡计算,联络管理员,导航和天气图,以及电子文档(包括飞行机组操作手册、飞机飞行手册、MEL 等)。

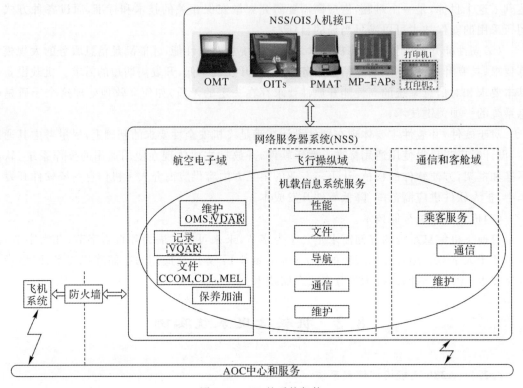

图 8.2　OIS 的系统架构

3.通信和客舱域

通信和客舱域提供客舱操作和乘客服务功能,允许乘客访问他们的电子邮件,使用信用卡交易,提供用于客舱和通信域系统维护操作的工具,支持无线局域网管理器应用。这个域超出了 A380 EFB 的范围。

4.人-机接口

OIS 的访问可以通过安装在驾驶舱、客舱和飞机附加区域的各种人-机接口(Human Machine Interface, HMI)进行。HMI 包括机长和副驾驶的机载信息终端(Onboard Information Terminal, OIT),安装在驾驶舱后部的机载维护终端(Onboard Maintenance Terminal, OMT),位于主驾驶舱和上层驾驶舱的多功能乘务员面板(Multipurpose Flight Attendant Panel, MP-FAP)上,还有通过网络插头连接的便携式多功能访问终端(Portable Multipurpose Access Terminal, PMAT)。

航空电子域的访问通过 OMT、机长和副驾驶的 OIT 和 PMAT,飞行操作域可从 OIT 和 PMAT 进行访问,通信和客舱域可从航空公司的客舱笔记本电脑和 MP-FAP 进行访问。

8.2.2　B787 飞机机载信息系统

B787 飞机的 OIS 由 EFB 和中央信息系统组成,后者主要包括机组信息系统(Crew Information System, CIS)和维护笔记本电脑(Maintenance Laptop, ML),其中 CIS 主要包括核心网络系统(Core Network System,CNS)。

1. B787 飞机的 EFB

EFB 在飞行的各个阶段都是可用的,它含有以下电子版资料:飞行机组操作手册、飞机飞行手册、MEL、快速参考手册、导航数据和地图。

机长、副驾驶的 EFB 显示组件(Display Unit,DU)分别位于驾驶舱的左、右两侧,右侧靠后还有一个显示组件。机组用 EFB 来查找飞行前、飞行中以及着陆数据,维护人员用 EFB 来检查系统故障,并安排维护措施。

EFB 能帮助飞行机组计算重量、平衡、性能等参数,还可以提供访问电子日志和一些维护功能(如 CMCF)、机载数据加载功能,以及驾驶舱入口视频监视系统等。

EFB 的主要结构和外接设备如图 8.3 所示。

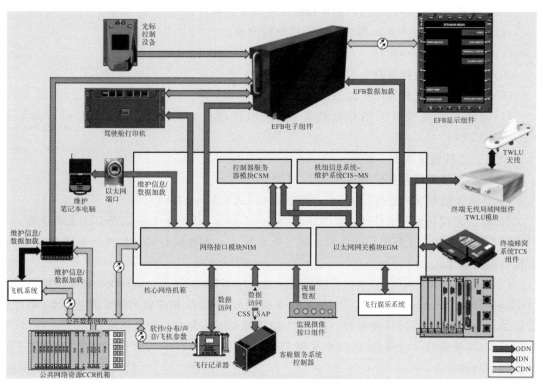

图 8.3　EFB 的组成及外接设备

EFB 主要由 EFB DU,EFB 电子组件(Electronic Unit,EU)组成,主要发送和接收来自CNS 的数据。

DU 用于输入和查看数据,包括飞行操作和维护两方面。前者包括性能数据、导航图、技术日志输入和飞机的放行;后者包括 EFB 维护页面、飞机维护放行数据等。

EU 是 EFB 的核心处理单元,控制 EFB 的工作。EU 存储有机场地图、性能、日志等数据。它收集和存储 EFB 数据,并将其发送给 DU 和其他飞机系统。EU 与 CMCF 和 FMF 等其他系统或功能相连,EU 还发送数据,用于打印和报告。

EU 与以下部件相连接:光标控制设备(Cursor Control Device,CCD)、虚拟和有线键盘、远程数据集中器(Remote Data Concentrator,RDC)、网络接口模块(Network Interface

Module，NIM)内的隔离数据网络(Isolated Data Network，IDN)、以太网网关模块(Ethernet Gateway Module，EGM)内的开放数据网络(Open Data Network，ODN)。

EFB 系统从 CNS 发送和接收数据，通过与终端无线局域网组件(Terminal Wireless LAN Unit，TWLU)的地面航空公司计算机，或者 ML，进行数据库和应用程序的更新。

2. CNS

CNS 是 CIS 的主要组成部分。飞行和维护机组人员可以通过 CNS 管理飞机支持数据和操作数据，它提供飞机和地面网络的连接，在飞机和地面网络之间路由数据，存储航空公司数据和应用程序，并保障网络安全。

CNS 主要有 7 个特点：

(1)存储飞机支持数据和软件应用程序，例如可加载软件、手册、报告；

(2)数据管理功能，用于加载、查看和删除飞机系统软件；

(3)拥有 2 个带、3 个路由器和交换机的物理网络；

(4)具有网络安全功能；

(5)能够无线连接到航空公司的地面运营网络；

(6)能够连接到飞行和维护设备，例如 EFB 和 ML；

(7)能够与其他飞机网络和系统连接，例如打印机和公共数据网络(Common Data Network，CDN)。

CNS 的组件包括以下 3 部分：

(1)核心网络机箱及其模块；

(2)终端无线局域网组件(Terminal Wireless LAN Unit，TWLU)；

(3)机组无线局域网组件(Crew Wireless Local area network Unit，CWLU)及其天线。

核心网络机柜连接到内部部件和外部飞机系统。大多数核心网络软件都是服务功能，没有机组控制或指示。

CNS 有 2 个物理网络，分别为开放数据网络(Open Data Network，ODN)和隔离数据网络(Isolated Data Network，IDN)。其中 ODN 连接到与 CWLU 相连的无线维护笔记本、乘客娱乐设备以及 TWLU 的网络服务器。而 IDN 连接到 CDN、为 ML 配备的有线以太网端口、飞行记录器、驾驶舱打印机和 EFB。ODN 和 IDN 可以访问核 CNS 的数据和功能，并提供不同级别的访问和安全。

CNS 机柜内有执行机组信息系统功能的模块，包括 NIM、以太网网关模块(Ethernet Gateway Module，EGM)、控制器服务器模块(Controller Server Module，CSM)-文件服务器模块(File Server Module，FSM)、机组信息系统 CIS/维护系统 MS-FSM 模块。

EGM 为 ODN 提供网络安全和数据分配，它有一个 ODN 路由器，提供系统/部件与 ODN 的连接，并连接到 NIM。

NIM 提供网络安全和数据分配。航电系统网关在 CDN 与 IDN 之间进行数据进行转换，并保障 CDN 和 IDN 之间的信息安全。

IDN 交换机为所有连接到 IDN 的系统和部件提供接口，为 ML 提供有线以太网的访问接口，并在 IDN 上路由数据。IDN 边界路由器在 IDN 和 ODN 之间路由数据，提供安全防火墙。

CSM 是一个文件服务器模块 FSM，存储有维护日志、客舱日志和导航数据库等数据，并存储有核心网络内使用的应用程序。

机组信息系统 CIS/维护系统 MS 文件服务器模块 FSM 是一个大容量存储设备,存有很多不同的应用程序和数据。

思　考　题

1.机载信息系统的作用是什么？

2.电子飞行包的典型功能是什么？其硬件和软件类别分为哪几种？

3.机载信息系统的网络架构通常包括哪几个方面？

4. A380 飞机的机载信息系统主要包括哪几部分？功能分别是什么？

5. B787 飞机的核心网络系统由哪几个组件构成？机箱内有哪几个模块？功能分别是什么？

第9章 飞机监视信息系统

飞机监视信息系统给机组人员提供与飞机潜在危险情况有关的,既包括其他飞机、气象、地形等的信息,还包括空中交通管制(Air Traffic Control ,ATC)和自动相关监视方面的信息。飞机监视信息系统包括飞机飞行监视与报告系统和飞机环境监视系统(Aircraft Environment Surveillance System,AESS)。

飞机飞行监视与报告系统目前主要由广播式自动相关监视系统(Automatic Dependent Surveillance Broadcast,ADS-B)体现。ADS-B是一个集通信与监视于一体的信息系统,可以自动从相关机载设备获取参数并向其他飞机或地面站报告飞机的位置、高度、速度、航向和识别码等信息,从而使管制员对飞机状态进行监控,以 ADS-B 报文形式,通过空-空、空-地数据链以广播的形式传播。

美国航空无线电技术委员会(Radio Technical Commission for Aeronautics,RTCA)定义 AESS 为:"为了达到安全和有效方式管理飞行作业而对飞行器、其他空中交通工具以及天气现象进行的检测、跟踪、表征和观测。"AESS 能够在飞机飞行过程中为机组人员提供交通、气象、地形等信息,增强他们对空中环境的感知能力,提高飞行安全。飞机环境监视系统包括 4 个子系统,各系统及其功能如下:

(1)空中交通管制(Air Traffic Control,ATC)系统/S 模式应答机(Mode S XPDR):提供空中交通管制服务,防止飞机之间及飞机与障碍物之间相撞,维护和加快空中交通的有序流动。

(2)空中交通警戒与防撞系统(Traffic Alert and Collision Avoidance System,TCAS):确定与配备有 ATC/S 模式应答机的其他飞机之间的距离、高度与方位角。如果存在潜在碰撞危险,则提供最优垂直避让策略,并为飞行员提供目视或声音告警。

(3)气象雷达(Weather Radar,WXR)/前置式风切变探测(PWS):提供气象显示以及前置式风切变咨询。

(4)地形感知和警告系统(Terrain Awareness Warning System,TAWS)/反应式风切变探测(RWS):提供地形显示和反应式风切变警报和告警。

传统的 AESS 各子系统间采用独立式架构,这种架构存在一些弊端,例如报警优先权及异构信息管理受限,子系统间交互性差,控制面板多,功能重复,安装工艺复杂,重量、大小、功耗和维护任务多。

随着民机设计对"安全性、可靠性、经济性、舒适性、环保性"要求的进一步提升,针对传统分立式 AESS 的不足,发展出综合飞机环境监视系统(Integrated Aircraft Environment Surveillance System,IAESS),并依据 ARINC 768 规范给出了方案及架构设计标准。在 B787 飞机上,该系统被称作综合监视系统(Integrated Surveillance System,ISS)。

在本书中,将重点介绍广播式自动相关监视系统 ADS-B、环境监视系统的空中交通警戒与防撞系统 TCAS、地形感知和警告系统 TWAS。

9.1　ADS－B 自动相关监视系统

随着航空业的快速发展,对服务的需求与日俱增。人们对空中区域资源的需求日益加大,可使用的空中区域资源不足的问题日益突出,如何在有限的空中区域资源内安全、有效地运行更多的飞行器成了当今各国的重要研究课题。为了解决飞行空域交通拥堵的问题,满足人们日益增长的航空交通需求,急需建立一套科学、合理、充分、可靠的空中交通监视管理系统。传统的空中交通监视管理系统主要是由地面的雷达监测站将监测到的信息通过无线电远程传达给驾驶员的。这种方式存在的缺点是不能使飞行器之间互相了解周围空域的情况,地面的指挥无法使驾驶员对空域情况有一个客观的判断,最重要的是雷达的监视存在盲区且雷达设备维护的价格高昂。因此,广播式自动相关监视(ADS－B)技术在新航行系统的发展中应运而生。

广播式自动相关监视系统(Automatic Dependent Surveillance－Broadcast,ADS－B)是ADS 技术的一种,是在 ADS、TCAS 和场面监视的基础上,综合其三者的特点提出的一种监视技术,作为未来主要的航空监视手段之一,它已成为 ICAO 新航行系统方案中的一个重要组成部分。

ADS－B 以先进的地-空/空-空数据链为通信手段,以先进的导航系统及其他机载设备产生的信息为数据源,通过对外发送自身状态参数,并接受其他飞机的广播信息,达到飞机间的相互感知,进而实现对周围空域交通状况全面、详细的了解。ADS－B 有助于获得充足的监视信息,使得各飞行单元可自主地实施航路选择、间隔保障、冲突发现与避免,而无需地面空管部门的介入。ADS－B 技术是实现空域管理由集中式向分布式过渡的必要支持,更是未来自由飞行理念实现的重要保证。

ADS－B 的相关应用是下一代航空运输系统(NGATS)的重要组成部分。对 ADS－B 的应用研究至关重要,其领域涉及非常广泛,且大多处于起步阶段,随着"自由飞行"的不断推进,ADS－B 在民航方面的运用成为 ADS－B 的主要研究方向。

9.1.1　ADS－B 系统概况

ADS－B 具有的特性可体现为 A(Automatic)、D(Dependent)及 B(Broadcasting)。其中A(自动)表明飞机各项信息的对外广播由相关设备自动完成,而不需要飞行人员的介入;D(相关)表明实现飞机之间以及地面空管机构对空域状况的感知,需要所有飞机均参与到对各自信息的广播中,同时所发送的信息均依靠机载设备所获得的数据;B(广播)表明飞机所发送信息不仅是点对点地传送到空管监视部门,而且要对外广播,使所有通信空域内的单位均能收到。

ADS－B 工作示意:具有同类设备飞机之间的相互监视以及地面对空监视的工作示意,如图 9.1 所示。

ADS－B 广播的信息包括飞机标识,飞机地址包括航班号、ICAO 的 24 bit 全球唯一的地址编码;位置(经度/纬度);位置完好性/位置精度;气压高度和几何高度;垂直升降率(垂直/爬升速率);航迹角与地速;紧急情况指示(选择紧急代码时);特殊位置识别(Special Position Identification,SPI)。

ADS－B 可以实现的功能为:空中飞机与飞机之间就能自动识别对方位置,可以自我保持间隔;地面空管对终端和航路飞行的飞机进行监控和指挥;机场场面活动的飞机和车辆之间保持间隔,起到场面监视作用。

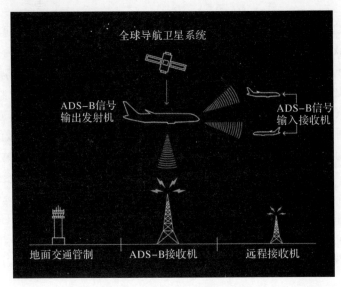

图 9.1 ADS-B 工作示意图

ADS-B 的应用主要包括以下三方面:

(1)空-空监视改善飞机避撞能力,提供驾驶舱交通信息显示(Cockpit Display of Traffic Imformation,CDTI)。CDTI 能显示相对于飞机自身位置的其他飞机的监视报告,结合存储在航空数据库中关于地形空域结构,障碍,详细机场地图,以及与飞机效率、安全有关的其他静态信息,提供集成化的交通信息、气象信息及其他能够提供机组交通势态警觉的信息,同时也提供了先进的空中交通管理服务。

(2)地-空监视航路、终端区、精密跑道监控。目前,地空监视主要靠一次和二次雷达。在美国国家空域系统(NAS)中,在航路和终端区,ADS-B 将成为雷达监视的有利补充。精密跑道监视能使飞机在仪表气象条件下独立进入平行跑道时,跑道的间隔最小,以当前可用的最精密的导航资源为基础的 ADS-B 将使精密跑道监视更精确。

(3)地-地监视即场面监视,包括跑道、滑行道防止地面相撞,通过 ADS-B 能监视机场面内的交通形势,这对提高管制员的管制能力有重要作用,特别是在能见度极低的情况下,管制员指挥交通的能力可以得到极大的改善。同时也通过提供给本机增强型的场面情景意识来定位地面上相关联的其他设备 ADS-B 的飞机和车辆,以识别跑道入侵。

根据飞机信息传递的方向,ADS-B 技术的应用功能可以划分为 ADS-B OUT(发送)和 ADS-B IN(接收)两类。ADS-B OUT:ADS-B 发送单元,可以确定飞机的标识、位置与高度,并将其显示给空管人员。ADS-B IN:飞机可以安装有 CDTI(驾驶舱交通信息显示器),并与接收器联合工作,以显示 ADS-B OUT 飞机广播的位置信息。CDTI 可以是手持式或是安装在面板上,也可以与其他系统联合使用。

9.1.2 ADS-B 系统组成与基本原理

ADS-B 系统,是一个将通信系统与传统的监视系统合二为一的信息系统,即它既有数据传输通信的功能,又具备传统雷达的监视功能。其中 ADS - B 机载设备组成包括位置信息源,即卫星导航接受机(实用中的就是北斗或 GPS 接受机),ADS - B 位置报告的收发机和天线,以及驾驶舱交通信息显示器(CDTI)。ADS - B 地面站设备简单,占地面积小,供电甚至可以采用太阳能,对周边环境要求较低,可安装在目视无遮挡的塔或建筑物中,同时地面站的维修费用也少。

　　ADS - B 系统的主要功能模块包括天线单元、收发单元、信号处理单元、解码与编码单元、GPS 接收单元、供电单元等。对于 ADS - B 系统接收处理而言,信号处理单元可分为以下三个模块:报头检测、置信度判定、检错与纠错处理。报头检测解决了 ADS - B 信号存在性的问题;置信度判定则是对信号的每个位进行准确的判定,并给它们标上相应的置信度,作为检错与纠错模块的输入信号;检错与纠错处理是核心内容。

　　如图 9.2 所示,ADS - B 系统主要由两部分组成:一部分是用于汇编和发送飞机实时信息的发射子系统(OUT),另一部分是接收信息并生产消息报告的接收子系统(IN)。

　　发射子系统主要是将导航的类型数据、驾驶员输入的信息、当前的气压高度及相关附加信息进行汇编并周期性地向其他飞机和交管人员发送。全球导航卫星系统能够为系统提供精确的位置信息,其定位精度可以达到 10 m 量级,位置信息均是以大地坐标系(WGS - 84)为基准的。地面发射系统发射的信息则包括进行空中交通信息服务的 TIS - B 和飞行信息服务的 FIS - B 两类。TIS - B 是进一步提高空中交通安全性的重要举措,其向飞行器广播的信息是对飞机发送信息、雷达信息和其他监视设备接收到的信息进行整合,集成为空中交通监视的全景信息,再通过 ADS - B 地面设备将这些由监视信息处理系统综合处理的信息以广播的形式发送给飞机,间接强化了不同数据链类型用户信息的交融性,极大地丰富了机载接收设备接收到的信息,为飞行人员提供了更全面、可靠的信息。FIS - B 的作用则是通过地面站向飞行器传送飞行航路的气象状况及相关的飞行情报等。这些信息可以帮助驾驶员及时掌握本机的飞行航线内是否存在临时的禁飞区或特殊使用的空域信息,精确掌握航线的气象条件等,确保了飞行的灵活性、安全性。

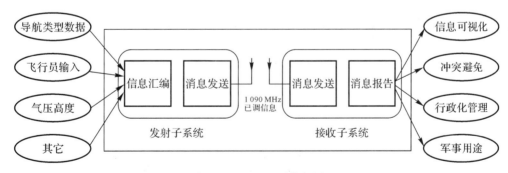

图 9.2　ADS - B 系统框图

　　接收子系统顾名思义是指接收来自其他飞机或者地面设备发送的信息。通过生成消息报告,实现信息的可视化,可以提高机组人员的情景意识,便于驾驶员实时掌握飞机周围的状况,并及时应对飞行过程中出现的突发事件。该系统可以帮助飞行人员有效避免飞行冲突,很大程度上避免飞行事故的出现,提高了飞行效率。除了为机组人员实时提供相关的数据信息外,接收子系统生成的消息报告在行政管理和军事用途上也具有很重要的作用。

其功能实现包括两个步骤:首先是对接收到的信号进行解码和数据提取,并存储于缓存空间中,其次是周期性地向客户端发送报告。其框图如图9.3所示。

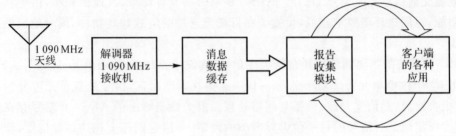

图 9.3 ADS-B接收子系统框图

ADS-B信息主要来源于驾驶员的输入和全球卫星导航系统的导航信息。其内容包括飞机标识、飞机类型、3维位置、速度以及其他附加信息。ADS-B飞机可以直接交互ADS-B信息,同时也可以通过ADS-B飞机汇总信息,通过下行链路广播到地面接收基站,如果同时又有二次雷达的接收信息,还需要通过数据融合方可在后端ATC系统进行处理,如图9.4所示。

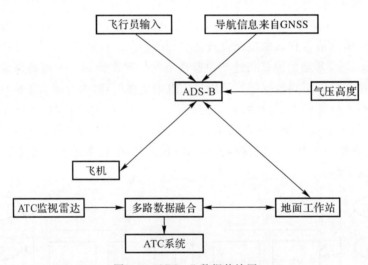

图 9.4 ADS-B数据传输图

具有ADS-B功能的飞机可以对外广播各类所需的监视信息,分为以下几类:

(1)标识号(ID):ADS-B所传送的基本标识信息包括呼号、地址和类型等3种。

(2)状态矢量:移动目标的状态矢量包括在全球统一参考系统下的三维位置和速度等信息。状态矢量包括三维位置、三维速度、飞机转向标示和导航不确定度分类等元素。

(3)状态和意图信息:主要用于支持ATC和空-空应用,包括紧急/优先状态、当前意图信息和航路意图信息等3类。

(4)分类号:用于标识参与者支持特定服务类别的能力,如基于CDTI的交通显示能力、冲突避免、精度进近等。

(5)其他种类信息:ADS-B技术能够传送实施监视一方所需要的任何信息,随着技术的发展和各种新应用的引入,将需要更多种类的监视信息,ADS-B技术将通过相应软、硬件配置实现对任何所需信息的广播。

9.1.3　ADS-B 系统数据链技术

数据链技术直接影响着 ADS-B 技术发展。1 090 MHz 数据链、专为 ADS-B 技术设计的 UAT 和 VDL-4 是当前可以满足 ADS-B 需求的主要数据链标准,这 3 种数据链的不同主要体现在不同的传输方式其信号编码方式和传输协议也各不相同。

1. 频段分配

理论上讲,支持 ADS-B 的数据链应当满足信道容量大、传输速率快两个要求。3 种数据链的频段分配如图 9.5 所示。

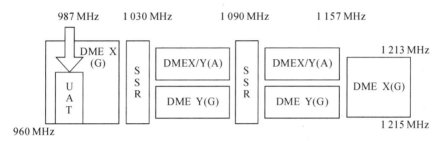

图 9.5　L 波段航空民用频率分配

UAT 用是在 DMEX(G)内的频段,S 模式频率为 1 090 MHz,VDL-4 的工作频段是[118 MHz,137 MHz],波道的频宽是 25 kHz。

2. 1090 ES

1090 ES 技术传输的对象是经过脉冲位置调制(Pulse Position Modulation,PPM)编码的综合信息,1090ES 通过扩展型断续振荡的方式对不同更新速率的信息进行融合。以 112 位长码信息为例,由 88 位信息位和 24 位奇偶校验位组成了涵盖经纬度、方位及速度信息的编码,并将这些编码以 1 s 间隔向外广播。

S 模式 ADS-B 系统射频设备可以立足于现在使用的系统进行少量的改进,且同传统的空管系统相比具有明显的优势:一是可以同时为各机组和管制人员提供传统系统无法提供的准确可靠的冲突信息;二是地面站可以更精确地确定飞行器的状态变化信息,从而实现实时控制;三是借助现行的数字通信技术,在推广中成本较低;四是可以为通用航空客机提供文字性的信息服务。

3. UAT

UAT 是针对 ADS-B 技术需求专门设计的一种数据链,其主要特点是可以实现多用途,且带宽较宽。工作频率为 978 MHz,数据是以 1Mb/s 的速率进行传输。

UAT 工作原理如下:以每秒作为一帧,以 MSO 为最小时间度量单位,一帧为 4 000 个 MSO,一帧的起始位置是每个协调世界时(Universal Time Coordinated,UTC)秒。每帧由地面站发送的 188 ms 和用于移动用户发送的 812 ms 共同组成。UAT 的帧格式如图 9.6 所示。

4. VDL MODE4

VDL-4 以 19.2 kb/s 的速率进行传输。该数据链模式可以在不存在地面系统的环境中实现其基本功能。空间时分多址(Space Time Division Multiple Access,STDMA)方式的主要优点是可以实现多个用户的共享,所传递的数据不会互相干扰,同时由于该通信波道可以只传递资料,不需要额外加入同步讯号,因此达到了提高通信容量的目的。

5.ADS-B三种数据链系统的对比

从目前的技术应用来看,三种数据链的发展都比较成熟,虽然三者之间不能很好地融合,但就其本身来看,都能比较好地实现 ADS-B 系统的功能,实现信息的生成、交换和汇报。

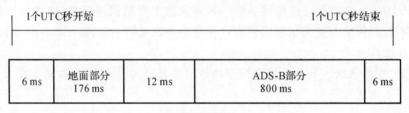

图 9.6 UAT 的帧格式

综合对比不同数据链的指标,可以看出:

(1)三种数据链在功能上都能够实现对 ADS-B 技术的支持;

(2)在高密度或是低密度的情境下,UAT 数据链性能更好;

(3)因为甚高频本身具有很好的传播性,VDL-4 在机场地面监视方面比其他两种数据链技术更有优势。

虽然从技术层面来看,1 090 ES 数据链与其他两种方式相比并没有明显的优势,但是从应用层面上来看,1 090 ES 可以满足 ADS-B 在使用初期对信号的处理需求,并且是 ICAO 唯一推荐使用的标准,同时作为当前唯一一个标准化的数据链路技术,该技术还经过了全球无线电频谱的批准。正是因为较好的经济效益,得到了更加广泛的应用推广。

从在我国的使用情况来看,1 090 ES 技术已经发展得比较成熟,在大范围推广时兼具了技术支持成熟和资金投入较少的优点,更符合我国实际需求,基于此,本章在对 ADS-B 技术研究及接收机设计时,只针对 1 090 ES 模式进行设计,其他两种数据链模式暂不予讨论。

9.1.4 S 模式 ADS-B 信号数据处理方法

1.S 模式 ADS-B 信号

ADS-B 信号分为短码(64b)和长码(120b)两种,数据传输速率是 1 Mb/s,周期是 1 μs,使用 PPM 编码,也就是当数据信号为 0 时,脉冲出现在后 0.5 μs,而在前 0.5 μs 的位置上并没有出现脉冲,如果脉冲位置与之相反,那么该数据信号为 1。S 模式下的 ADS-B 标准信号如图 9.7 所示。

从图 9.7 中可以看到,一个标准的 ADS-B 信号包括报头信息和报文信息两个部分。前 8 μs 为前导脉冲,其脉冲分别位于四个位置,通过判断相关位置是否存在脉冲可以对 ADS-B 信号进行检测。由于长短脉冲存在差异,其后的数据位脉冲分别为 56 μs 或者 112 μs。

对于一个完整的 ADS-B 信号而言,必须包含以下几个方面的信息:表示信息编码的传输描述符 DF 位、表示飞机地址信息的 AA 位、表示飞机状态信息的 ME 位及为确保编解码正确性的循环校验信息 PI 位。在 DF 位中 DF17 表示 S 模式应答机发射的。对于 AA 位来说,每架飞机具有不同的编号信息,通过对此信息的解码来判断信息来源。报文的格式如图 9.8 所示。

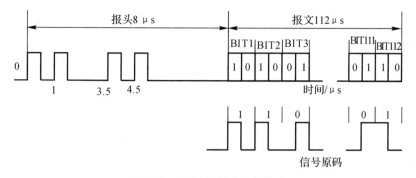

图 9.7　ADS-B 标准信号格式

1090ES ADS~B报文信息格式				
bit位置	1～8	9～32	33～88	89～112
名称	控制位	ICAO地址	ADS-8信息ME域	检验

空中位置信息 "ME" 字段域：位33～88							
bit位置	1～5	6～7	8	9～20	21	22	23～39	40～56
名称	TYPE	监视状态	是否单天线	高度	时间指示	CPR编码格式	编码纬度	编码经度

图 9.8　1090ES ADS-B 报文信息格式

2. S 模式 ADS-B 信号检测及解码

ADS-B 信号从根本上来讲就是一种电磁波,因此其接收信号的方式与一般电磁波的接收并无差异。整个接收过程就是通过天线接收信号,对接收到的信号滤波并完成 A/D 转换后,对基带信号进行检测、解码并实现对信息的提取。

目前通信技术的发展非常迅速,对不同的信号而言,其解调、检波等技术基本相同,在实际应用中,也有成熟的处理模块适用于不同的硬件设备。因此,将讨论重点集中在基于 ADS-B 信号特征,对基带信号进行的处理上,主要有报头检测和数据位的检测两个大的方面。

(1)报头检测。

1)前导脉冲检测。当基带信号输入时便开始进行前导脉冲检测。通过前导脉冲检测可以获取信号到达时间及参考功率。

在前导脉冲的检测中的脉冲周期是 1 μs,在进行检测前需要对信号进行采样,对于 ADS-B 接收机而言,对基带信号进行采样时选用的频率分有 10 MHz 和 8 MHz 两种。

2)阈值检测。阈值检测的目的是滤除特别弱的信号。一般而言,将最小触发电平的值设置为标准电平的 90%,高于阈值 4 dB。

3)脉冲的存在确定。脉冲的存在性判断是筛选出脉冲值大于阈值并能达到一定的持续时间的脉冲。

4)脉冲沿的确定。脉冲沿检测的目的是区分不同脉冲的间隔,由于脉冲沿包括上升沿和下降沿,对应地需要分别对上升沿和下降沿进行检测。

5)四脉冲检测。四脉冲检测依据是，S模式ADS-B信号的确定是基于固定的报头信号确定的。通过检测符合报头信息的脉冲信号来确定数据的起始位置。在四脉冲检测中需要把握三个条件：一是四脉冲的存在性检测。就是判断接收到的数据信息中是否存在相对位置与报头脉冲位置一致的四个脉冲。二是脉冲沿确定。在确定了符合报头脉冲的位置后，需要判断在这些脉冲中是否存在脉冲沿，如果存在两个或两个以上的脉冲沿，则可以基本确定四脉冲的位置。三是对误差的包容性。由于对数据的接收和处理必然存在误差，因此在判断四脉冲位置时，可以允许一个采样点的误差存在，也就是说在确定了相对位置符合报头要求的四脉冲后，采样点同步顺延或提前一个点，依然判定该组脉冲符合报头脉冲的要求。

6)参考功率计算。确定参考电平是后续重触发检测和数据位检测的基础，同时可以通过计算参考功率来滤除检测中的伪报头。计算参考功率时所使用的数据都是通过报头脉冲获得的。

7)交叠测试。ADS-B接收机在接收信号时，不可避免地会出现信号交叠的现象，但是数据位的检测并不能实现多个信号的同时检测，因此就必须对接收到的信息进行交叠检测。检测的依据为，把报头脉冲的起始点作为基点，然后判断其后的这几个位置有没有额外功率的存在。

8)功率一致性检测。功率检测是在交叠检测的基础上完成的，通过交叠检测的信号可以判断其报头是否存在交叠污染，但是报头是否出现缺损则无法确定。功率一致性检测就是要解决报头功率缺损的判断问题。具体方法是先计算出四个报头脉冲的平均值，再将该值同参考功率做差值运算，如果结果在±3dB之内，则认为报头没有明显缺损，可以继续进行后续的检测和处理。

9)DF检测。DF检测的目的是滤除掉数据位被严重污染的数据信息。接收机接收到的信息通过报头检测后，如果不判定其后的数据位信息是否受到污染，解码出的数据位很可能出现大量的错误，无法为使用方提供正确的信息。

10)重触发检测。重触发检测是为了避免在模式S数据位的处理中出现频繁的报头输出而导致的数据处理不能进行的问题。

(2)数据位的检测。数据位的检测的目的是解码出相应位置上的代码信息。准确性是信息价值的最重要体现，在系统中判断解码的数据是否准确的方法是检测数据位的置信度。另外，纠错能力的强弱在一定程度上影响着系统在复杂环境下处理信息的能力，在应用中会出现多架飞机、飞机与地面管理信息及其他电磁波的干扰，选择恰当的纠错方法就非常重要，在系统主要采取CRC循环校验对发生误码的信息进行纠错。

1)6 dB检测。在接收到的信号经过报头检测处理后，就确定了需要进行解码处理的信号，同时也为完成6 dB检测提供了参考电平。6 dB检测实质上就是通过对参考电平和阈值进行对比的方法确定数据位的置信度，从而判断信息是否能被解码。

2)CRC循环校验。在S模式ADS-B接收机中，采用CRC校验的方式解决解码数据位时出现的误码问题。检测依据是通过确定数据循环冗余码的一致性判断接收的数据是否正确。也就是说发送方对外发送的信息不仅包括了数据信息还包括计算所得到的冗余码，在接收方接收到信号后，利用同样的方法对收取的信号进行计算，得到新的冗余码。如果双方计算的冗余码存在差异，说明接收数据有误，如果冗余码一致，那么判定数据正确。

9.2　空中交通警戒与防撞系统

1956 年在科罗拉多大峡谷上空两架客机相撞。受这一事件的影响,航空界开始了防撞技术的研究。20 世纪 60 年代末至 70 年代初,若干厂家开发了航空器防撞系统;20 世纪 70 年代中期,开发了信标防撞系统;1981 年,美国联邦航空局(Federal Aviation Administration, FAA)决定发展并安装 TCAS。

9.2.1　TCAS 的功能

TCAS 的功能有监视、跟踪、潜在威胁评估、交通咨询(Traffic Advisory,TA)、决断咨询(Resolution Advisory,RA)和避撞协调。TCAS 不依赖地面系统,它通过 ATC 应答机相互对话,自行完成探测和跟踪邻近空域的飞机。根据接近程度,向机组提供不同级别的音响和目视警告,必要时推荐避让措施,发出机动指令,或者告诉驾驶员无需采取措施。

TCAS 系统的几个基本概念如图 9.9 所示。

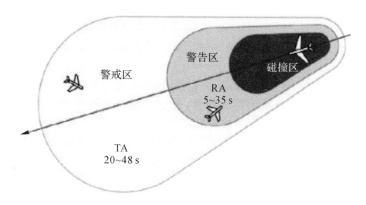

图 9.9　TCAS 的警戒区和警告区示意图

(1)碰撞区:由 TCAS 定义的一个三维空域,其大小随接近速度而变,设计 TCAS 的目的就是避免其他飞机进入该区域。

(2)警告区:离碰撞区边缘还有 15～35 s 的一段空域。

(3)警戒区:离碰撞区边缘还有 20～48 s 的一段空域。

(4)TA:对方飞机进入警戒区时发布,交通情况显示器上用一个橙色实心圆表示该飞机,并发出语音"TRAFFIC‐TRAFFIC"。

(5)RA:对方飞机进入警告区时发布,交通情况显示器上用一个红色实心方块表示该飞机,同时垂直速度指示器(Vertical Speed Indicator,VSI)上或 PFD 上出现避让措施通告,并伴有相应的语音通告。

最近接近点是指两架飞机相碰撞点,可以根据两架飞机目前的航迹和速度预测出来。飞机到最近接近点的时间小于 TA 产生的规定时间时,会发布 TA。产生 TA 后,如果两架飞机继续沿着可能有危险的航迹飞行,则在离到达最近接近点的时间小于决断告警产生的规定时间时,系统会发布 RA,并给出处理建议。

9.2.2 系统组成及工作原理

1.系统构成

TCAS是以S模式应答机为基础工作的,装备TCAS就必须装备S模式应答机。TCAS系统的组成和工作原理如图9.10所示。

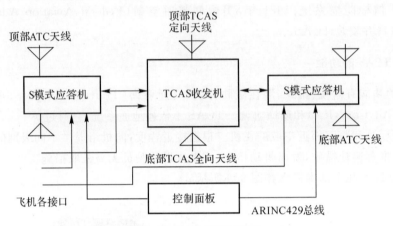

图9.10 TCAS结构组成

(1)收发机。收发机是TCAS系统的核心部件,其主要功能是发出询问信号,接收入侵飞机的应答信号,处理本机其他系统通信的信号,基于本机数据和接收的数据进行计算,以及产生TA和RA。

TCAS收发机内含有收发单元,通过上、下两部TCAS天线发射询问脉冲,监视入侵飞机应答脉冲,从中取得入侵飞机的方位、距离、高度信息。

TCAS收发机接收本机无线电高度表传来的高度数据、罗盘系统输入的磁航向以及气压高度等数据,垂直基准组件来的姿态信息以及垂直速度等信息,并进行计算。

(2)天线。全向天线用于发射询问信号和接收入侵飞机的应答信号及广播信号,定向天线用于获取对方飞机的距离和方位信息,并将其一并送到收发机。TCAS每个天线包括四个单元,以1 030 MHz频率在选定的方位发射询问脉冲,接收是全方位同时接收,将应答脉冲在四个单元上的相位差输入到收发机内的处理器,计算出入侵飞机方位。

(3)控制面板。控制面板是驾驶舱人-机接口,用以选择和控制TCAS组件,主要有TCAS工作模式选择、应答机工作模式选择和应答机编码选择等功能。

(4)S模式应答机。S模式应答机执行现有的正常ATC功能,并用于装有TCAS的飞机之间的空中数据交换,以保证提供协同的、互补的决断信息。

S模式应答机以约1次/s的频率,断续广播发送飞机的识别代码信号。该S模式编码信号,包括本机的24位地址码等信息。这些信号不需应答,每次以"全呼叫应答"格式发送。不稳定的间隔(约0.95~105 s)发送可避免与地面站发射机(询问机)或其他飞机的S模式应答机的发射发生同步变化。装有TCAS设备的飞机在监视范围内将收听这些间歇广播信号,并对装有S模式应答机的飞机做询问。

在TCAS系统收到S模式编码信号后,将该机的24位地址码加入到询问列表中,再逐个地询问列表中的飞机。然后TCAS收发机会使用译码器对信息译码,从而得到入侵飞机高度、高度变化率等飞行参数。通过测量询问信号从发出到接收到应答信号的时间间隔,计算出入侵飞机的距离。通过方向性天线的定向性,获得入侵飞机的方位信息。TCAS 收发机在综合了对入侵飞机和本机的参数后,判断出飞机相撞的可能性,最后给出 TA 和 RA。

2. 信息输出

TCAS 收发机处理的信息显示在垂直速度/TCAS 显示器上,并有相应的声音警告。EFIS 系统用于显示 TCAS 系统的目视信息,包括 TA 和 RA;音频警告系统用于产生 TCAS 系统的音频信息,并给飞行数据记录器提供需要记录的 RA 信息,给 ATC 和 DME 提供抑制信号。

在驾驶舱中的 TCAS 显示器上,用 4 种不同的符号分别代表不同级别刻度环的威胁飞机,如图 9.11 所示。

图 9.11 TCAS 信息显示

(1)■红色实心方块:表示进入警告区的飞机,称为 RA 目标。

(2)●橙色实心圆:代表进入警戒区的飞机,称为 TA 目标。

(3)◇蓝色或白色实心菱形:代表相对高度小于 1 200 ft[1 ft(英尺)＝0.305 m]、距离小于 6 mile[1 mile(英里)＝1.609 km]的飞机,称为接近交通目标(PT 目标),它对自身飞机不构成威胁。但在某些情况下,它可能变为 TA 或 RA 目标。显示接近交通目标可以增强态势感知。

(4)◇蓝色或白色空心菱形:代表相对高度 2 700 ft 以内,既不是 RA 目标,也不是 TA 目标和 PT 目标的其他飞机,称为其他交通目标(OT 目标),它对自身飞机完全不构成威胁。

(5)↑和↓:若对方飞机以大于或等于 500 ft/min 的垂直速度爬升或下降时,符号右侧将出现一个向上或向下的箭头。

(6)＋和－:当对方飞机报告高度信息时,在符号的上面或下面将出现两位数和一个"＋"或"－"号,颜色与符号同色。两位数代表自身飞机与对方飞机间的垂直间距,以百英尺计。数据标记位于符号的上面或下面,且前面加一个"＋"或"－"号,表示对方飞机在自身飞机上面或下面。

TCAS 发布目视通告时,TCAS 计算机也将产生声音警告以对显示的 TA 和 RA 进行补充。TA 是诸如"Climb,Climb"或"Descend,Descend"之类的语音提示,系统还会在垂直速度指示器上用颜色块显示所需的机动速度。此时,机组应目视搜寻对方飞机,若看到对方飞机,则保持目视,以确保安全的间隔距离。若冲突不能自身解决,则发布 RA,声音为"MONITOR VERTICAL SPEED, MONITOR VERTICAL SPEED"。一旦冲突解除,将发布语音

"CLEAR OF CONFLICT"。

9.3 地形感知与告警系统

地形感知与警告系统(Terrain Awareness and Warning System,TAWS)是 AESS 系统的一个重要组成部分,它能为回避地形发出预警,为驾驶员提供地形显示,提高飞行安全。TCAS 系统设计的目的是避免空中碰撞,而 TAWS 设计的目的是防止非人为的撞地。

根据国际权威的航空安全组织——飞行安全基金会统计,可控飞行撞地(Controlled Flight Into Terrain,CFIT)是航空运输的主要杀手之一。1975 年以前,世界范围内的商用喷气式飞机平均每年发生 8 次可控飞行撞地事故。由 CFIT 而导致死亡的人数,约占民用航空死亡人数总数的 80%。

为避免 CFIT 事故的发生,近地警告系统(Ground Proximity Warning System,GPWS)出现了。一旦发现不安全状态,GPWS 就通过灯光和声音通知驾驶员,直到驾驶员采取措施脱离不安全状态为止。FAA 于 1974 年规定,所有在美国空域飞行的航空公司都要在飞机上安装 GPWS 设备,此后 CFIT 事故数量大大减少。大约在此后的 4 年内,世界上大多数的商用客机都安装了此系统。

GPWS 的出现在一定程度上减少了 CFIT 事故的发生概率,但是其存在两大设计缺陷:一是警告时间太晚,使飞行员不能做出正确的反应从而发生 CFIT 事故;二是当飞机在着陆形态时就不提供警告而容易发生 CFIT 事故。因此 GPWS 没有从根本上解决 CFIT 问题。

为了改进 GPWS 系统的设计缺陷,出现了 TAWS。TAWS 是这类告警系统的统称,很多公司也将其称为增强型近地警告系统(Enhanced Ground Proximity Warning System,EGPWS)。与原有的 GPWS 系统相比,其最大的不同点是增加了前视地形警告和地形显示的功能,给飞行员提供了更多的判决时间。

TAWS 使用自身的全球机场位置数据库和地形轮廓数据库。该地形数据库中,地球表面被划分为网格矩阵,在这个网格中,每一个方格都分配一个特定的高度值,代表了那一点的地形,TAWS 根据飞机位置、气压高度和预计的飞机轨迹等信息判断是否存在潜在的撞地危险。最为重要的是,TAWS 改变了传统 GPWS"反应式"的特点,其核心"前视功能"可帮助飞行机组更全面地了解飞机周边的地形态势,从而进一步降低 CFIT 事故的发生率。

9.3.1 TAWS 的工作模式

TAWS 能在飞机某些飞行参数异常,或有可能与山峰和建筑物等发生碰撞之前进行告警,为机组人员提供听觉告警信息和视觉显示。TAWS 系统的功能主要分以下五方面:

(1)地形警戒包线计算;

(2)威胁状态地形显示;

(3)前视威胁判断;

(4)地形显示及先进地形跟随控制技术;

(5)自身飞行数据监视。

1.基本工作模式

TAWS 的工作模式包括 GPWS 的七种报警模式和前视功能模式。GPWS 不是一个全时的报警系统,它只在起飞、复飞和进近着陆阶段,且无线电高度低于 2 450 ft(746.7 m)时起作用。在上述条件下,根据飞机的形态和地形条件,如果接近地面时出现不安全的情况,近地警告系统就会发出报警信号,以提醒飞行员采取有效措施。GPWS 还具有风切变警告的能力,及时提醒机组人员从风切切变中解脱出来。但当飞机飞向垂直陡峭的地形或建筑物,以及慢慢下降至未经平整过的地面时,近地警告系统不能提供警告。

根据飞行的不同阶段,系统定义的七种报警模式如下:

(1)过大的下降率:是在一定的无线电高度上,飞机的下降速率超过了容许的极限值,则产生过大的下降率报警信号来提醒飞行员,如图 9.12 所示。

(2)过大的接近地形率:当飞机在上升地形的上空飞行时,如果飞机接近地面的速率过大,则发出目视和语音信号来提醒飞行员,这个方式与襟翼位置和起落架位置有关,如图 9.13 所示。

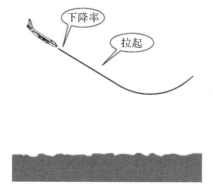

图 9.12　过大的下降率

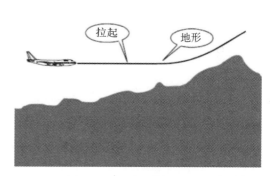

图 9.13　过大的接近地形率

(3)起飞或复飞后掉高度太多:在起飞或复飞过程中,由于飞机掉高度影响到安全时,给飞行员提供报警信号,如图 9.14 所示。

(4)不在着陆形态时的不安全越障高度:当飞机不在着陆形态,由于下降或地形变化,飞机的越障高度不安全时,向飞行员发生相应的报警信号,如图 9.15 所示。

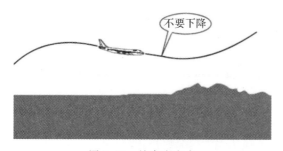

图 9.14　掉高度太多

图 9.15　不安全越障

(5)低于下滑道太多:在沿航道进近时,提醒机组飞机在下滑道下方偏离太多。飞机在进近中,起落架放下,且下降到低于 1 000 ft 无线电高度时,模式(5)就处于准备状态,如图 9.16 所示。

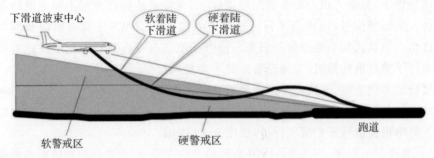

图 9.16　低于下滑道太多

(6)无线电高度和决断高度的报告：飞机在着陆过程中，需要报告无线电高度，该方式可代替人来报告该高度，如图 9.17 所示。

图 9.17　高度报告

(7)风切变：风切变是风向或风速剧烈变化的现象，它能够在大气层的任何地方出现。尤其是发生在低空的风切变，对飞机的起飞和进近着陆有不利的影响，往往由于飞机的高度不足而来不及使飞机恢复操纵以致造成事故。当 GPWS 监视到有风切变时，及时向飞行员发出风切变警告，如图 9.18 所示。

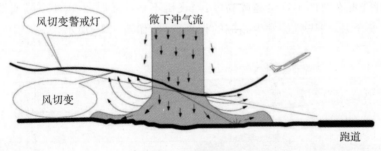

图 9.18　风切变

如果同时出现多种近地警告方式，只能有一种最优先的信号发出声音。

2.前视警戒和地形显示功能

TAWS 除保留了 GPWS 的警戒功能外，还具有前视地形警戒和地形显示功能，给机组人员提供关于地形的更好的状态感知，更多的时间来应对紧急情况。不同地形情况的相应等级如图 9.19 所示，这种显示形式类似于气象雷达，在 ND 上显示。

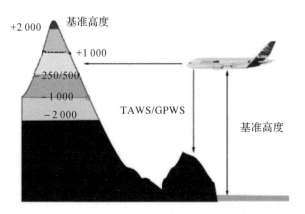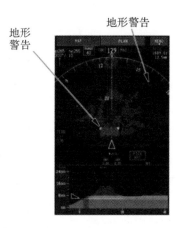

图 9.19　前视警戒和地形显示

(a)前视警戒示意图；　(b)地形显示

TAWS 根据潜在的地形威胁向机组提供警戒(CAUTION)和警告(WARNING)两级报警。

在潜在的地形碰撞威胁前 40～60 s 触发警戒级报警,发出"CAUTION TERRAIN"(注意地形)的声音警告。威胁地形显示为整体实心黄色图形,琥珀色的近地灯点亮,提醒驾驶员采取措施。若 7 s 内机组未做出响应,系统将再次发出警告。

在潜在的地形碰撞威胁前 20～30 s 触发警告级报警,发出"TERRAIN, TERRAIN, PULL UP!"(地形,地形,拉起来)的声音警告。威胁地形显示为整体实心红色图形,主警告灯和红色的拉升灯点亮。若机组及时拉升飞机,则在威胁解除后撤销警告。若机组改变航向来回避,则语音警告中止,但显示器上仍显示有威胁地形向旁侧离去。

此外还有一个附加保护功能:地形净空平面(Terrain Clearance Floor,TCF)保护。TCF 是一种机场周围的警戒包线,该包线依据飞机的无线电高度而定,当飞机按照正常的 3°下滑轨迹下滑到跑道上时,飞机将保留 TCF 警戒包线。如果飞机穿越 TCF 包线,同时也就穿越了以气压高度为基准的前视警戒包线,系统将启动前视警戒功能。如果气压高度错误,则 TCF 提供基于无线电高度的报警。当 TCF 警戒被启动时,报警语音为"TOO LOW TERRAIN"(太低地形),同时琥珀色的近地灯点亮。

9.3.2　系统结构组成和原理

EGPWS 的结构组成如图 9.20 所示。

1. 系统输入

EGPWS 计算机使用来自传感器和其他机载系统的各种输入信号,例如高度、空速、姿态、下滑道和位置等信息,还有各种离散信号以及控制信号。

离散量输入用于系统配置、信号/状态输入和控制功能。信号/状态离散量包括诸如决断高度、襟翼位置、起落架状态、地形显示范围之类的信号,以及与模拟信号输入相关联的状态离散量,如下滑道有效、航向道有效、无线电高度有效。

控制信号能够控制 EGPWS 的功能,包括 EGPWS 测试,下滑道取消、抑制,地形显示选择和抑制,音频抑制,高度报告启用等。

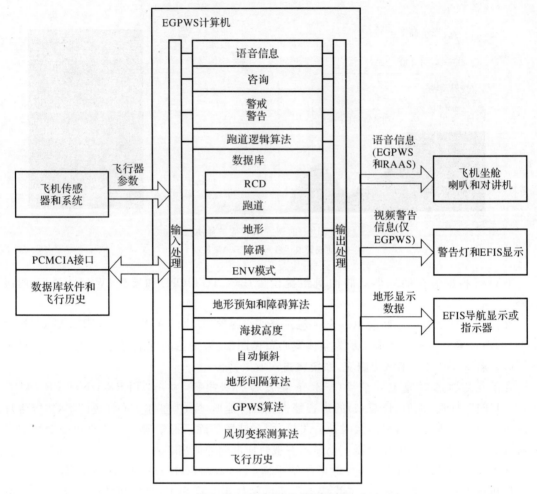

图 9.20　EGPWS 的结构组成

2.近地警告计算机

近地警告计算机是近地警告系统的核心部件,里面存储了各种警告方式的极限数据。计算机用传感器及其他系统来的输入数据、极限数据和从地形数据库中提取出来的航线前方地形资料,采用大量基于性能的算法进行比较,计算出飞机和前方某些最高地形点的接近速度及高度,然后和既定告警判据相比较,一旦超过,则判定为地形威胁而触发报警。

除了报警功能,还执行的辅助功能主要有:输入信号处理(包括滤波和信号监测);警报输出处理(包括警报优先级、语音消息合成、音频输出和显示、警告灯驱动);当飞机在地面上时,与中央维护计算机(Central Maintenance Computer,CMC)/中央故障显示系统(Centralized Fault Display System,CFDS)/中央飞机信息维护系统(Central Aircraft Information Maintenance System,CAIMS)交互。

3.系统输出

近地警告计算机提供音频和视频输出。音频通过扬声器和耳机输出,为特定的警报短语、高度报告或音调。音频输出可被具有较高优先级的其他系统(即风切变)或驾驶舱开关抑制,EGPWS 还能抑制诸如 TCAS 等其他系统的音频输出。视频输出提供离散的警报和状态通知以及地形视频,视频警报与音频警报一致。状态通知向机组人员提供关于 EGPWS 的状态,或所选功能被激活的信息;地面视频由近地警告计算机根据飞机相对于周围地形的当前位置生成,该视频被显示在气象雷达显示器、EFIS 显示器或专用显示器上。

9.4　综合环境监视系统

飞机综合环境监视系统将上述系统综合在一起,即空中交通警戒与防撞系统 TCAS S 模式应答机(Transponder,XPDR)、TAWS 和气象雷达(Weather Radar,WXR)等集成为一个系统,从而减小设备体积、减轻设备重量、简化安装维护成本。在飞机飞行过程中为机组人员提供交通、气象、地形等信息,增强其对空中环境的感知能力,有效提高飞行安全系统的组成和功能,如图 9.21 所示。

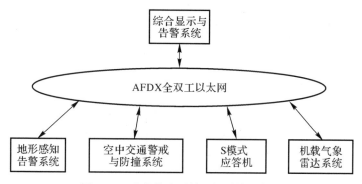

图 9.21　飞机综合环境监视系统示意图

ARINC 768 给出了 IAESS 设计规范,以保证 IAESS 可灵活地改变配置,同时根据不同飞机因空域类型、安全要求、重量要求及成本要求的差异性,实现多种监视功能的综合。同时根据不同飞机因空域类型、安全要求、重量要求及成本要求的差异性,给出了 IAESS 的 4 种不同配置,分别对 TAWS、TCAS S 模式应答机和 WXR 进行了不同的组合,以适应不同机型的需求,见表 9.1。

表 9.1　IAESS 系统配置

系统类型	ACARS	XPDR	WXR	TAWS
A	√	√	√	√
B	√	√		
C	√			√
D	√	√		√

目前国际上民机航电供应商霍尼韦尔公司、罗克韦尔·柯森斯公司和 GE 公司对 IAESS 系统中的 TCAS,XPDR,TAWS,WXR 等均具有较成熟的产品,并已形成具有综合模块化航电结构的 IAESS 产品。最具代表性的 IAESS 产品有两种:一种是 Honeywell 公司为空客 A380 飞机提供的 AESS,该系统包括 RDR - 4000 WXR、XPDR、EGPWS 和 TCAS;另一种是 Rockwell Collins 公司为 787 飞机研制的结构可变综合监视系统,包括 WXR - 2100 雷达、

XPDR、TAWS 和 TCAS。

9.4.1 IAESS 系统综合设计方案

（1）总线接口设计。A380 和 B787 采用的都是 AFDX 数据总线，详见本书 4.2 节。IAESS 通过 ARINC 429/离散量和 ARINC 664 AFDX 总线两套接口和其他航电系统进行交互，ARINC 429/离散量用于兼容传统航电。

（2）IAESS 硬件架构设计。IAESS 功能样机的硬件包括 1 套 IAESS 综合处理机、1 套 IAESS 综合控制面板、1 套 IAESS 综合显示器、1 套接口转换板和航空线缆。

IAESS 综合处理机包括 T3CAS 数据处理模块、雷达信号处理模块、数据综合与健康监测模块等。如图 9.22 所示。

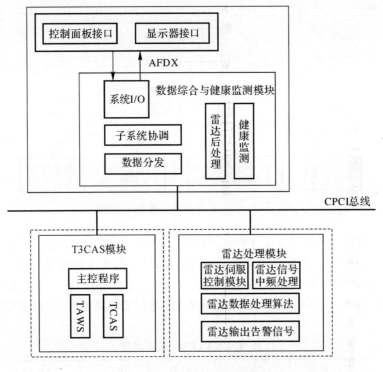

图 9.22　IAESS 系统整体框图

T3CAS 数据处理模块采用 Freescale MPC 处理器，配合 VxWorks 操作系统完成 TCAS、TAWS、XPDR 的数据处理。其中包括 TCAS、TAWS 的算法，XPDR/TCAS 无线收发模块的控制。大容量闪存中驻留操作系统，并存储 TAWS 功能需要的地形数据库。T3CAS 模块是 TCAS 模块与 TAWS 模块的深度综合。以往 TCAS 模块与 TAWS 模块分立地设计在两块电路板上，而 T3CAS 模块把这两个模块的功能综合地集成在单独的硬件电路板上，并通过 VxWorks 的不同分区实现隔离与通信，这样硬件电路板变成了软件分区，达到深度综合的目的。

雷达信号处理模块的处理器采用 DSP 处理器，配合信号处理电路完成 WXR 数据处理。其中包括气象、风切变识别算法和 WXR 信号处理模块数据收发控制。

　　数据综合与健康监测模块采用 Freescale MPC 处理器,配合 VxWorks 操作系统完成对整个系统的 I/O 资源的调度,并对 TCAS/WXR/TAWS 处理的结果进行综合。该模块主要负责整个系统的协调、与用户的交互,另外,它还实现雷达后处理功能和健康监测功能。IAESS 采用控制面板接收用户输入,然后把数据综合与健康监测模块的数据通过显示器接口输出给用户。

　　雷达信号处理模块、用户接口模块和数据综合与健康监测模块通过 AFDX 总线交连。数据综合与健康监测模块、T3CAS 模块和雷达处理模块通过紧凑型(Compact Peripheral Component Interconnect,CPCI)总线交连。

9.4.2　IAESS 在 A380/B787 上的应用

　　霍尼韦尔的 AESS 安装于 A380 上,它集成了 EGPWS、T2CAS/S 模式应答机、RDR - 4000 雷达系统。空客公司又与霍尼韦尔公司签署了 A350 XWB 综合监视系统合同,这套系统与装载在 A380 上的 AESS 一样。新的 AESS 重量减轻了 20%,尺寸减小了 50%,以前需要装在 8 个航电机箱中的 4 个系统,现在只需 2 个机箱。

　　罗克韦尔·柯林斯的解决方案可配置综合监视系统(Configurable Integrated Surveillance System,CISS)CISS - 2100 安装于 B787 上,新一代产品安装于 A350 上。

　　罗克韦尔·柯林斯公司的 CISS - 2100 系统有如下特点:

　　(1)原有的 TCAS,XPDR,WXR,TAWS 处理器集成为一个处理器(Integrated Surveillance System Processing Unit,ISSPU),减轻了设备重量。

　　(2)TCAS 和 XPDR 为深度综合的模块,与 WXR 和 TAWS 共享接口资源,由计算机进行统一资源调度。

　　(3)广泛采用 AFDX 总线与其他系统相连,取代原有的 ARINC 429、ARINC 453 总线以及离散量接口,极大地简化了连线的复杂度,减轻了线缆重量。采用光纤取代原有的同轴电缆,完成模块之间的数据通信。

　　(4)采用远程数据采集器对 AFDX 和传统总线进行协议转换,以兼容传统的航电设备。如 B787 上的 CISS - 2100 的控制面板为传统的 ARINC 429 接口,通过远程数据采集器连接到 AFDX 交换机,最终和 ISSPU 完成通信。

　　另外,系统也有如下可以进一步改进的空间:TCAS、XPDR、WXR、TAWS 是相对独立的三个模块,拥有独立的操作系统和计算存储资源,未来的 IAESS 可以将其综合为一个模块,共享操作系统和计算存储资源。

思　考　题

　　1.ADS - B 是起什么作用的? 其工作工作原理是什么?

　　2.TCAS 的功能有哪些? 请简述其组成和工作原理。

　　3.TAWS 能起到什么作用? 其工作原理是怎样的? 有哪些报警模式?

　　4.为什么环境监视系统要综合? 怎样实现 IAESS?

第10章 飞行器信息系统设计

10.1 飞行器信息系统研发基本框架

随着航空技术的发展和信息系统在机载航电领域的深入应用,机载系统变得越来越庞杂,涉及的领域日益广阔,其研发所需耗费的人力、物力和时间越来越多,而对研发过程的安全性管控、前期技术储备和过程风险控制的要求日益增加。这使得航电开发过程需要遵循合理和正规的开发框架模型,选用合理的设计技术方法。目前,机载信息领域惯常使用的开发基本框架包括瀑布模型和 V 字模型等。

10.1.1 瀑布模型

瀑布模型是 1970 年 Royce W. W 等人针对软件系统开发而提出的,随着飞行器机载系统硬件功能软件化占比越来越大,瀑布模型在飞行器信息系统设计领域逐渐成为一种标准研制模式。瀑布模型考虑的因素包括功能划分、系统可扩展性和维护性、接口需求与定义等。

基于瀑布模型的航电系统设计步骤包括:①需求捕获。分析所研制机型的任务和设计需求。②总体方案论证。设计和约定系统功能、模块结构。③系统设计。软件和硬件设计。④软、硬件系统详细设计,并制定详细设计规范和流程。⑤系统集成。集成综合。⑥测试验证。通过实验室和飞行试验,验证系统功能和性能。瀑布模型如图 10.1 所示。

图 10.1 瀑布模型

瀑布模型贯彻自顶向下的设计原则,当前阶段需接收上阶段的输出结果,并完成本阶段工作,作为下一阶段输入的条件。

10.1.2 V字模型

随着传统的瀑布模型在系统开发中出现各种问题，V字模型应运而生。它采用V字左边自顶向下设计和V字右边自底向上验证的基本流程，其核心思想是逐级反馈，逐级验证，尽量将设计的修正和完善工作放在前期。

如图10.2所示，在V字模型中，V字左边描述了系统分析与设计过程。V字右边描述了系统测试与综合过程。V字模型的关键是在每一个分析设计阶段，都须考虑系统验证。由于早期阶段考虑了后期验证需求，V字模型能够显著提高系统设计质量，为后期验证工作打下基础。

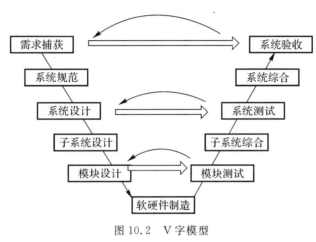

图 10.2　V字模型

10.2　信息系统初步设计内容

（1）设计过程。通过瀑布模型和V字模型进行研发的过程中，飞机信息系统的初步设计或概念设计是整个系统的开始，主要运用系统工程方法，在需求捕获和相关指标的条件下，从顶层构建系统方案，并根据需求确定系统技术要求。图10.3所示为系统设计过程基本流程，其中功能分析主要包含功能确定和需求分配。功能确定过程把系统分解成单独的功能模块，每个模块实现系统分配和给定的功能，并描述相互间的界面和接口，由此构成该系统模块的完整描述。需求分配是把系统顶层的技术要求分解到具体硬件项目或软件程序中，以实现所需功能/性能要求。

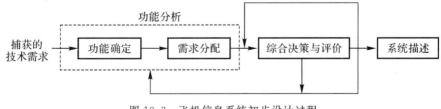

图 10.3　飞机信息系统初步设计过程

图10.3中还给出了设计过程通过综合决策与评价最终形成的系统描述，通过系统反复选

代,综合出最终的设计方案。航电系统初步设计过程主要依托两方面信息作为输入,即对飞机信息系统的要求,包括功能任务、飞行操作程序、系统接口、技术和标准要求等,以及航电系统设计和实现过程的各种约束。

(2)航电信息系统功能。作为飞机信息系统的主要体现,现代飞机航电系统在整个飞机系统中的比例越来越大,其系统功能和规模也逐渐庞大,由此通常可以划分为 5 个方面的功能,即控制与状态监视、飞行员接口、飞机参数获取、任务保障管理和战斗管理。

(3)航电任务功能分配。上述各个大的功能需要在具体设计过程中进一步细分为相应的子任务,划分原则是每一个子系统都应具有各自特定和独立的功能。常规航电系统包含的子系有:①显示控制子系统;②大气数据计算机;③惯性导航设备;④非航空电子监控处理器;⑤通信、无线电导航和识别系统;⑥外挂管理系统;⑦目标探测系统;⑧生存系统;⑨系统要求的其他功能子系统。

(4)控制与状态监视。飞机系统控制功能是自上而下逐级实现的,航电系统的最高控制者是飞行员,因此这一功能是在与飞行员的接口中实现的。每一个子系统中完成输入命令的处理,并向子系统的每一个部件发送控制信号。

状态监视则与之相反,是自下而上的,逐个功能模块完成状态监视,并向上一级报告其状态,由此将实际状态值与期望值进行比较。任何误差/差异以及故障均要向状态监视功能报告。

(5)系统余度设计。出于电子系统自身可靠性的缺陷,余度设计是航电系统设计过程中保证其后续运行可靠性的关键。常见设计思路采用功能备份的方法,当子系统功能和接口发生故障,导致系统不能完成原定任务时,则通过重新分配系统功能和接口,完成系统重构,使系统功能以性能降级方式保持。

10.3 飞机信息系统需求分析与设计方法

10.3.1 系统需求分析

信息系统需求分析是在前端需求捕获的基础上,分析所形成的系统功能需求,主要完成系统相关信息的完整性和一致性定量分析,建立完整、明确的系统需求。

通过需求分析可以将顶层需求分解为更加详细的底层需求。其需求的系统层级由大到小可划分为飞机级、系统级、子系统、外场可更换单元和内场可更换单元,直至最底层软、硬件需求,如图 10.4 所示。

总的来讲,系统需求分析的目的是检查、评估和平衡不同需求,并把这些需求转换成每一项具体功能和技术。在系统需求分析设计阶段,主要完成逐层分析和细化功能,以保证后续系统架构、功能设计可覆盖功能性能指标。

10.3.2 信息系统设计方法

目前,常用信息模型来对航电信息系统进行描述,并采用模型驱动方法完成系统分析与设计,进而提高系统研发速度和质量,规避研发风险。

1. 模型结构

针对复杂航电系统设计,体系结构框架建模是关键。目前常见的体系结构框架有 Zachman、开放组织结构框架、联邦企业体系结构框架等。这些建模框架都是在具体某个复杂系统开放过程中针对某个具体专业或行业而专门制定的,因而一般只能在特定领域具有广泛适用性,目前还没有一个从顶层对系统架构建模进行精确描述和定义的方法。

归纳上述常见框架模型的特点,可以将系统体系结构定义为:它由许多结构要素组成,而各组成要素之间的联系与互操作组成了各种视图。系统体系结构是一个综合各种视图的模型,并完整描述整个系统。在各种视图中,以组织视图与行为视图最为重要。通过组织视图与行为视图的综合,可以构建出一个完整描述的系统。

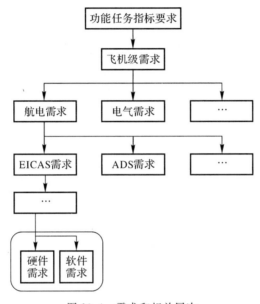

图 10.4　需求和相关层次

注:发动机显示和机组警告系统(Engine Indication and Crew Alerting System,EICAS)

大气数据系统(Air Data System,ADS)

2. 设计过程

系统设计过程必须遵循既定设计目标,整合各模块和模块与系统,使系统功能和性能达到最优。随着系统设计过程的逐渐深入,设计者会对系统整体所涉及的模块关系、信息传递等有更加深入的认识。系统设计过程的各项活动如图 10.5 所示。

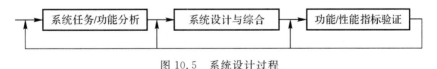

图 10.5　系统设计过程

上述系统设计过程是一个自顶层开始,依次反复的问题解决过程,并最终把系统前端技术指标要求逐步转化为系统设计体系和结构。

(1)系统设计和开放过程始终要保持对前端捕获需求的映射。系统设计过程首先通过任务分析,对应前端用户需求,并明确工作目标和约束条件,进而分解系统功能和性能需求。这些将作为后续详细设计的基础。

(2)将上述系统级功能和性能需求进一步分解为低层次功能和性能,最终得到全面的系统功能描述和结构。

(3)设计综合。按照上述分配得到的系统功能和性能描述,在综合考虑各种工程技术条件的基础上,设计和优化满足要求的系统结构。

(4)系统验证。该过程的目的是验证和判断设计得到的系统物理结构是否满足系统要求,并能在预期性能指标下完成系统功能。

3. 系统建模

系统建模过程依托于系统工程,上述系统工程方法围绕系统体系结构建模过程,包含需求捕获、体系结构建模以及验证等几方面。具体系统建模流程如图 10.6 所示。

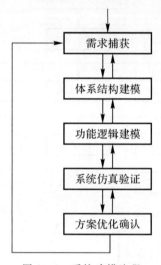

图 10.6　系统建模流程

图 10.6 的模型驱动部分包括以下几个方面:

(1)需求捕获建模。需求捕获建模分析系统需求,依据系统总体规划,对系统进行细化。用户需求分为两类:系统需求和软件需求。系统需求是系统层面的需求,软件需求是软件层面所涉及的需求。需求建模一般采用概念、符号、数学模型以及逻辑结构等方式进行描述,表现形式包括自然语言、半形式化(如统一建模语言(Unified Modeling Language,UML)图表或结构化英语等)和形式化等。

(2)体系结构建模。需求分析没有对对象、类以及关系是如何组织并形成系统运行架构的进行描述。系统体系结构建模过程会影响系统中的全部或者大部分成分。体系结构建模阶段就是要完成需求到系统及软件体系各要素的映射,目前常用的建模语言包括系统建模语言(System Modeling Language,sysML)、UML、结构分析和设计语言(Architecture Analysis and Design Language,AADL)等。

按照模型建立的方法,体系结构模型一般包括结构模型、框架模型、动态模型、过程模型和功能模型等 5 种,其中,最常用的是结构模型和动态模型。在具体实践过程中,上述这 5 种模型各有所长,因此需要将模型方法有机统一,形成合适、完整的模型来描述系统体系结构。

设计综合或架构设计阶段的重心在于将需求分配至一个具体构架结构中,该架构可以在指定的性能限制约束下执行所需的功能。架构设计阶段将系统级的操作分配至架构中的元素里。实际可能存在多种不同的分配策略,但不同策略仅是考虑不同的设计约束。详细架构设计在于定义系统的端口与接口,以及最底层的架构中系统状态的行为。

思　考　题

1. 飞机信息系统常用的开发模型有哪些? 各自有什么特点?
2. 飞行器信息系统开发应遵循的基本步骤有哪些? 请简单描述每个步骤的含义。

第 11 章 飞行器信息系统新技术及发展趋势

11.1 新型总线与机载网络

众所周知，美国 F-35 飞机的航电系统采用了光纤通道（Fiber Channel，FC）网络，但实际在全机将内部网络统一化，这一问题产生的主要原因是要将飞机上数据传输的三种业务流（时间确定业务流、资源约束业务流和最大传输业务流）进行统一在当时来讲有技术难点。当前，时间触发协议（Time-Triggered Protocol，TTP）、时间触发以太网（Time-Triggered Ethernet，TTE）技术的开始应用，为上述三种业务流网的合并带来了技术希望，全机统一网络将会是下一代机载计算机的重要特征。

11.1.1 TTP 总线

目前，TTP 总线已经广泛应用于先进军、民机，并被认为极有可能替代传统总线。它可满足目前飞机机载系统对于信息传输速率、实时性和可靠性的较高要求。多家芯片厂商都通过购买 TTTech 公司的商用货架产品知识产权（Commerical off-the shelf-intellectual property，COTS-IP）核授权，推动了机载系统 TTP 总线的应用。

作为航空分布式控制系统的关键网络技术，TTP 得到了广泛应用，包括从发动机控制、座舱信息系统到飞行控制等系统。目前，TTP 已成为波音 787、空客 380、庞巴迪 C 系列等先进飞机航电系统的供应商。其总线带宽比传统 429 总线提高了至少 50 倍，比 1553B 总线提高了至少 5 倍，是控制器局域网络（Controller Area Network，CAN）总线带宽的 10 倍以上。除此之外，TTP 协议数据的时间确定性和分布式系统结构，大大简化了先进集成系统的设计，降低了时间确定和安全关键系统及其软件的全生命周期成本。

11.1.2 TTE 网络

近年来，随着机载信息计算处理、传输和输出等任务的要求越来越高，机载网络的实时性越来越受到重视。在激烈的竞争中，时间触发以太网（TTE）脱颖而出。单纯就以太网技术而言，机载以太网经历了半双工以太网总线→基于优先级调度的全双工交换网络→AFDX→TTE 的发展历程。

TTE 技术将时间触发技术的确定性、容错机制和实时性能同普通以太网的灵活性、动态性能相结合，为同步、高度可靠嵌入式计算与网络、容错设计提供支持。TTE 技术发展经历了3 个阶段，分别为：TTE 网络概念研究阶段、TTE 网络规范总结阶段和 TTE 标准 SAE AS6802 形成阶段。

TTE 通过在以太网 IEEE 802.3 协议 MAC 层之上、逻辑连接控制（Logical Link Control，LLC）层之下实施时间触发控制（Time-Triggered Control），为全网同步无竞争状态

(Contention Free)的时间触发信息传送提供保障。图 11.1 所示为 TTE 网络协议模型。

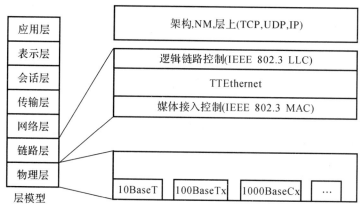

图 11.1　TTE 网络协议层次模型

　　TTE 网络中采用了分布式的时间同步技术,引入 TFEEI 588 中透明时钟的概念,使得网络同步精度可以达到亚微秒级。在同步协议加入以太网后,传统以太网就可以传输两种类型的数据流,即时间触发(Time Triggered,TT)数据和事件触发(Event Triggered,ET)数据,事件触发数据包括尽最大努力(Best Effort,BE)数据和速率限制(Rate Constrained,RC)数据。基于层次化的设计思想,在加入时间触发的层次结构后,高层协议〔如 IP(Internet Protocol)〕或 UDP(User Datagram Protocol)可以在不加改变的情况下,支持时间触发服务。

　　协议规定的时间触发以太网所完成的功能可以概述为:在以太网节点和交换机的通信控制器上提供时间触发服务,将时钟同步信息传遍全网并同步全网所有设备通信控制器上的本地时钟,从而使得全网在统一的时钟控制下,通过事先制定好的调度规则发送时间触发数据(TT message),实现 TT 数据的无冲突可靠发送,保证 TT 数据的带宽和实时需求。

　　现对相关协议介绍如下:

　　(1)以太网 IEEE 802.3 协议。以太网 IEEE 802.3 包括标准物理层和数据链路层,其中比较重要的是介质访问控制层(Media Access Control,MAC)层。而 TTE 协议层次结构以太网 IE802.3 的结构和功能并没有改变,仍然支持标准以太网。

　　以太网的帧在数据链路层封装,IP 层的数据包被加上帧头和帧尾,成为可以被数据链路层识别的数据轴,虽然头和尾所用的字节数是固定不变的,但随被封装的数据包大小的不同,以太网的长度也在变化。加上 T 同步协议后、T 数据和 ET 数据也是作为以太网中的数据部分,封装在标准以太网中,这样在不改变现有以太网的情况下就实现了时间触发服务。

　　(2)IP 协议。IP 协议层接收由更低层(网络接口层例如以太网设备驱动程序)发来的数据包,并把该数据包发送到更高层——传输控制协议(Transimission Control Protocol,TCP)或 UDP 层;相反,IP 层也把从 TCP 或 UDP 层接收来的数据包传送到更低层。

　　(3)TT 同步协议。TT 同步协议主要用于同步节点和交换机的本地时钟,在全网内建立统一的同非调度表,实现无冲突的数据传输服务。TT 数据用于基于时间触发的应用上,所有的 TT 数据都是在预先定义的时间内发送的,并且优先于其他的数据类型(BE 和 BC)。

　　ET 数据主要用于对时间和确定性要求不高的情况下,但是如果一个通信系统不能管理节点流入其核心传输网的数据的容量和速度,那么它将很难管理与控制为节点用户所提供的基本服务。

(4)TCP/UDP 协议。机载强实时、高可靠交换网络技术也没有对 TCP/UDP 进行任何改动。TCP/UDP 有两个功能：一是创建进程到进程的通信，UDP 和 TCP 使用端口来完成这种通信；二是在运输层提供控制机制。

(5)应用层。应用层实现与其他计算机进行通信，用于完成对应用程序的通信服务，在这一层可以实现所需要的应用服务。

11.2 新型综合航空电子系统架构

当前航空电子系统将在微电子技术、计算机技术、网络技术等的推动下，向芯片级综合化方向发展，系统结构向分布式方向发展，又称为"云架构"。未来的航空电子系统架构将具有如下特点：

(1)子系统、设备或模块向芯片化程度发展。高度的标准化模块是航空电子系统实现许多功能的基础，是航空电子系统实现动态重构的前提。早期航电设备大多被设计并制造为一个个独立且硕大的机箱，这为设备的更换和维修提供了方便。后来随着集成度提高，这些机箱逐步被外场可更换单元(Line Replace Unit，LRU)所代替。美国 F-22 和 F-35 战斗机的航电系统综合由多个标准模块实现，而更进一步的射频系统和光电探测系统标准化芯片组，将是未来航电标准化芯片方向发展的主要方向。

(2)继续提高标准化和通用化程度。军民两用、多军种通用以降低全寿期成本将是未来航电系统的另一个重要发展方向。联合研制各军种作战飞机将有利于降低研制费用。另外，引入民用航空技术发展战斗机航空电子系统也有利于降低研制和生产成本，并缩短航电系统的更新换代周期。实现通用化的核心是要制定一系列的标准。标准化既包括硬件，也包括软件，随着机载系统软件规模日益庞大，软件标准化问题将更加突出。软件标准化可以开发可重用的通用软件，提高软件的可移植性和生产效率，降低软件开发费用。

(3)传感器综合化。未来射频天线收发器件将进一步小型化，功率将成倍增长，相关处理器件的超大规模集成使芯片级计算处理的实现成为可能，也使得航电射频功能区能够向孔径前端推进，实现数字智能化孔径。综合光电探测覆盖了红外、紫外和可见光段，搜索跟踪和态势感知能力增强，能够支持目标搜索跟踪、导航辅助、目标识别和综合告警等功能。

(4)适应网络化作战。在网络中心战中，未来战斗机本身就是一个关键信息节点。为保证未来战斗机的网络中心战能力，机外网络的设计必须保证其内外的互联、互操作能力。其机内的高速网络拓扑架构应保证内部与外部信息网络的无缝结合，并最大限度地保证其设计的开放性、适应性和自适应管理能力。

同时，要求必须具有多机非同平台高速、高实时、高带宽组网及网络信息交换能力，以保证协同作战、协同探测监视、协同干扰部署以及各种战斗阶段运动轨迹的协测等任务的实现。

(5)智能化。提高智能化程度、减轻飞行员工作负担一直是航电系统发展的一项重要目标。航空电子系统的智能化就是要把飞行员从飞机操纵、系统监控等繁杂工作中解脱出来，使其成为一个管理者，并集中负责高层次战术决策。因此，航电系统要利用信息融合、人工智能等技术，提高智能化程度，帮助完成各种作战任务。智能化将至少体现在以下几个方面：发展座舱智能化系统，采用话音识别控制技术和信息融合技术，实现信息和态势的综合显示和控制;发展智能化火控系统,实现对目标的自动识别和战场态势的自动生成,辅助飞行员完成武器投放等攻击和防御任务;发展自检测、自修复的专家诊断系统,实现系统的自动动态重构。

(6)软件化。从现代战斗机航空电子系统的发展历程可以看出,计算机技术是推动航空电子技术发展的重要因素。航空电子系统的每一次跨越式发展,都离不开计算机技术的支持。计算机不仅包括硬件,还包括软件。机载软件的规模越来越庞大,软件完成的功能也越来越多,原来许多由机载电子设备完成的功能现在都由软件来完成。软件在现代航空电子系统中的地位和作用已日趋重要。研制高达几百万行源代码的软件是一个极其复杂的系统工程,软件程序的编写、调试测试,以及后续装机的试飞都将花费极大的人力、物力。特别是在目前软件生产还远没有像硬件生产那样有一套成熟的、行之有效的管理办法的情况下,软件错误难以避免,几百万行源代码软件的错误将会更多。

11.3　飞行器智能信息处理系统

智能的核心就是自主化,自主不同于自动。从技术发展的角度来看,自动是实现自主的基础,一个不能自动的系统根本不可能自主。从自动到自主,实现手段就是智能化。

11.3.1　智能化

人工智能是指用人工方法在计算机上实现的智能,又称为机器智能。人工智能研究的理论和方法正是自主性研究所必需的有关智能化技术的基础。

将人工智能与机载计算机相结合,研究满足自主化要求的实时智能决策平台,可以解决现代飞机面临的一系列问题,如大信息量感官饱和与同时从事许多工作的飞行员高负荷过载问题,记忆性、序列性、稀少性操作动作的失误控制问题,应急性、复杂性、精确性工作中的高难度问题,飞行危险临界参数的自动保护问题,高密集环境下软、硬武器最佳使用方案选定问题,系统损伤或故障后的自修复问题等。

相对于有人操纵飞机,无人自主飞机对智能决策平台构建的航空电子系统提出了可信性和实时性等方面的要求。为此,机载嵌入式计算机的各项能力将大幅提高,需要有高性能计算单元(支持智能推理和实时决策)、大容量快速读写存储器(支持数据库访问与知识提取)、高速信息采集与传输通道(支持多源信息在线捕获)及其配套的人工智能开发方法/开发环境、相应基础软件、组件和中间件等。

11.3.2　微内核操作系统

随着对机载操作系统的功能要求越来越多,内核形式化验证变成一个重要方向。结合对多核处理器的支持,与虚拟化相结合的微内核是当前机载操作系统研究热点。它具有支持多级安全等众多机载要求的特性。

系统综合化以后,原来运行在不同计算机的软件被合并到一个平台中,需要机载操作系统提供分区隔离机制,同时综合化后更多的系统功能由软件来承担,机载软件复杂度显著增加,软件存在潜在缺陷的概率也相应增加,软件复杂性与安全性之间的矛盾越来越突出。"分而治之"是应对软件复杂性,提高系统安全性的有效途径。采用微内核架构设计机载分区操作系统,可以将机载软件部署在不同的分区以实现隔离,同时也可以使用形式化方法对操作系统的微内核进行验证。

11.3.3 智能人-机接口

人-机接口利用所有可能的信息通道,全面建立人与计算机之间的联系,实现自然而高效的输入与输出。在未来航空作战系统中人仍然是最重要的因素,在系统设计和系统操作中,如果没有充分考虑人的因素,其后果轻则效率降低,重则危及安全。下一代航空电子系统计算机应具有良好的人-机交互的控制输入与显示输出能力,才能使飞行员在未来多维立体化的作战条件下,适应多平台多任务的高度信息化的作战方式。

智能化的控制输入接口,将综合运用多种控制手段,实现人与计算机的通畅交流,提升命令输入的准确性和快速性。人-机接口的技术变革必然会引发一系列的问题,从算法理论到工程实践、从硬件到软件,都需要采用新的处理方法。

11.4 云计算与飞行器信息处理

11.4.1 云计算

云计算是一种按使用量付费,提供按需、便捷、可用的网络访问模式,只需要投入少量的管理工作或者和服务供应商进行少量的交互,就能够进入可配置的计算资源共享池(包括服务、应用软件、存储、服务器以及网络等),并且能够非常快捷地应用上述资源。

云计算技术的特点主要表现为:①按使用付费。云计算的收费采用基于广告的收费模式,或者采用基于计量的一次一付模式,这样既能够优化资源利用,又能够降低成本。②快速伸缩性。云计算技术具有弹性、快速提供能力,既能够进行快速扩展,也能够进行快速释放和快速缩小,对于使用者来说,通过租用能够获得任何数量的资源,并且资源看起来是无限的。③和地点无关的资源池。服务供应商集中各种计算资源,以便于为使用者提供更多的租用模式和更加全面的虚拟资源,同时还可以根据使用者的需求进行重新分配或者动态分配,而使用者一般不知道或者不能控制资源的确切位置。④通过网络方位。使用者可以通过互联网或者客户端(如 PDA、笔记本电脑以及移动电话等)获得或者访问各种资源。⑤按需自动服务。使用者可以根据单方面的需求进行网络储存以及服务器时间的部署,并不需要和服务供应商进行交互。

云计算在本质上是利用互联网技术提供弹性灵活的 IT 服务,核心在于将 IT 作为一种服务。云计算服务模型包括软件即服务(Saftware as a Service,SaaS)、平台即服务(Platform as a Service,PaaS)和基础设施即服务(Infrastructure as a Service,IaaS)。采用云计算,企业可以不必增加 IT 基础设施或投入,也不需要更新升级软件或维护 IT 基础设施,就能从云计算服务提供商处获得满足能承担任何负荷的可拓展的和弹性的计算需求。云计算能使企业以较低的成本具备安全、可靠的存储和计算能力,而且能够减少对非核心业务的投入,从而强化自己在核心领域的竞争优势。

11.4.2 云计算在航空运营方面的应用

云计算和大数据是相辅相成的,大数据处理需要云计算才能完成,大数据也推动了云计算的落地。越来越多的企业已经开始从数据抽象、数据共享和数据估值方面实施大数据战略,推广与大数据有关的服务和产品,这其中包括:

(1)旅客服务。利用云计算,能根据旅客消费记录及相关大数据在旅客购票时推荐增值服务或打包产品,在增加增值服务收入的同时增强旅客黏性。利用手机、平板电脑等移动终端获取旅客的地理位置,并为其提供基于情景的个性化体验,如旅客在候机室时为其推荐可能感兴趣的百货商品的促销信息。此外,旅客自助值机、获取电子登机牌、打印行李标签等,都可以用智能终端连接云端来完成。

在客舱服务时,乘务员能通过移动终端获知旅客偏好,还能开展相应业务。随着机上Wi-Fi的推广,基于云计算的"云+端"解决方案将有更大的应用空间,也为发展增值服务奠定了良好的基础。

(2)行政办公。例如利用微软 Office 365 提供云服务,有利于员工协作,在不同平台或设备上完成工作,为各家航空公司搭建一个通用的 IT 平台,提高效率,且有利于降低成本。

(3)市场营销。云计算能将旅客乘机历史、网络和移动行为信息(包括购票渠道记录、支付和值机方式等)、电子邮件数据和客服信息整合,以统一视角更好地满足旅客需求。

(4)机组和机务。在飞机上应用云计算,以替代存放手册、航图和其他飞行准备信息的飞行包。机组成员访问托管服务提供商,可获得在线飞行手册服务。云计算也逐渐被用于机务维修领域,在订购、替换和维修一系列飞机组件的环境中,云计算便于得到最新的合规检查和技术指引,更好地管理飞机维修和飞行记录。航空公司和空中交通管制员通过分享实时信息,以及数据分析和决策支持工具来完成他们的任务,从而加强航空运营,提高空域利用效率。

(5)对外合作。航空公司从单一承运人向旅行综合服务提供商转变是航空公司的重要趋势,这使航企必须加强对外合作。云计算平台将为航空联盟及其成立的更广泛的商业联盟提供平台支撑。

云计算在发挥巨大优势的同时也面临一些挑战。安全问题首当其冲,并且随着云计算的普及愈发重要。由于用户数量庞大、数据存放分散,云计算无法像传统网络那样通过物理和逻辑划分安全域。云计算安全主要包括安全边界、数据安全和应用安全三个方面。

11.4.3　云计算在航空气象业务的应用

(1)服务云。云计算是以 Web 为前端,将所有的信息资源放在后端,采用这种方式,使用者能够随时随地使用,并不用担心不同配置上信息不同步的问题。通过 Web 浏览器能够将程序代码动态地呈现在用户界面上,并在客户端上运行,其中重要的逻辑部分,则放置在 Web 服务器上。现阶段,在创建航空气象服务系统时需要采用 B/S 架构,但是仍然局限于某系统内。通过利用云计算技术,能够将上述服务拓展至"云层次",这样使用者能够获得统一的数据接口,并且能够获得专业化、个性化的航空气象信息服务,同时采用多样化的方式呈现在客户端。使用者通过民航网络或者 Internet,就能够获得航空气象云提供的各种天气视频讲解、高性能数值计算服务、民航气象雷达图像以及航空天气情报等,同时还可以通过 Web 和全国民航气象中心天气预报人员进行互动,实时、准确、动态地了解气象状况。

(2)存储云。按照过去规划要求,所有地区民航气象中心都需要创建分布式气象数据库,但是,不同地区为了满足中心内部对业务的实际需求,除了创建统一的分布式民航气象数据库意外,还创建了若干专用气象数据库系统,这就导致各地区民航气象中心存在许多数据冗余储存,不仅会增加数据库系统的技术难度,还会增加系统的维护成本。而且多套数据库系统并不是统一运行的,即有许多硬件处于空闲状态,这样会造成一定的资源闲置与浪费。通过将云计算技术应用在气象中心数据库存储中,能够将所有数据库的信息储存在"云"上,并且使用者能够通过储存云随时随地地访问所需要的数据信息,这样能够有效地提高数据的一致性和使用率,同时这也是一种数据通用手段。

（3）计算云。航空气象数据交换与情报的计算量非常大,采用云计算能够将问题变得简单化,显著地降低数据计算量。在收集航空气象数据以及情报时,通过创建一条通向"云"的通道,只需要按照规定的格式,将采集的数据传送至"云"上即可,即只需要关注数据,并不需要考虑数据的储存和计算。同时,因为"云"是由众多高性能、功能强大的数据库服务器组成的,在使用"云"时并不需要再经历传统的数据转发,也不需要考虑数据储存在什么地方,只需要将数据上传至"云",然后从"云"中获取数据。这样既能够避免出现频繁使用网络进行数据传输,占用大量的宽带,也能够有效地降低数据储存冗余,同时还能够提高数据的唯一性与及时性。

随着云计算技术的发展和应用,全国民航逐渐公用一套云计算系统,因此既可以采用和相关单位合作创建的专属于民航气象系统的"私有云",也可以采用IT服务公司创建的"公有云"。各区域航空气象中心通过利用云计算技术的强大计算能力,将各自区域采集的气象数据信息传送到"云"上,各机场公司、航空公司根据自己的需求获得相应的数据信息,包括飞行气象文件、天气状况以及世界各地的气象信息等,并且在相关协议下,各航空、机场公司可以获得不同的权限,并从"云"中获取需要的信息。这种集中化的处理方式,既能够提高工作效率,又能够降低成本,为航空飞行提供更加便捷、廉价的气象服务。

思　考　题

1. 机载总线向什么方向发展？要解决什么问题？
2. 新型总线有哪些？它们各自的技术特点是什么？
3. 新型航电系统架构有什么特点？要解决什么问题？

参 考 文 献

[1] 卫红春,朱欣娟. 信息系统分析与设计[M].3 版. 西安:西安电子科技大学出版社,2014.

[2] 宋东,和麟. 航空计算机系统与应用[M]. 西安:西北工业大学出版社,2011.

[3] 牛文生. 机载计算机技术[M]. 北京:航空工业出版社,2013.

[4] 王勇,于宏坤. 机载计算机系统[M]. 北京:国防工业出版社,2008.

[5] 金德琨. 民用飞机航空电子系统[M]. 上海:上海交通大学出版社,2011.

[6] 蒲小勃. 现代航空电子系统与综合[M]. 北京:航空工业出版社,2013.

[7] 丛伟,樊晓光,南建国. 综合航空电子系统总体技术[M]. 北京:国防工业出版社,2015.

[8] MOIR I,SEABRIDGE A,JUKES M. 飞机航空电子系统[M].2 版. 支超有,秦成,等,译. 北京:国防工业出版社,2015.

[9] 陈颖,苑仁亮,曾利. 航空电子模块化综合系统集成技术[M]. 北京:国防工业出版社,2013.

[10] 宫淑丽. 民航飞机电子系统[M]. 北京:科学出版社,2015.

[11] 马文来,术守喜. 民航飞机电子电气系统与与仪表. 北京:北京航空航天大学出版社,2015.

[12] 林坤,白冰如. 航空仪表与显示系统[M]. 北京:北京理工大学出版社,2015.

[13] 曹全新. 机载信息系统的应用研究及发展趋势初探[J]. 民用飞机设计与研究,2014,1:72 – 76.

[14] 孙欢庆. 民用飞机综合航电系统技术发展研究[J]. 航空科学技术,2010,3:6 – 8.

[15] 周德新,皮依标. 机载信息系统维护自检技术研究[J]. 计算机测量与控制,2015,23(2):358 – 361.

[16] 陈剑,李晓东. 机载信息系统无线网络的安全设计[J]. 航空计算技术,2012,42(3):130 –134.

[17] 张军才,陈剑. 民用飞机机载信息系统设计分析[J]. 计算机光盘软件与应用,2011,11:5 – 6.

[18] 牛文生,张军才. 信息技术改变飞行:民用飞机信息系统的发展现状与趋势[J]. 中国航空报,2012 – 11 – 20(T03).

[19] 张军才,茹伟,胡宇凡. 民用客机 E 化趋势及其对航电系统的影响[J]. 航空计算技术,2016,46(5):115 – 118.

[20] 王琳. 民用飞机机载信息系统设计分析[J]. 信息技术,2012,9:55.

[21] 肖刚,敬忠良,李元祥,等. 综合化飞机环境监视系统研究及其数字仿真测试[J]. 航空学报,2012,33(1):2279 – 2290.

[22] Wolfig R. 综合化模块化航空电子系统的分布式平台[M]. 牛文生,等,译. 北京:航空工业出版社,2015.

[23] 谭龙华,杜承烈,雷鑫. ARINC 653 分区实时系统的可调度分析[J]. 航空学报,2015,36(11):3698 – 3705.

[24] 吴卫玲,李林,陈遵银. 军用飞机座舱显控技术[M]. 北京:航空工业出版社,2016.